Unity 脚本语言基础

基于 C# 微课版

工业和信息化精品系列教材

虚拟现实技术

张刚 李永亮 / 编著

人民邮电出版社

北京

图书在版编目（CIP）数据

Unity脚本语言基础：基于C#：微课版 / 张刚，李永亮编著. -- 北京：人民邮电出版社，2022.8
工业和信息化精品系列教材. 虚拟现实技术
ISBN 978-7-115-20401-1

Ⅰ. ①U… Ⅱ. ①张… ②李… Ⅲ. ①游戏程序-程序设计-教材 Ⅳ. ①TP317.6

中国版本图书馆CIP数据核字(2022)第006920号

内 容 提 要

本书详细介绍了使用 Unity 引擎开发虚拟现实或者游戏作品所应掌握的 C#编程知识和技能。全书共 9 章：第 1 章介绍 Unity 开发环境的搭建及与脚本相关的基本操作，并介绍 Unity C#脚本的作用和 Unity C#脚本输入和输出功能的实现方法；第 2 章介绍 Unity C#脚本中最基本的元素，包括变量和数据类型、运算符和表达式；第 3 章介绍 UnityC#脚本的两种调试方法，即断点调试和日志调试；第 4 章介绍 C#程序语言中常用的流程控制语句，包括分支语句、循环语句和特殊流程控制语句；第 5 章介绍一维数组、多维数组和交错数组的概念、用途及用法；第 6 章介绍方法的概念和作用、方法的定义和调用、方法的参数，以及方法的重载；第 7 章和第 8 章介绍 C#语言中面向对象的相关知识，包括对象和类的概念、类的定义和对象的使用、类的继承性和多态性、命名空间、泛型、集合、委托、事件和特性等内容；第 9 章介绍 Unity C#脚本中常用的基类、工具类和结构体，以及常用组件类。

本书采用结构化知识体系穿插丰富案例的方式组织教学内容，其中每个重要知识点都至少配备一个案例，大部分案例都紧贴日常生活，便于读者理解。全书内容丰富，具有较强的系统性和应用性，并且使用通俗易懂的方式来讲解程序设计知识，使读者易于接受。

本书既可以作为高职高专院校虚拟现实应用技术、数字媒体技术、游戏设计等专业及相近专业的教材，也可以作为广大 Unity 引擎开发者自学的初、中级教材，还可以作为相关开发人员学习和应用的参考书。

另外，值得一提的是，本书所介绍的知识和技能涵盖《3D 引擎技术应用职业技能等级标准》中"3D 引擎脚本编程初级应用"工作领域和"3D 引擎脚本编程中级应用"工作领域所要求掌握的内容，可作为"1+X" 3D 引擎技术应用职业技能等级证书的备考资料。

◆ 编　著　张　刚　李永亮
　　责任编辑　刘　佳
　　责任印制　王　郁　焦志炜

◆ 人民邮电出版社出版发行　北京市丰台区成寿寺路 11 号
　　邮编　100164　电子邮件　315@ptpress.com.cn
　　网址　https://www.ptpress.com.cn
　　固安县铭成印刷有限公司印刷

◆ 开本：787×1092　1/16
　　印张：19.5　　　　　　　2022 年 8 月第 1 版
　　字数：567 千字　　　　2025 年 2 月河北第 5 次印刷

定价：69.80 元

读者服务热线：(010)81055256　印装质量热线：(010)81055316
反盗版热线：(010)81055315

序言 PREFACE

  时隔两年，我的学生李永亮又将有一本教材要出版。这本教材是他和同事张刚教授共同编著的，跟上一本教材同属一个系列，都与虚拟现实技术相关。

  在电话中，李永亮告诉我，自从第一本教材出版后，他并没有顿足不前的想法，反而感觉自己的责任变得更重了。究其原因，他认为自己难以在市面上找到适合自己学生的 Unity 脚本语言基础教材。他说，使用三维引擎进行创作无论如何是离不开程序思维的，即使是采用图形化编程方式，也需要程序思维。然而当前市面上面向高职学生的 Unity 脚本语言教材基本沿用的是传统 C#语言的学习路径，使用 C#控制台项目作为学习案例，导致程序知识的学习内容与 Unity 引擎的学习内容相互割裂，难成体系。此外，使用的实操案例过于简单零碎，脱离实际问题，难以让学生在学习过程中获得成就感，更无法持续激发学生的学习兴趣。因此，在出版第一本教材之后，他立刻与教学经验丰富的张刚教授共同策划和编撰了这本 Unity 脚本语言基础教材。

  阅完书稿，我产生深刻印象：这本教材具有很强的系统性，每个章节都配备了学习目标、学习导航、知识框架以及章节末尾的小结与习题。两位编者对整本书的知识体系进行了梳理，据此绘制出学习导航图，使读者在最开始就能够对整本书的知识体系有直观的了解并且知晓当前章节在整个知识体系中的位置。同时，他们还以思维导图的形式向读者呈现每个章节的知识框架，便于读者了解章节的全貌。全书的行文特点还是一如既往地通俗易懂且图文并茂；程序语言知识内容都基于 Unity 引擎开发环境来阐述，做到了程序知识和引擎知识的一体化；书中采用的案例大都贴近生活或者面向实际问题，并且附带解题思路，程序代码都配备详细的注释，大大降低了阅读难度。

  这本教材，让我看到了两位编者在教学工作上的诚恳态度。他们的这份诚恳一定能够让更多的教师和学生受益。

前言 FOREWORD

本书全面贯彻党的二十大精神,以社会主义核心价值观为引领,落实立德树人根本任务,为建设社会主义文化强国、数字强国、人才强国添砖加瓦,内容上基于 Unity 引擎的 C#脚本,深入浅出、循序渐进的介绍 C#语言的编程知识。

Unity 引擎是开发虚拟现实和游戏作品的常用工具。作为一个三维引擎,Unity 具备很多强大的功能,例如物理系统、自动寻路系统、UI 系统、光照系统、粒子系统等。然而要想将这些不同的系统组合在一起实现作品中的各种功能,使 Unity 引擎的作用得到充分发挥,就要求开发者必须熟练掌握 Unity 脚本的用法,而 Unity 脚本最常用的编程语言为 C#。本书以 Unity 引擎开发环境为载体,从零开始向读者深入浅出、循序渐进地介绍 Unity C#脚本所涉及的编程知识,行文通俗易懂,便于读者理解。教学内容涵盖计算机程序基础知识和 C#的基本面向对象知识,在系统性的知识框架中穿插大量案例。每个案例都提供详细的解题思路、完整的代码,以及程序运行结果。这样安排,目的是让初学者能够快速熟悉开发环境,养成良好的编程习惯,并逐渐培养出程序思维。

对于本书,建议采用理论实践一体化教学模式,参考下面的学时分配表。

学时分配表

章号	课程内容	学时
第 1 章	Unity 脚本基础	6
第 2 章	脚本语句的基本元素	12
第 3 章	Unity 脚本的调试方法	4
第 4 章	流程控制	16
第 5 章	数组	8
第 6 章	方法	12
第 7 章	面向对象基础	24
第 8 章	面向对象进阶	20
第 9 章	Unity 中的常用类型	14
学时总计		116

本书配备有微课视频、电子教案、PPT、习题答案、项目素材及全部案例源代码等教学资源,供读者和选用本书为教材的教师使用。

本书得到"中山职业技术学院教材建设项目"的资助。在此,编者向中山职业技术学院对本书出版的大力支持表示感谢!

在本书的成稿与出版过程中,出版社编辑同志付出了大量的心血,体现出高度负责的敬业精神。同时,很多同行专家对本书提出了宝贵的建议和意见。在此向所有提供过帮助的人表示衷心的感谢!

编 者

2023 年 7 月

目录 CONTENTS

第 1 章

Unity 脚本基础 1
学习目标 1
学习导航 1
知识框架 1
1.1 开发环境的搭建 2
    1.1.1 Unity 的下载 2
    1.1.2 Unity 的安装和激活 3
    1.1.3 Unity 的基本概念及界面简介 .. 6
    1.1.4 脚本编辑器简介 11
1.2 初识 Unity C#脚本 13
    1.2.1 编程语言的选择 13
    1.2.2 Unity C#脚本的创建和使用 13
    1.2.3 Unity C#脚本的基本语法
           结构 19
    1.2.4 程序代码中的注释 19
    1.2.5 程序的基本运行顺序 20
    1.2.6 语法错误 22
1.3 Unity C#脚本的输入和输出 24
    1.3.1 动手环节 24
    1.3.2 Unity C#脚本输入和输出的
           概念 25
    1.3.3 以组件的属性作为输入 26
    1.3.4 利用 print 语句输出 26
1.4 本章小结 27
1.5 习题 27

第 2 章

脚本语句的基本元素 29
学习目标 29
学习导航 29
知识框架 30
准备工作 30

2.1 变量和数据类型 31
    2.1.1 变量的概念 31
    2.1.2 数据类型 34
    2.1.3 变量的使用 37
    2.1.4 var 关键字 40
    2.1.5 C#中的常量 41
    2.1.6 枚举类型 42
    2.1.7 类型转换 42
2.2 运算符和表达式 47
    2.2.1 基本概念 47
    2.2.2 赋值运算 47
    2.2.3 算术运算 47
    2.2.4 关系运算 51
    2.2.5 逻辑运算 53
    2.2.6 运算的优先级和结合性 55
2.3 可空的值类型 Nullable 56
    2.3.1 本书中 Nullable 类型相关知识的
           说明 56
    2.3.2 什么是 Nullable 类型 56
    2.3.3 Nullable 类型的 HasValue
           属性 56
    2.3.4 将 Nullable 类型变量的值赋
           给普通值类型变量 56
    2.3.5 Nullable 类型之间的
           算术运算 57
    2.3.6 Nullable 类型之间的
           比较运算 57
2.4 本章小结 58
2.5 习题 59

第 3 章

Unity 脚本的调试方法 60
学习目标 60

学习导航	60
知识框架	60
准备工作	61
3.1 调试的作用	61
3.2 断点调试	62
3.2.1 什么是断点调试	62
3.2.2 选择 Visual Studio（VS）进行断点调试	62
3.2.3 VS 中的 Debug 配置、Release 配置以及.pdb 文件	63
3.2.4 VS 断点调试的基本操作	63
3.3 日志调试	73
3.3.1 什么是日志调试	73
3.3.2 Unity 脚本如何输出日志	74
3.3.3 日志调试的基本操作	74
3.4 本章小结	75
3.5 习题	75

第 4 章

流程控制 77

学习目标	77
学习导航	77
知识框架	78
准备工作	78
4.1 分支	78
4.1.1 if 语句	79
4.1.2 switch-case 语句	88
4.2 循环	94
4.2.1 while 语句	94
4.2.2 do-while 语句	96
4.2.3 for 语句	98
4.3 特殊流程控制语句	102
4.3.1 goto 语句	102
4.3.2 break 语句	105
4.3.3 continue 语句	107
4.4 本章小结	109
4.5 习题	109

第 5 章

数组 111

学习目标	111
学习导航	111
知识框架	111
准备工作	112
5.1 数组的概念	112
5.1.1 什么是数组	112
5.1.2 数组的特性	113
5.2 一维数组	113
5.2.1 一维数组的创建	113
5.2.2 一维数组的使用	114
5.3 多维数组	117
5.3.1 多维数组的创建	117
5.3.2 多维数组的使用	119
5.4 交错数组	121
5.4.1 交错数组的创建	121
5.4.2 交错数组的使用	122
5.5 本章小结	124
5.6 习题	125

第 6 章

方法 126

学习目标	126
学习导航	126
知识框架	126
准备工作	127
6.1 方法的概念及其作用	127
6.1.1 为什么需要方法	127
6.1.2 方法如何发挥作用	128
6.2 方法的定义和调用	129
6.2.1 方法定义的基本语法	130
6.2.2 方法调用的基本语法	130
6.2.3 方法的返回值	131
6.3 方法的参数	134
6.3.1 形式参数与实际参数	134
6.3.2 参数的类型	135

6.3.3 参数的特殊形式 139
6.4 方法的重载 144
    6.4.1 方法的签名 144
    6.4.2 方法重载的概念 144
    6.4.3 为什么需要方法重载 145
    6.4.4 方法重载的应用案例 145
6.5 本章小结 146
6.6 习题 147

第 7 章

面向对象基础 149

学习目标 149
学习导航 149
知识框架 150
准备工作 150
7.1 对象和类的概念 151
    7.1.1 对象的概念 151
    7.1.2 类的概念 152
7.2 类的定义 153
    7.2.1 定义一个 C#类的基本语法结构 153
    7.2.2 定义类的字段和常量 154
    7.2.3 定义类的方法 156
    7.2.4 访问修饰符 158
    7.2.5 定义类的属性 158
7.3 对象的使用 162
    7.3.1 用于存储对象的变量：声明、实例化和赋值 162
    7.3.2 访问对象的数据成员 163
    7.3.3 调用对象的方法 163
7.4 继承和多态 167
    7.4.1 类的继承 167
    7.4.2 成员隐藏 176
    7.4.3 方法重写 178
    7.4.4 静态成员和静态类 186
    7.4.5 扩展方法 191
    7.4.6 接口 194
7.5 命名空间 206
    7.5.1 命名空间及其作用 206
    7.5.2 命名空间的定义 206
    7.5.3 使用定义在命名空间中的类 207
7.6 重新认识 Unity C#脚本 209
    7.6.1 Unity C#脚本默认创建的类及其对象 209
    7.6.2 Start 方法和 Update 方法的作用 209
    7.6.3 Unity C#脚本默认创建的类可以放在命名空间中 210
7.7 本章小结 210
7.8 习题 210

第 8 章

面向对象进阶 212

学习目标 212
学习导航 212
知识框架 212
准备工作 213
8.1 泛型 213
    8.1.1 泛型的作用 213
    8.1.2 泛型类的定义和使用 215
    8.1.3 泛型方法的定义和使用 218
8.2 集合 221
    8.2.1 泛型列表 221
    8.2.2 泛型字典 226
8.3 委托 229
    8.3.1 委托的定义 230
    8.3.2 委托对象的声明和实例化 230
    8.3.3 通过委托对象调用方法 230
    8.3.4 委托链 230
    8.3.5 委托对象可以作为方法的参数 231
    8.3.6 使用委托的一个完整案例 231
8.4 事件 234
    8.4.1 事件的作用 234
    8.4.2 基于事件的发布者—订阅者模式

　　　　中的类的构成及其对象的
　　　　交互 235
　　8.4.3 充当事件数据类型的委托 ... 236
　　8.4.4 发布者 236
　　8.4.5 订阅者 236
　　8.4.6 事件的订阅 236
　　8.4.7 展示事件用法的完整案例 ... 237
8.5 特性 240
　　8.5.1 什么是特性 241
　　8.5.2 特性的使用 241
　　8.5.3 C#中的 Obsolete 特性 241
　　8.5.4 Unity C#脚本中的
　　　　常用特性 242
8.6 本章小结 245
8.7 习题 245

第 9 章

Unity 中的常用类型 247

学习目标 247
学习导航 247
知识框架 248
准备工作 248
9.1 认识 Unity C#脚本的基类 MonoBeha-
　　viour 248
　　9.1.1 继承自 MonoBehaviour 类的

　　　　几个常用属性 248
　　9.1.2 继承自 MonoBehaviour 类的
　　　　常用普通方法 254
　　9.1.3 继承自 MonoBehaviour 类的
　　　　常用事件方法 261
9.2 常用工具类和结构体 271
　　9.2.1 GameObject 类及其应用 ... 271
　　9.2.2 Mathf 结构体及其应用 272
　　9.2.3 Vector3 结构体及其应用 ... 275
　　9.2.4 Quaternion 结构体及其
　　　　应用 279
　　9.2.5 Time 类及其应用 281
　　9.2.6 Input 类及其应用 281
9.3 常用组件类 285
　　9.3.1 Transform 类及其应用 286
　　9.3.2 Rigidbody 类及其应用 293
9.4 如何查阅 Unity 官方资料中关于脚本的
　　更多信息 301
　　9.4.1 查阅随软件安装的 Unity 脚本
　　　　API 文档 301
　　9.4.2 查阅在线的 Unity 脚本
　　　　API 文档 302
9.5 本章小结 303
9.6 习题 303

第1章
Unity 脚本基础

学习目标

- 知道如何获得 Unity 软件并进行安装和注册。
- 理解 Unity 脚本如何在场景中发挥 10 作用。
- 熟悉 Unity C#脚本的基本结构及运行规律。
- 知道如何实现 Unity C#脚本的输入和输出功能。

学习导航

本章介绍 Unity 脚本的基础知识,引导读者掌握 Unity 开发环境的安装方法并认识其基本操作界面,理解 Unity 如何在场景中发挥作用,熟悉 Unity C#脚本的基本结构及 Start 方法和 Update 方法的运行规律,掌握 Unity C#脚本的输入和输出功能的实现方法。本章学习内容在全书知识体系中的位置如图 1-1 所示。

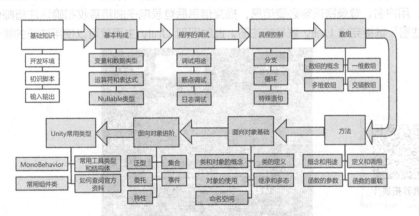

图 1-1 本章学习内容在全书知识体系中的位置

知识框架

本章知识重点是 Unity C#脚本的基本结构及输入和输出功能的实现方法。本章的学习内容和知识框架如图 1-2 所示。

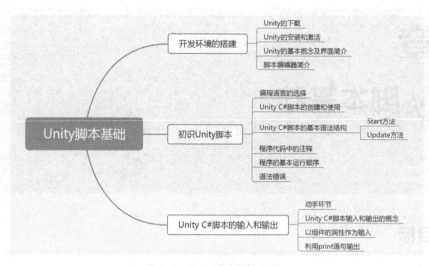

图 1-2　Unity 脚本的基础认知

1.1　开发环境的搭建

"工欲善其事，必先利其器"，要学习 Unity 脚本语言，首先需要将开发环境准备好。开发环境包括 Unity 引擎软件本身和编辑程序脚本所需的编辑器软件，工作任务包括安装软件和进行必要的设置。

1.1.1　Unity 的下载

在下载 Unity 之前，需要先登录 Unity 账号。打开浏览器访问 Unity 的官网主页，单击页面右上角的头像图标，在弹出的小窗口中选择"登录"选项，在登录窗口中输入用户名和密码即可登录。如果没有 Unity 账号，可在弹出的小窗口中选择"创建 Unity ID"选项（见图 1-3），并在立即注册窗口中填写电子邮箱、用户名、登录密码等必要信息，提交信息后登录电子邮箱查收和确认注册邮件，在邮件中单击"确认注册"链接完成 Unity 账号的注册。此时回到 Unity 主页就可以使用注册的账号进行登录了。

素养拓展 1

图 1-3　创建或者登录 Unity 账号

成功登录 Unity 账号后，单击主页右上角的"下载 Unity"按钮，会发现浏览器跳转到下载 Unity 的相关页面。此时向下滚动页面即可看到图 1-4 所示的版本选择页面。

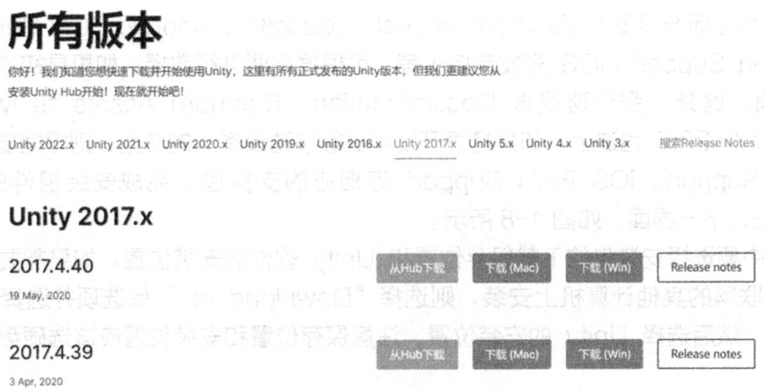

所有版本

你好！我们知道您想快速下载并开始使用Unity，这里有所有正式发布的Unity版本，但我们更建议您从安装Unity Hub开始！现在就开始吧！

图 1-4 Unity 版本选择

本书案例使用的 Unity 版本为 Unity 2017.1.0。建议读者在学习本书时采用相同的 Unity 版本。在页面上找到 Unity 2017.1.0，根据计算机操作系统（Mac 系统或者 Windows 系统）单击对应的按钮后，在下拉菜单中选择"Unity Installer"选项，如图 1-5 所示，即可下载 Unity 安装程序 Unity 2017.1.0f3 Download Assistant.exe。

图 1-5 选择"Unity Installer"选项

1.1.2 Unity 的安装和激活

程序 Unity 2017.1.0f3 Download Assistant.exe 的安装模式是在线安装，需要在计算机联网的情况下进行。安装程序会一边下载一边安装。双击安装程序即可开始安装，初始界面如图 1-6 所示。

单击"Next >"按钮进入"License Agreement"界面，将"I accept the terms of the License Agreement"复选框勾选后，单击"Next >"按钮进入下一界面，如图 1-7 所示。

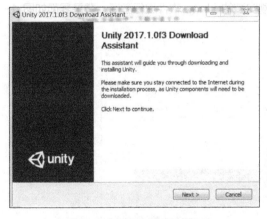

图 1-6 安装程序初始界面

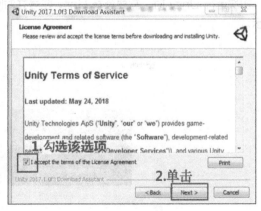

图 1-7 "License Agreement"界面

接下来要选择需要安装的组件。列表中的第一项为 Unity 开发环境（包含 Unity 编辑器；安装版本如果是 Unity 2017 及更早的版本，则还包括脚本开发环境 MonoDevelop）。此外，可选组件包含 Microsoft Visual Studio Community 2017（微软脚本开发环境）、Documentation（文档）、

Standard Assets（标准资源）、Example Project（项目案例）、Android Build Support（安卓开发支持）、iOS Build Support（iOS 开发支持）等。可根据需要进行选择。如果是初次安装该版本，则第一项为必选项。此外，强烈建议将 Documentation、Standard Assets 和 Microsoft Visual Studio Community 2017 也选上。如果打算开发手机等移动设备上的应用，则根据要发布的平台选择 Android Build Support、iOS Build Support 等相应的支持包。完成安装组件的选择后，单击"Next >"按钮进入下一界面，如图 1-8 所示。

在下一界面中要选择安装包的下载保存位置和 Unity 软件的安装位置。如果需要保留每个组件的安装包以便在未联网的其他计算机上安装，则选择"Download to:"单选项并选择一个保存位置，否则选择第一项。然后选择 Unity 的安装位置，注意保存位置和安装位置应该选硬盘上不同的位置，如图 1-9 所示。

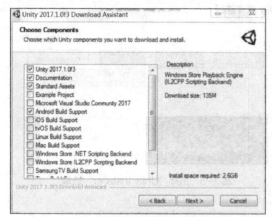

图 1-8 选择安装组件

图 1-9 选择安装包的保存位置和软件的安装位置

单击"Next >"按钮后进入下载安装包并安装 Unity 的过程。需要等待一段时间，直到 Unity 各组件安装完成。当 Unity 安装完成后，在计算机桌面上会创建启动 Unity 的快捷方式，双击快捷方式即可启动 Unity。

初次运行 Unity 时，需要登录 Unity 账号并对刚安装的 Unity 软件进行激活。登录界面如图 1-10 所示。

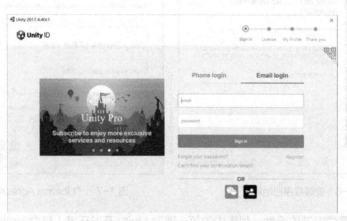

图 1-10 Unity 的登录界面

在登录界面中输入注册账号时所使用的电子邮箱和密码，单击"Sign In"按钮登录 Unity。进入激活界面,选择右侧的"Unity Personal"单选项,确认将 Unity 激活为免费的个人版,然后单击"Next"按钮,如图 1-11 所示。

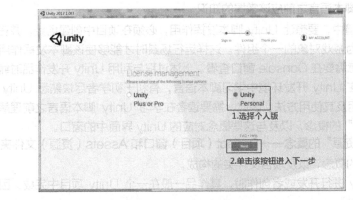

图 1-11 Unity 的激活界面

Unity 会弹出个人版使用资格确认询问界面,如图 1-12 所示,根据自身状况作出选择,单击"Next"按钮,稍等片刻后即可完成激活过程。

图 1-12 个人版使用资格确认

激活成功界面如图 1-13 所示。单击其中的"Start Using Unity"按钮即可开始使用 Unity。

图 1-13 激活成功界面

1.1.3 Unity 的基本概念及界面简介

1. 在学习 Unity 脚本语言之前应该掌握的知识

在 Unity 开发环境中，要想让 Unity 脚本发挥作用，必须在项目中创建场景，并在场景的游戏对象上加载脚本，使之成为游戏对象的一个组件。这样运行场景时才能够使该脚本发挥作用，而脚本程序在运行过程中输出的信息需要在 Console 窗口查看。上述过程与利用 Unity 开发作品时编写并使用脚本的流程基本一致，直接在 Unity 开发环境中学习脚本语言，有利于初学者尽快熟悉 Unity 开发环境，更好地理解脚本程序的作用及其使用方法。因此，需要读者在学习 Unity 脚本语言之前理解"项目""资源""场景""对象""组件"的概念，以及与这些概念对应的 Unity 界面中的窗口。

2. "项目"和"资源"的概念——Project（项目）窗口和 Assets（资源）文件夹

（1）项目和资源的概念，以及项目文件夹的构成。

当用户使用 Unity 进行开发或者创作时，其作品一般在一个 Unity 项目中完成。因此可以认为一个 Unity 项目即为一个作品。

资源则是指用于实现作品所需的所有加载到项目中的文件，或者通过 Unity 在项目中创建的文件，其中包括场景文件、程序脚本、模型、材质、贴图等。

一个 Unity 项目被创建出来，硬盘上会同时创建出该项目的文件夹，该项目的所有资源都会存放在项目文件夹的子文件夹 Assets 中。项目文件夹中的 Assets 和 ProjectSettings 文件夹是 Unity 项目的两个必不可少的子文件夹：Assets 文件夹中存放的是这个项目要用到的所有资源；ProjectSettings 文件夹中存放的则是开发者在这个项目的开发过程中进行的各项设置的数据。一个典型的 Unity 项目文件夹如图 1-14 所示，图中展示了一个名为 MySpaceShooter 的 Unity 项目。

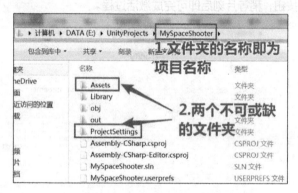

图 1-14 一个典型的 Unity 项目文件夹

（2）Unity 项目的创建。

要创建一个 Unity 项目，可以在 Unity 启动后出现的窗口中单击右上角的"New"按钮，如图 1-15 所示。如果在已经打开一个 Unity 项目的情况下，想要创建一个新的项目，则需要在 Unity 的菜单中选择"File → New Project"选项。完成上述任何一种操作后，就会出现图 1-16 所示的窗口。

图 1-15 新建 Unity 项目

在图 1-16 所示的窗口中输入项目名称、选择项目存放的位置并选择项目类型（2D 或者 3D），关闭 "Enable Unity Analytics" 选项，然后单击 "Create project" 按钮即可创建出一个新项目。

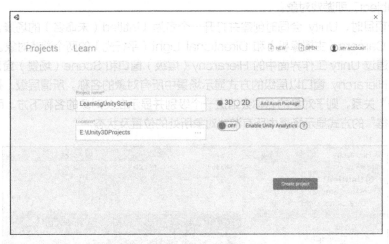

图 1-16　新建 Unity 项目的设置

（3）认识 Project 窗口和 Assets 文件夹。

新项目创建成功后，Unity 将会打开默认的工作界面。整个工作界面分为多个窗口，界面最下方的 Project 窗口用于管理项目资源。如图 1-17 所示，其左侧为层级显示的资源视图，右侧为普通的资源视图。在 Project 窗口中可以创建文件夹、脚本等必要的 Unity 资源，也可以对已有资源进行移动、复制、删除等操作，还可以搜索和筛选开发者需要查看的资源。

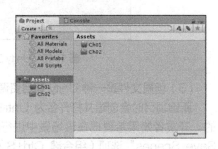

图 1-17　Proiect 窗口

3. "场景"和"对象"的概念——Hierarchy（层级）窗口和 Scene（场景）窗口

（1）"场景"的概念。

一个游戏或者虚拟现实应用总是由一个或多个关卡及虚拟场景构成，这样的一个个关卡和虚拟场景可以统称为场景（Scene）。在 Unity 中，将一个场景保存后会生成一个场景文件，而场景文件也是一种 Unity 资源。Unity 项目场景与作品关卡之间的关系如图 1-18 所示。

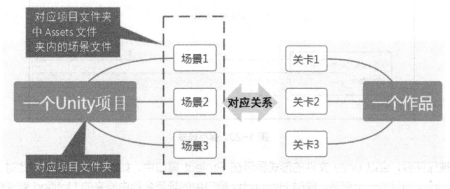

图 1-18　Unity 项目场景与作品关卡之间的关系

（2）"对象"的概念，Hierarchy 窗口和 Scene 窗口。

在 Unity 中，构成一个场景的所有对象（包括环境、物体、人物角色、声音、光线、粒子特效等）统称为 GameObject，即游戏对象。

当新建一个项目时，Unity 会同时创建并打开一个名为 Untitled（未命名）的场景。该场景中默认包含名为 Main Camera（主摄像机）和 Directional Light（平行光）的两个游戏对象。如图 1-19 所示，开发者可以通过 Unity 工作界面中的 Hierarchy（层级）窗口和 Scene（场景）窗口查看该场景中的对象。其中，Hierarchy 窗口以层级的方式显示场景中所有对象的名称。所谓层级，指的是如果对象之间存在"父子"关系，则子对象的名称会缩进一个级别并显示在父对象的名称下方。而 Scene 窗口则以"所见即所得"的方式显示场景中所有游戏对象所处的位置及状态。

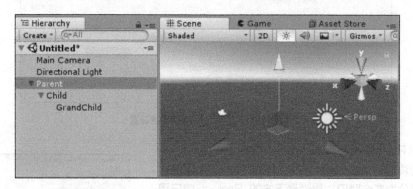

图 1-19　Unity 工作界面中的 Hierarchy 窗口和 Scene 窗口

（3）场景文件是一种 Unity 项目资源。

新建项目时会创建并打开名为 Untitled 的场景，该场景在进行保存操作之前是没有对应的场景文件的。开发者如果希望把在该场景中进行的编辑工作保存起来，则需要在 Unity 菜单中选择"File → Save Scenes"选项（组合键 Ctrl+S）来保存。场景在首次保存时可以选择保存位置并设置场景名称，其中保存位置必须在当前项目文件夹的 Assets 子文件夹范围之内选择，例如保存在项目文件夹 Assets 子文件夹的 Ch01 子文件夹中，如图 1-20 所示。

图 1-20　保存场景

场景被保存后，会以 unity 文件的形式显示在 Project 窗口中，如图 1-21 所示。此时，该场景文件成为该 Unity 项目的一个资源，同时 Hierarchy 窗口中的场景名称由原来的 Untitled 变成保存时所设置的场景名称。

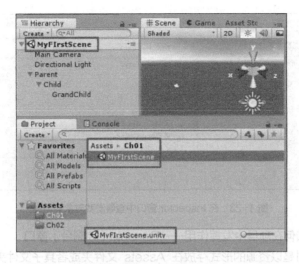

图 1-21 保存场景后的 Hierarchy 窗口和 Project 窗口

一般情况下，Unity 工作环境中只有一个场景处于打开状态。Hierarchy 窗口和 Scene 窗口所显示的就是当前打开的场景。当开发者在 Project 窗口中双击一个场景文件时，Unity 会先关闭当前打开的场景，然后打开被双击的场景文件对应的场景。值得注意的是，此时要关闭的场景中如果有未保存的工作，Unity 会弹出是否保存当前场景的提示。开发者应该养成随时保存场景的习惯，以保证对应的场景文件中保存了所有的工作。

4. "组件"的概念——Inspector（检视）窗口

（1）组件的概念。

在 Unity 场景中，每个游戏对象都具备一种或多种功能。能够使游戏对象具备特定功能的模块称为 Component（组件）。用一句话概括组件、对象、场景、项目 4 个概念的关系就是，多个具有不同功能的组件组成对象，多个对象构成一个场景，每个场景分别作为一个关卡组成一个项目，从而组成一个作品，如图 1-22 所示。

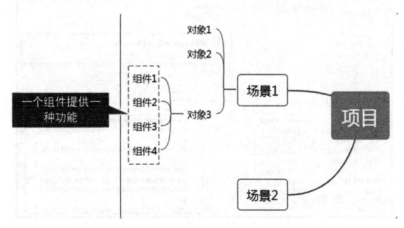

图 1-22 组件、对象、场景、项目的关系

（2）Inspector 窗口。

开发者在 Hierarchy 窗口或者 Scene 窗口中单击一个游戏对象时，会使该对象处于被选中状态，此时在 Inspector 窗口中可以看到该对象的所有组件，如图 1-23 所示。

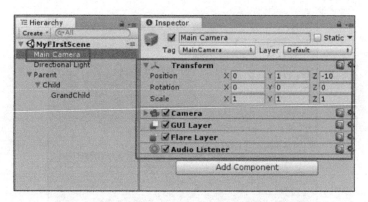

图 1-23 在 Inspector 窗口中查看游戏对象的组件

5. Unity 脚本文件如何在项目中发挥作用——Console（控制台）窗口

Unity 脚本被创建时是以资源的形式存放在 Assets 文件夹或者其子文件夹中的，此时并不会发挥任何作用。只有当开发者将脚本文件加载到场景中的游戏对象上使之成为该对象的一个组件时，它才可以真正发挥作用。而作为组件的脚本所能够发挥的作用，需要在运行当前打开的场景后才能够真正体现出来。如果该脚本包含输出信息的指令，则运行场景后可以在 Console 窗口看到输出的信息。

如图 1-24 所示，一个名为 Example 2_1.cs 的脚本文件被加载到当前场景 Ch02 中的 Example 2_1 对象上，从而生成该对象的 Example 2_1(Script)组件。此时开发者单击 Unity 工作界面上方的运行按钮，则当前场景被运行，其中 Example 2_1(Script)组件对应的脚本中的程序被执行并在 Console 窗口中输出了信息。

图 1-24 Unity 脚本如何在项目中发挥作用

6. Unity 界面的快速排布

Unity 的所有窗口都可以随意拖拽，从而按照开发者的意愿重新排布窗口的位置。如果希望 Unity 的界面恢复默认状态，则只需要在功能菜单中选择 "Window → Layouts → Default" 选项即可，如

图 1-25 所示。此外 "Window → Layouts" 菜单项还提供了 "2 by 3" "4 Split" "Tall" "Wide" 等子选项，可以供开发者快速将 Unity 界面排布为特定的状态。

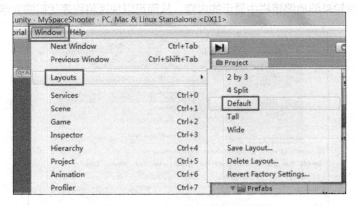

图 1-25　Unity 界面的快速排布

1.1.4　脚本编辑器简介

1. 默认编辑器的选择

Unity 脚本文件需要在特定的编辑器中打开才可以方便地进行编辑和调试。如果在安装 Unity 2017 时选择了 Microsoft Visual Studio Community 模块，则 Unity 会将 Visual Studio 设置为默认的脚本文件编辑器，否则默认的脚本编辑器为 MonoDevelop。开发者可以在 Unity 工作界面上设置默认的脚本编辑器，设置方法如下：在 Unity 的菜单中选择 "Edit → Preferences" 选项，在弹出的 Unity Preferences 窗口中选择左侧的 "External Tools" 选项后到右侧的 "External Script Editor" 选项的下拉菜单中选择脚本编辑器，如图 1-26 所示。

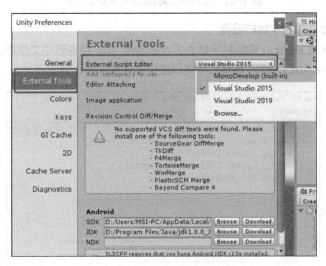

图 1-26　设置默认的脚本编辑器

2. MonoDevelop 的界面简介

本书选择 MonoDevelop 作为脚本编辑器。当开发者创建并打开脚本后，MonoDevelop 会启动并打开脚本进入编辑状态，如图 1-27 所示。MonoDevelop 界面的上方为菜单栏和工具栏，下方为编辑栏。开发者可以在编辑栏中编辑程序代码。当有多个脚本文件同时处于打开状态时，编辑栏以标签的方式显示脚本，开发者可以单击脚本的标签使其程序代码显示在编辑栏中。此外，开发者可以在按住 Ctrl 键的同时滚动鼠标滚轮来缩放编辑栏中显示的内容，从而可以快速将程序代码的文字调整到合适的大小。

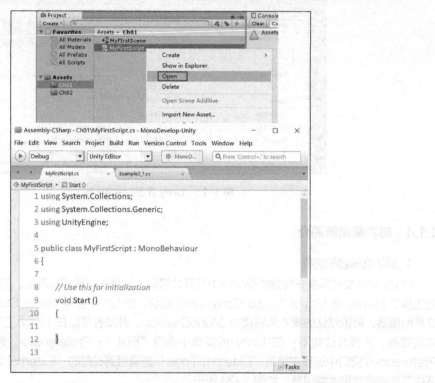

图 1-27　用 MonoDevelop 打开脚本文件

3. MonoDevelop 编辑栏字体的设置

默认情况下，MonoDevelop 编辑栏字体为 Consolas 10，会导致中文注释出现乱码，如图 1-28 所示，因此需要更换 MonoDevelop 编辑栏字体以使中文注释能够正常显示。

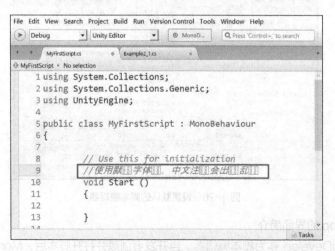

图 1-28　MonoDevelop 的默认字体导致中文注释出现乱码

如图 1-29 所示，在 MonoDevelop 菜单栏中选择"Tools → Options"选项，在弹出的 Options 窗口的左侧选择"Fonts"选项后，到右侧"Text Editor"选项下单击字体栏，在弹出的 Select Font 窗口中选择 Calibri 字体，再单击"OK"按钮即可解决中文注释乱码的问题。

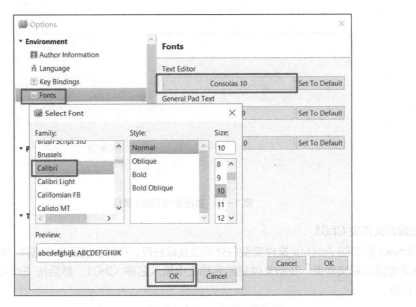

图 1-29　更改 MonoDevelop 编辑栏字体

1.2　初识 Unity C#脚本

Unity 脚本是存储程序代码的资源文件，在 Unity 软件中创建和使用，在脚本编辑器中编辑。本节将会通过 3 个简单案例使读者了解 C#脚本的基本语法结构、脚本中的注释、代码运行的基本顺序、语法错误及如何避免语法错误。

1.2.1　编程语言的选择

Unity 脚本可选用的编程语言包括 C#和 JavaScript 两种。国内开发者普遍采用 C#作为 Unity 脚本的程序语言，因此本书也选择 C#作为 Unity 脚本的编程语言进行讲解。

C#是由微软公司开发的一款运行于.NET Framework 框架之上的面向对象的程序设计语言，其基本语法相较于 C 语言和 C++更加简单易学。而且由于.NET Framework 为开发应用程序提供了丰富的类库，因此使用 C#进行开发工作比使用其他语言更加简单、快速。

1.2.2　Unity C#脚本的创建和使用

在 Unity 项目中创建 Unity 脚本，在脚本编辑器中输入程序代码，然后将脚本加载到场景中的对象上使之成为一个组件，最后运行场景从而使脚本中的程序得到运行。下面创建一个 Unity 项目，并在项目中创建第一个场景和第一个脚本，再让脚本成功运行来体验上述过程。

1. 创建新 Unity 项目

在 Unity 启动后出现的窗口中单击右上角的"New"按钮即可开始创建一个新项目。如果在已经打开一个 Unity 项目的情况下想要创建一个新的项目，则需要在 Unity 的菜单中选择"File → New

Project"选项。在进行上述任何一种操作后,图 1-30 所示的窗口就会出现。输入项目名称 Learning UnityScripts,设置项目在硬盘上存放的位置并选择项目类型(2D 或 3D)后单击"Create project"按钮,即可创建出名为 LearningUnityScripts 的新项目。

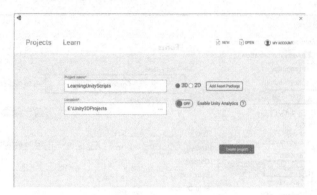

图 1-30 创建新的 Unity 项目

2. 创建新文件夹 Ch01

在 Project 窗口的 Assets 文件夹空白处单击鼠标右键,在弹出的菜单中选择"Create → Folder"选项,从而创建出新文件夹。在新文件夹的名称栏中输入名称 Ch01,然后按 Enter 键完成创建,如图 1-31 所示。

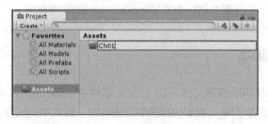

图 1-31 在 Unity 项目中创建一个新的文件夹

3. 文件夹名称写错了怎么办

创建文件夹或者其他资源文件时写错名称,可以用下述方法进行更改:以文件夹为例,单击需要更改名称的文件夹使其处于选中状态,然后单击文件夹的名称即可进入更名状态,输入新的名称后按 Enter 键,如图 1-32 所示。

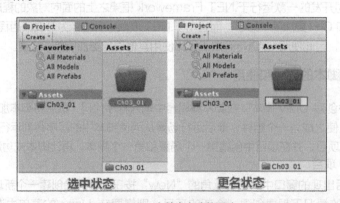

图 1-32 文件夹名称的更改

4. 创建 Unity 脚本

在文件夹 Ch01 中的空白处单击鼠标右键，在弹出的菜单中选择"Create → C#Script"选项，创建出新的 C#脚本。在新脚本的名称栏中输入名称 MyFirstScript，然后按 Enter 键完成脚本的创建。

5. 脚本名称写错了怎么办

如果脚本名称写错了需要修改，则必须完成以下两个步骤。

步骤一，参照改文件夹名称的方法修改脚本文件的名称。

步骤二，打开脚本，修改脚本中的类名，保证脚本的文件名和类名一致。其中，脚本中的类名在关键字 class 右侧。

修改脚本类名的具体方法如下。

首先打开脚本文件，如图 1-33 所示，在 Project 窗口中的脚本文件上单击鼠标右键，在弹出的菜单中选择"Open"选项，等待脚本在编辑器中打开。

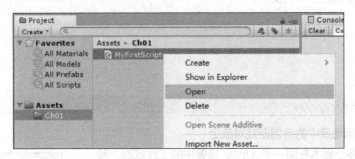

图 1-33 打开脚本文件

脚本在脚本编辑器中打开后即处于可编辑状态。从中找到关键字 class。紧跟其后的单词就是脚本程序中的类名。将类名修改成与文件名一致即可，如图 1-34 所示。类和类名的概念会在第 7 章介绍。

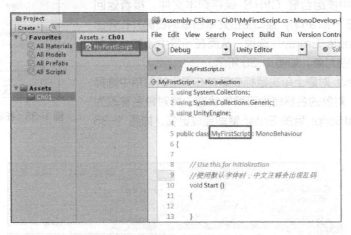

图 1-34 保证脚本文件名和类名一致

6. 输入第一行代码

在脚本编辑器中打开新创建的脚本后，即可在 Start 方法中输入一行代码"print("Hello World!");"。注意在输入代码之前，先切换出英文输入法，确保输入的空格、括号、分号等符号都是英文半角输入状态下的，然后按组合键 Ctrl+S 保存脚本文件。输入的代码是大小写敏感的，也就是说如果把本该小写的字母输入成大写字母，则算错误。此外，代码的关键字中不能插入空格，例如 print 为一个完整的关键字,如果写成"pri nt",则算错误。代码中出现的特殊符号,例如括号、双引号、分号等,均为英文符号,不能用中文符号代替。完整程序代码如例 1-1 所示。

例 1-1 你的第一个 Unity 脚本程序——Hello World!

```csharp
////////代码开始////////
using System.Collections;
using System.Collections.Generic;
using UnityEngine;
public class MyFirstScript:MonoBehaviour
{
    void Start()
    {
        print("Hello World!");
    }
    void Update()
    {
    }
}
////////代码结束////////
```

7. 将脚本加载到场景中的自创游戏对象上

为了方便控制多个脚本在同一个 Unity 场景中的工作状态,我们将本书每个案例的脚本文件分别加载到不同的游戏对象上。每当完成一个脚本的编写,就应该在场景中新建一个空对象并使其名称与脚本名一致,再把脚本加载到对应的空对象上。

在脚本编辑器中按组合键 Ctrl+S 保存脚本文件,接着返回 Unity 工作界面,在 Hierarchy 窗口空白处单击鼠标右键并在弹出的菜单中选择"Create Empty"选项,从而在场景中添加一个名为 GameObject 的空对象,如图 1-35 所示。

在 GameObject 对象上单击鼠标右键并在弹出的菜单中选择"Rename"选项,对象的名称转为可编辑状态。将对象名称改为脚本的名称 MyFirstScript 后按 Enter 键即完成更名,如图 1-36 所示。

图 1-35 在场景中创建新的空对象

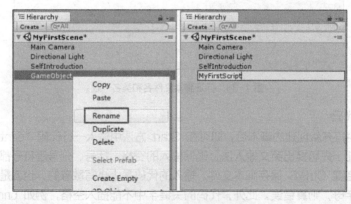

图 1-36 更改空对象的名称

从 Project 窗口中将脚本文件拖拽到 Hierarchy 窗口的 MyFirstScript 对象上，单击该对象后到 Inspector 窗口查看，可发现脚本组件 My First Script(Script)已经出现，如图 1-37 所示。

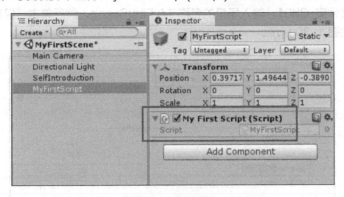

图 1-37　将脚本文件加载到场景中的对象上

8. 脚本不能成功加载到 MyFirstScript 对象上的处理方法

如果脚本不能成功加载到 MyFirstScript 对象上，则说明脚本有问题。初学者常见的这方面问题有以下几个。

第一，脚本文件名与脚本中的类名不一致。

第二，在输入代码时，输入了错误的内容，例如大小写错误、空格错误、符号错误等。

第三，在编辑脚本时，不小心删除了脚本中原有的一些关键内容。

参照上述问题仔细检查修改后，再次保存并尝试再次加载。

9. 脚本多加载了或者加载到别的对象上的处理方法

同一个脚本是可以多次加载到同一个对象上的。如果不小心多加载了脚本，可以将多余的脚本组件从对象上移除。如果不小心将脚本加载到其他对象上（例如 Directional Light 对象上），可以先将脚本移除后再重新把脚本加载到正确的目标对象上。

从一个对象移除一个脚本组件的方法为：以 MyFirstScript 对象为例，在 Hierarchy 窗口中单击需移除脚本的对象，再到 Inspector 窗口查看已经加载的脚本组件，单击需移除脚本组件右侧的齿轮图标，在下拉菜单中选择"Remove Component"选项，如图 1-38 所示。

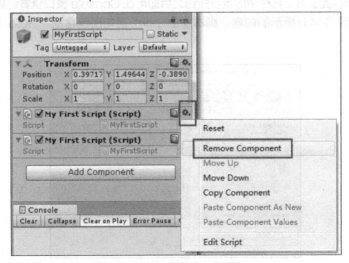

图 1-38　移除对象上的一个脚本组件

10. 保存场景

在 Unity 中按组合键 Ctrl+S，保存当前场景。在弹出的 Save Scene 窗口中，选择场景文件的保存位置为刚创建的文件夹 Ch01，输入场景的名称 MyFirstScene，然后单击"保存"按钮，将当前场景保存到项目中，如图 1-39 所示。

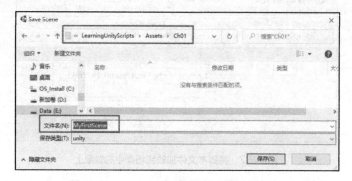

图 1-39 将当前场景保存到项目中

场景保存成功后，在 Project 窗口的文件路径 Assets\Ch01 下可以看到场景文件，如图 1-40 所示。

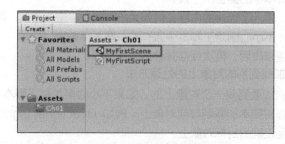

图 1-40 在 Project 窗口查看场景文件

11. 运行场景并查看结果

单击 Unity 工作界面上方工具栏中的运行按钮之后即可在 Console 窗口查看结果。如果上述操作都正确，则能够看到图 1-41 所示的内容。脚本中的 print 语句所包含的"Hello World!"被输出到 Console 窗口中。

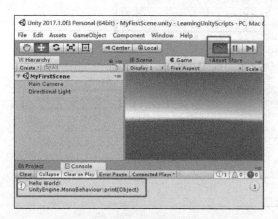

图 1-41 运行场景并查看脚本的输出结果

12. 小结

要认识到以下几点才能够顺利地创建和使用 Unity 脚本。

第一点，脚本的文件名必须与类名一致。

第二点，脚本要加载到 Unity 场景的对象上生成一个对应组件之后才能够发挥作用。

第三点，运行场景之后，脚本中的程序代码才会被执行。

1.2.3 Unity C#脚本的基本语法结构

从本质上说，Unity C#脚本中的程序代码是遵循 C#语言的语法规则且由关键字及相关符号所构成的可以被 Unity 引擎所理解并执行的指令集合。当一个 Unity C#脚本被创建时，其中最基本的语法结构已经创建好了。可以用这样一句话来进行概括：Unity C#脚本中的程序代码定义了一个继承自 MonoBehaviour 类的子类，所定义类的类名与脚本文件名一致；在默认情况下这个类包含了 Start 方法和 Update 方法。我们会分别在第 2 章和第 6 章详细阐述"关键字""方法"的概念，并且在第 7 章详细阐述"类"和"继承"的概念。读者在现阶段只需要把它们理解为一种 C#语法结构即可。

下面以例 1-1 中的 MyFirstScript.cs 脚本为例来描述 Unity C#脚本的基本语法结构。前 3 行是有特定作用的 using 语句。之后从"public class"到文件结尾的"}"即为定义一个类的语法结构，其中紧跟在 class 关键字后面的单词 MyFirstScript 为类名，类名之后的冒号和紧跟其后的 MonoBehaviour 表明该脚本所定义的 MyFirstScript 类继承自 MonoBehaviour 类。随后的一对大括号所包含的全部内容称为类体。类体中定义了两个方法即 Start 方法和 Update 方法。以 Start 方法为例，其语法结构从 void 关键字开始，其后的 Start 为方法名，小括号所包含的内容为方法的参数列表，再往后的一对大括号所包含的全部内容称为方法体。具体结构如图 1-42 所示。

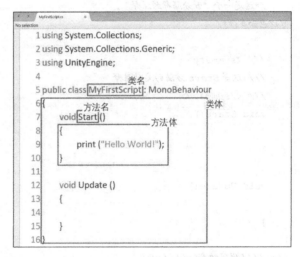

图 1-42 Unity C#脚本的基本语法结构

1.2.4 程序代码中的注释

当新建一个 Unity C#脚本时，所新建的脚本文件中，除了上一小节描述的基本语法结构之外，Start 方法和 Update 方法之前往往还有一行以双斜杠"//"开头的语句。这种语句称为注释。

注释是程序代码中用于对代码做注解的语法结构，其中的所有内容会被计算机忽略，其主要作用是帮助程序员对程序代码进行说明，以便在后续维护代码或者团队合作开发过程中节省沟通成本。

C#的注释类型分为以下 3 种。

以"//"开头的结构称为单行注释。该行中在双斜杠"//"之后的所有内容都是注释。

以"/*"开头并以"*/"结尾的结构称为带分隔符的注释。这种注释的内容可以有多行。

以"///"开头的结构称为文档注释。在编辑脚本时，如果在方法或类等结构之前的空行中连续输入 3 个斜杠，则脚本编辑器会自动生成这种注释，其内容起到程序说明文档的作用。

例1-2列出了这3种注释。注意不同类型的注释要分开使用，而不要嵌套交织在一起用，以免导致语法错误。

例1-2　一个带有3种注释的脚本

```
////////代码开始////////
using System.Collections;
using System.Collections.Generic;
using UnityEngine;

/// <summary>
/// 这是"Comments"类的文档注释
/// </summary>
public class Comments:MonoBehaviour
{
    // 这是一个"行注释"，只包含这一行

    /*这是一个"带分隔符的注释"，
可以包含多行*/

    /// <summary>
    /// 这是Start方法的文档注释
    /// </summary>
    void Start()
    {
    }

    void Update()
    {
    }
}
////////代码结束////////
```

1.2.5　程序的基本运行顺序

在一个方法体中，程序代码按照语句的先后顺序逐一执行。以下案例可以证明这个规律。在Unity项目中创建一个名为ExecutionOrder.cs的脚本，并用脚本编辑器打开脚本输入例1-3的代码。

例1-3　在Console窗口中输出多条信息的脚本

```
////////代码开始////////
using System.Collections;
using System.Collections.Generic;
using UnityEngine;

public class ExecutionOrder:MonoBehaviour{
    void Start(){
        print("输出信息1");
        print("输出信息2");
```

```
        print("输出信息3");
    }
    void Update(){
    }
}
/////////代码结束/////////
```

在完成代码的编辑后，保存脚本并回到 Unity 界面，在 Hierarchy 窗口中创建一个空对象并更名为 ExecutionOrder，将 ExecutionOrder.cs 脚本加载到该对象上。为了避免例 1-1 输出结果的干扰，可先将 MyFirstScript 对象设置为非激活状态。其具体操作方法是，单击 Hierarchy 窗口中的 MyFirstScript 对象后，将 Inspector 窗口对象名称 MyFirstScript 前的复选框取消勾选，如图 1-43 所示。

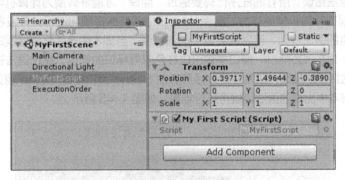

图 1-43　将场景中的自建对象设置为非激活状态

然后按组合键 Ctrl+S 保存场景，再运行场景，可以在 Console 窗口中看到 ExecutionOrder.cs 脚本输出的 3 条信息如图 1-44 所示。

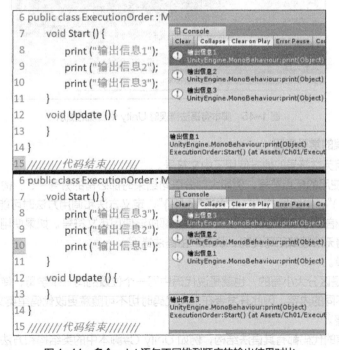

图 1-44　多个 print 语句不同排列顺序的输出结果对比

在例 1-1 中已经知道 print 语句在执行时可以将其小括号的文字内容输出到 Unity 的 Console 窗口中。现在对比例 1-3 的 3 条信息在窗口中出现的先后顺序和脚本 Start 方法的 3 个 print 语句的排列顺序，可以发现：排在前面的 print 语句先执行，排在后面的 print 语句后执行。为了进一步证明这个结论，可以将脚本 Start 方法的 3 个 print 语句重新排列，保存脚本后再次运行场景。此时会发现脚本按照新的语句排列顺序输出信息，如图 1-44 所示。

1.2.6 语法错误

1. 什么是语法错误

初学程序的读者，常常会在输入脚本程序代码的过程中由于疏忽导致输入内容不符合程序语言的语法规则，从而产生语法错误。所有的程序代码要通过"翻译"才能够转换为计算机可执行的二进制指令，这个"翻译"的过程在计算机领域称为"编译"。为了能够使编译顺利进行，开发者所写的程序代码必须严格遵守程序语言的语法规则，否则就会发生语法错误。当脚本中产生语法错误时，Unity 会通过两种途径给出提示：一是在 Console 窗口中输出以红色叹号标识的信息，提示语法错误在脚本中可能出现的位置及产生语法错误的原因；二是在运行场景时在 Scene 窗口或者 Game 窗口中显示文字信息，提示开发者先解决脚本中出现的语法错误再运行场景，如图 1-45 所示。

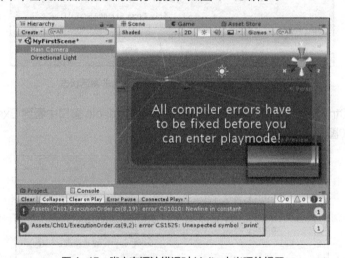

图 1-45　脚本有语法错误时 Unity 中出现的提示

2. 产生语法错误的常见原因

（1）在必须使用英文符号的地方使用了中文符号。

C#程序代码所使用的标点符号，例如大部分语句结束时都必备的分号"；"，构成类、方法等语法结构所需的小括号"（）"、中括号"［］"和大括号"｛｝"，定义方法和调用方法时可能会用到的逗号"，"，使用 print 语句输出信息时常用的双引号"""等，都应该使用英文符号。如果使用中文符号代替上述符号，则会导致编译器无法理解所写代码，从而产生语法错误。

（2）大小写混淆。

C#语言的语法是区分大小写的，也就是说代码中同一个位置的同一个字母，使用大写和小写在编译时会被认为是完全不同的内容。因此开发者在书写代码时切不可随意更改代码里英文字母的大小写。

（3）结构不完整。

每一种程序语言的代码都有其语法结构，例如 Unity C#脚本中的类结构和方法结构，其中的大括号和小括号都是成对出现并且一一对应的。如果在脚本中随意删除一对括号中的一个，或者在一对括号中插入单独的一侧括号，都会导致结构遭到破坏，造成编译器无法正确解读代码，从而产生语法错误。

3. 如何避免语法错误

（1）"先搭结构再填空"。

在书写代码的过程中，养成先搭结构再"填空"的习惯有利于避免语法错误。开发者必须做到"心中有语法结构"。读者在学习过程中也要有意识地培养"先搭结构再填空"的习惯。例如输入 print 语句时，好的输入习惯应该是先输入"print( );"，然后将输入光标从分号后面移回小括号中，接着输入英文双引号，再将输入光标从引号结束位置移回引号内部，最后输入 print 语句要输出的具体信息内容。

（2）使用脚本编辑器的快速排版功能。

如果能够使脚本中的程序代码遵循"一行只写一个语句""大括号独占一行""一对大括号前后对齐""同一级别的语句有相同的缩进"等原则，则能够保证程序代码结构清晰、层次分明，从而使代码具有良好的可读性，大大降低出现语法错误的可能性，更加易于发现和排除语法错误。但如果要求开发者自己对程序代码进行排版，则大大增加了与开发工作无关的工作量，降低了工作效率。所幸，常用的脚本编辑器提供了快速排版功能。开发者只需简单操作即可对整个脚本进行排版，使之达到结构清晰、层次分明的状态。

在 MonoDevelop 的菜单中选择"Edit → Format → Format Document"选项即可对当前正在编辑的脚本程序进行快速排版，如图 1-46 所示。

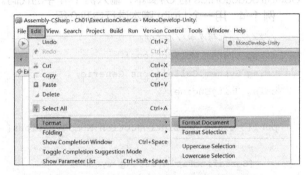

图 1-46　MonoDevelop 中的快速排版功能

在 Visual Studio 的菜单中选择"Edit → Advanced → Format Document"选项或者按组合键"Ctrl+K,Ctrl+D"即可对当前正在编辑的脚本程序进行快速排版，如图 1-47 所示。

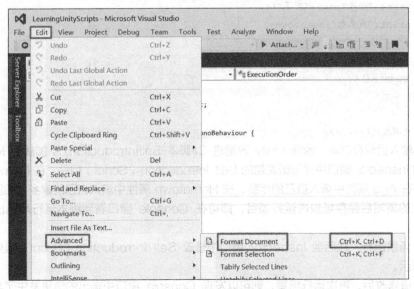

图 1-47　Visual Studio 中的快速排版功能

1.3 Unity C#脚本的输入和输出

扫码观看
微课视频

在本书所展示的丰富案例中，大部分案例都允许读者在程序运行之前设置初始数据。这种获取数据的功能称为输入。在程序运行之后，Unity 的 Console 窗口显示运行结果。这种展示运行结果的功能称为输出。输入和输出是 Unity C#脚本最基本的功能。

1.3.1 动手环节

为了便于理解 Unity C#脚本输入和输出的概念，读者先要在 Unity 项目中创建一个名为 SelfIntroduction.cs 的 C#脚本，输入例 1-4 中的代码。

例 1-4 用一个 Unity 脚本进行自我介绍

```
////////代码开始////////
using System.Collections;
using System.Collections.Generic;
using UnityEngine;

public class SelfIntroduction:MonoBehaviour{

    [SerializeField]string myname;
    [SerializeField]int age;
    [SerializeField]string hometown;

    void Start(){
        print("老师好！我名叫"+myname);
        print("今年"+age+"岁了");
        print("我来自"+hometown);
    }

    void Update(){

    }
}
////////代码结束////////
```

完成代码输入后保存脚本，返回 Unity 界面将 C#脚本 SelfIntroduction.cs 加载到 MainCamera 对象上，再到 Inspector 窗口中找到新增加的 Self Introduction（Script）组件，在 Name 属性中填入自己的姓名，在 Age 属性中填入自己的年龄，在 Hometown 属性中填入自己的家乡，如图 1-48 所示。

完成属性的填写后保存场景再运行项目，即可在 Console 窗口看到脚本运行后输出的结果，如图 1-49 所示。

此时停止场景运行，然后到 Inspector 窗口中修改 Self Introduction（Script）组件的属性值，如图 1-50 所示。

完成属性值修改后，再次运行场景，则可以发现 Console 窗口中输出的结果发生了与输入内容对应的变化，如图 1-51 所示。

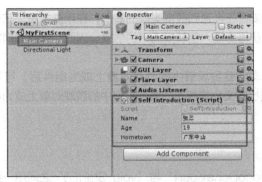
图 1-48 在 Inspector 窗口中输入属性值

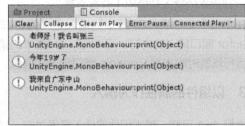
图 1-49 在 Console 窗口输出的结果

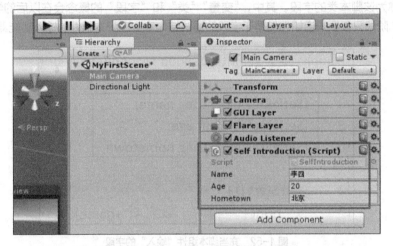
图 1-50 在 Inspector 窗口中修改属性值

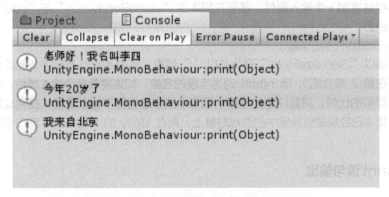
图 1-51 在 Console 窗口输出的结果发生了变化

如果要进一步查看不同输入所获得的不同输出结果,务必记得先停止场景的运行状态,再重新填写组件中的属性值,然后再次运行场景。

1.3.2 Unity C#脚本输入和输出的概念

在动手环节中,读者通过例 1-4 的脚本实现了这样的功能:当脚本被加载到场景中的游戏对象上成为组件后,可以通过 Inspector 窗口输入信息;在场景运行时,脚本中的程序代码加工完输入的信息将其输出到 Console 窗口。在后续的学习过程中，读者还会遇到很多类似的案例，在用脚本解决某个问题时需要事先输入一些属性值，在运行场景后可以获得由输入值转换而来的结果。因此，掌握如何实现 Unity C#脚本的输入和输出十分有必要。

在本书中，Unity C#脚本的输入定义为将脚本加载到场景中的游戏对象上成为组件后，可以从 Inspector 窗口输入的内容。而 Unity C#脚本的输出定义为将脚本加载到场景中的游戏对象上成为组件后，运行场景时脚本在 Console 窗口显示的信息。

1.3.3 以组件的属性作为输入

由例 1-4 可知，脚本组件的输入是通过在"MonoBehaviour{"与"void Start( )"之间用一系列语句定义的一系列变量来实现的，如图 1-52 所示。

这些变量称为该脚本类的字段。其中，"变量""类"和"字段"的概念会在以后的学习内容中详细介绍。读者在本阶段只需要知道如何借助于字段的语法结构来实现脚本组件的输入功能即可。

```
6  public class SelfIntroduction : MonoBehaviour {
7
8      [SerializeField] string name;
9      [SerializeField] int age;
10     [SerializeField] string hometown;
11
12     void Start () {
13         print ("老师好！我名叫"+name);
```

图 1-52 充当脚本组件"输入"的字段

为了给脚本组件增加一个输入属性，需要在脚本的"MonoBehaviour{"与"void Start( )"之间添加一行代码，例如：

```
[SerializeField]string name;
```

该行代码必须以"[SerializeField]"开头并以"；"结束，其中 string 表示字段的数据类型（数据类型的具体概念将在第 2 章介绍），而 name 则为字段的名称。如果需要多个输入属性，则在脚本相同位置继续添加多行类似的代码，需要注意的是每个语句中的字段名称不可以重复。在完成代码添加并保存脚本后，如果该脚本已经加载到场景中的游戏对象上，则在 Unity 的 Inspector 窗口中可以看到新添加的属性。

1.3.4 利用 print 语句输出

为了实现 Unity C#脚本的输出功能，开发者可以在脚本中使用 print 语句。当 print 语句被执行时，它的小括号所包含的内容会被显示在 Unity 的 Console 窗口中。

print 语句可以直接输出文字内容，例如：

```
print("你好！");
```

此时，所输出的文字内容必须放在语句的小括号内并且必须用一对英文双引号引起来，这对双引号不会被输出到 Console 窗口中。

print 语句也可以输出变量的值（"变量"的具体概念见 2.1.1 小节），例如：

```
print(result);
```

其中，result 是变量的名称。该变量必须在该语句之前声明并赋值，并且 print 语句中的变量名称不能用双引号引起来。

当然，print 语句还可以输出文字内容和变量的结合体，就像例 1-4 所展示的那样。此时需要在 print 语句的小括号中用连接符"+"将文字内容与变量连接起来，例如：

```
print("计算结果为: "+result);
```

其中，文字内容必须用英文双引号引起来，而变量名称则不能用双引号引起来。

另外，任何时候都要注意：print 语句必须以英文分号";"结束。

1.4 本章小结

通过本章的学习，读者可以掌握开发环境 Unity 及脚本编辑器的安装方法，同时了解软件界面各窗口的用途，并且对 Unity C#脚本的相关操作具备基础的认知：熟悉 Unity 项目的创建和脚本文件的创建方法；熟练掌握使 Unity 脚本成为场景中对象的组件，从而可以发挥作用的方法；知道如何选择脚本开发环境并熟悉脚本开发环境的常用操作。此外，读者还能了解 Unity C#脚本的基本语法结构，知道注释的用途，知道程序代码在 Start 方法中的基本运行顺序，了解常见语法错误产生的原因并掌握避免语法错误的小窍门，还能够熟练使用脚本的字段作为脚本的输入，以及使用 print 语句将信息输出到 Unity 的 Console 窗口中。

通过本章的学习，读者可以为本书后续的学习打下良好的基础。

1.5 习题

1. 关于 Unity 的项目和场景，说法错误的是（　　）。
   A. 一个项目即一个作品
   B. 一个项目可以包含多个场景
   C. 场景文件是一种 Unity 项目资源
   D. 一个场景中只能够运行一个脚本
2. 关于 Unity C#脚本的输入和输出，说法错误的是（　　）。
   A. print 语句用于输出
   B. print 语句输出的内容会显示在 Console 窗口中
   C. 字段用于输入
   D. 将字段作为输入时，[SerializeField]可以省略
3. 以下会导致语法错误的是（　　）。
   A. 在语句结尾使用中文的分号
   B. 确保大括号和小括号都是成对出现且一一对应的
   C. 在书写代码过程中，养成"先搭结构再填空"的习惯
   D. 使用 print 语句输出信息时，输出内容用英文双引号引起来
4. 关于脚本操作，说法错误的是（　　）。
   A. 脚本的文件名要与类名一致
   B. 类名在关键字 class 左边
   C. 脚本要加载到场景中的游戏对象上之后才能发挥作用
   D. 脚本可以多次加载到同一个游戏对象上

5. 关于 Unity 脚本的开发环境，说法错误的是（　　）。
   A. Unity 软件本身没有编辑脚本的功能
   B. 在 Unity 中可以更改默认的脚本编辑器
   C. Unity 的 C#脚本可以直接在脚本编辑器中运行和查看结果
   D. 在 MonoDevelop 中可以调整脚本文字的大小

第2章
脚本语句的基本元素

学习目标

- 理解变量、表达式的概念。
- 熟悉常用的数据类型和运算符。
- 掌握变量声明和初始化、赋值运算、算术运算、关系运算、逻辑运算的语法规则。
- 能够利用变量和表达式解决基本的运算问题。
- 了解可空的值类型 Nullable。

学习导航

本章介绍构成 Unity C#脚本的编程语言基本元素。学习如何运用变量、运算符和表达式来实现运算功能，进而解决一些基本的应用问题。本章学习内容在全书知识体系中的位置如图 2-1 所示。

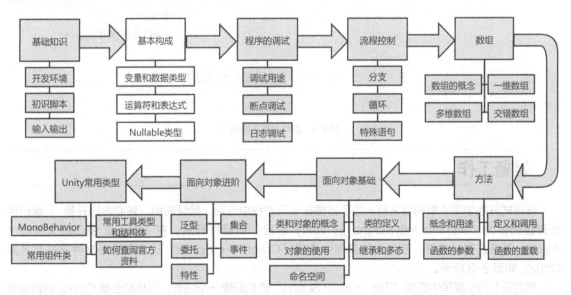

图 2-1　本章学习内容在全书知识体系中的位置

知识框架

本章知识重点是变量的声明、访问和赋值运算的语法规则，常用表达式的基本语法规则，以及运算的优先级。本章的学习内容和知识框架如图2-2所示。

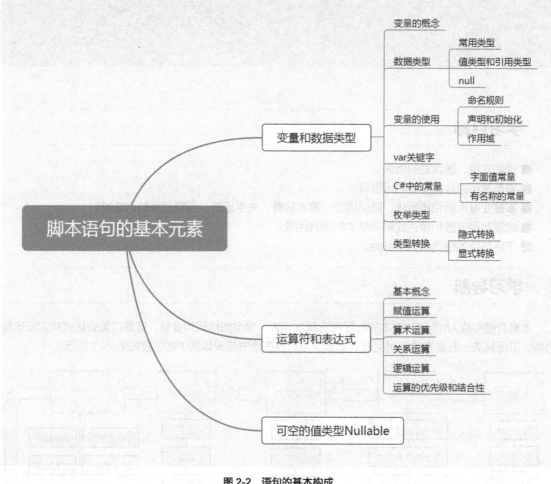

图 2-2 语句的基本构成

准备工作

在正式开始学习本章内容之前，为了方便在学习过程中练习、验证案例，我们先打开第 1 章已经创建过的名为 LearningUnityScripts 的 Unity 项目。项目打开后，在 Project 窗口的文件路径 Assets 下单击鼠标右键，在弹出的菜单中选择"Create → Folder"选项创建新文件夹并命名为 Ch02，如图 2-3 所示。

然后在 Unity 菜单中选择"File → New Scene"选项新建一个场景，再按组合键 Ctrl+S 将新场景保存在刚创建的文件夹 Ch02 中，场景名称也为 Ch02，如图 2-4 所示。此后本章中各案例需要创建的脚本文件均保存到文件夹 Ch02 中，需要运行的脚本均加载到场景 Ch02 中的对象上。

图 2-3　创建新文件夹并命名为 Ch02

图 2-4　新建场景并保存在文件夹 Ch02 中，场景名称也为 Ch02

2.1　变量和数据类型

程序之所以能够解决问题，主要是因为它能够对数据进行处理。有数据就必须有存储数据的空间，变量就是用于存储数据的空间。不同类型的数据所表达的含义千差万别，在计算机中存储的方式、占用的空间大小也各不相同，这就需要按照数据类型来加以区别。

2.1.1　变量的概念

"变量"这个概念来源于数学。在计算机领域，"变量"这个名词被定义为"计算机语言中能储存计算结果或能表示值的抽象概念"。我们可以这样来理解这个概念：变量是存储数据的"容器"。当计算机程序需要存储一个数据时，计算机会在内存中开辟一个存储数据的空间，并且由计算机程序提供一个名称来代表这个空间。此后但凡需要获取或者更新这个空间中的数据，都可以通过开辟该空间时提供的名称来访问该空间。计算机程序使用变量的一个形象的例子如图 2-5 所示。

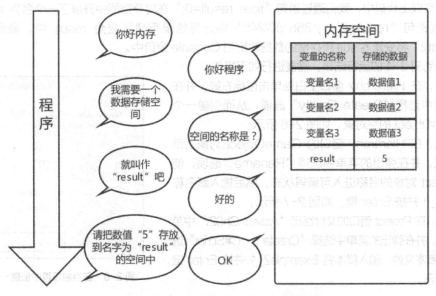
图 2-5　计算机程序使用变量的一个形象的例子

下面再用一个例子来帮助读者理解变量的概念。

例 2-1　用一个 Unity 脚本来完成一道计算题

假定一个人平均每天晚上睡 7 个小时，中午睡 1 个小时，一年按 365 天算，一天按 24 个小时算，这个人活了 80 岁，那么他这辈子睡了多少天？

解题思路如下。

首先，我们需要准备一个变量来存储结果。

然后，我们要列算式计算出结果，并把结果存储到变量中。

最后，用 print 语句把结果输出到 Console 窗口中。

代码如下：

```
/////////代码开始/////////
using UnityEngine;

public class Example2_1:MonoBehaviour{

    void Start(){
        //准备一个名字为result的变量
        float result=0;
        //计算结果并将结果存储到变量result中
        result=(7+1)*365*80/24f;
        //用print语句把结果输出到Console窗口中
        print(result);
    }

    void Update(){

    }
}
/////////代码结束/////////
```

解析：在以上代码中，我们通过语句"float result=0;"在内存空间中开辟了一个名为 result 的变量，并通过语句"result=(7+1)*365*80/24f;"将计算结果存储到变量 result 中，最后通过语句"print(result);"将变量 result 所存储的数据输出到 Console 窗口中。

为了看到例 2-1 的运行结果，需要进行如下操作。

步骤一，在 Hierarchy 窗口空白处单击鼠标右键，并在弹出的菜单中选择"Create Empty"选项，从而创建一个名为 GameObject 的空对象，如图 2-6 所示。

步骤二，在 Hierarchy 窗口的 GameObject 对象上单击鼠标右键，并在弹出的菜单中选择"Rename"选项，使 GameObject 对象的名称进入可编辑状态，然后输入新名称 Example2_1 并按 Enter 键，如图 2-7 所示。

步骤三，在 Project 窗口的文件路径"Assets\Ch02\"中单击鼠标右键，并在弹出的菜单中选择"Create → C#Script"选项创建出新脚本文件，输入脚本名 Example2_1 并按 Enter 键，如图 2-8 所示。

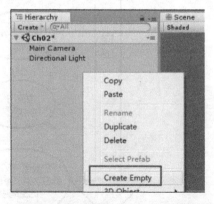

图 2-6　在当前场景中创建一个空对象

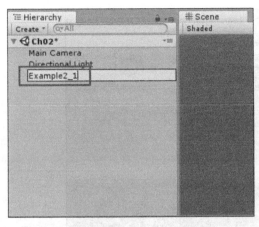
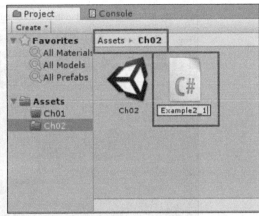

图 2-7 将空对象更名为 Example2_1　　　图 2-8 创建新的 C#脚本并命名为 Example2_1

步骤四，在 Project 窗口中的脚本文件 Example2_1.cs 上单击鼠标右键并选择"Open"选项，从而在 MonoDevelop 中打开该脚本，输入例 2-1 中的代码后按组合键 Ctrl+S 保存。

步骤五，返回 Unity 界面，将脚本 Example2_1.cs 拖拽到对象 Example2_1 上，从而实现脚本的加载，具体操作过程如图 2-9 所示。

图 2-9 将脚本 Example2_1.cs 加载到对象 Example2_1 上

步骤六，运行当前 Unity 场景，即可在 Console 窗口看到运行结果，如图 2-10 所示。

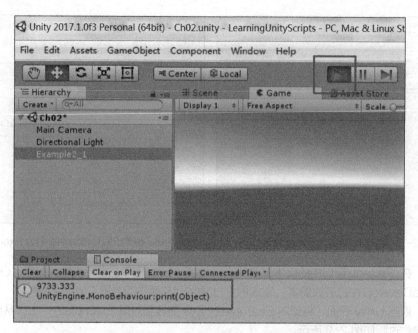

图 2-10　运行当前 Unity 场景并在 Console 窗口查看运行结果

在例 2-1 的运行结果中可以看到变量 result 中存储的计算结果为 9733.333。这是一个有小数部分的数值，这种有小数部分的数值称为"浮点数"。相对应的，没有小数部分只有整数部分的数值则称为"整数"——与数学概念中的"整数"同名。在计算机中，"浮点数"和"整数"需要不同类型的变量来存储，它们的具体存储方式和所占用的空间是不同的。因此变量除了有名称，还需要指定它可以存储的数据类型。那么，在 Unity 脚本语言中，常用的数据类型有哪些呢？在程序中又如何指定变量的数据类型呢？这些问题的答案将在后文揭晓。

2.1.2　数据类型

1. Unity 脚本语言中常用的数据类型

在例 2-1 的代码中，语句"float result=0;"在内存空间中开辟了一个名为 result 的变量，该语句中的"float"限定了变量 result 用于存储 float 类型的数值。在 Unity 脚本语言中，常用的数据类型如表 2-1 所示。

表 2-1　Unity 脚本语言中常用的数据类型

类型名称	描述	值范围
int	有符号整数类型，每个值在内存中占用 32 个 bit 空间	-2147483648 到 2147483647
float	有符号浮点型，每个值在内存中占用 32 个 bit 空间，可保留有效数字 8 位	-3.40E+38 到 3.40E+38
double	有符号浮点型，每个值在内存中占用 64 个 bit 空间，可保留有效数字 16 位	-1.79E+308 到 1.79E+308
bool	布尔型，表示"是"或者"否"	true（是）或 false（否）
char	字符类型，用于存储单个符号	任意的单个符号
string	字符串类型，用于存储任意长度的字符串	任意符号连接成的字符串

针对表 2-1 中的内容，需要解释的几个概念如下。

- bit：比特，是英文 binary digit 的缩写，是计算机存储空间的最小单位。任何信息在计算机中都要转换为二进制数来存储，二进制的一个位数只有 0 和 1 两种取值，一个二进制位所占用的空间即为一个 bit。
- 有效数字：一个数从左边第一个不为 0 的数字数起，到右边最后一个不为 0 的数字为止，所包含的所有数字即为一个数的"有效数字"，有效数字的个数即为"有效数字的位数"。例如 0.0109，前面两个 0 不是有效数字，后面的 1、0 和 9 均为有效数字，这个数的有效数字有 3 位。由于存储空间有限，浮点数的有效位数是有限的。
- 科学记数法：把一个数表示成 a 与 10 的 n 次幂相乘的形式（a 的值大于或等于 0 且小于 10，并且 a 不为分数形式，n 为整数）。表 2-1 中对浮点型数据类型值范围的描述采用了科学记数法。一个数如果在程序代码中表达为"aEb"，则将它转换为我们熟悉的数学表达方式为：

$$a \times 10^b$$

因此，将脚本中的数值"-3.4E38"转换为我们熟悉的数学表达方式为：

$$-3.4 \times 10^{38}$$

- 精度：在描述诸如 int、float 和 double 等数值类型时，有时会使用"精度"的说法，一般来说，占用 bit 空间更多的数值类型有更高的精度。在我们常用的数值类型中，double 类型的精度高于 float 类型，而 float 类型的精度又高于 int 类型。
- 字符：可以在计算机系统中表达的任意符号，最常见的是单个字母。
- 字符串：由数字、字母、下划线、汉字等符号组成的一串字符，是编程语言中可以表示文字内容的数据类型。

2. 常用数据类型的数值在程序中的写法

下面我们通过一个例子来学习常用数据类型数值在 Unity 脚本程序中的写法。

例 2-2 用一个 Unity 脚本获取游戏角色的信息

在一个游戏中，需要保存一个角色的信息，具体内容包括：角色的姓名，性别（以是否为男性来表示），年龄，身高（以 cm 为单位），等级（用 A 到 E 的单个字母表示），随机出生点与地图中心点的距离（以 m 为单位）。现要求在一个 Unity 脚本程序中，用 6 个变量来存储一个名为"Pioneer2019"的男性角色的信息。这个角色的年龄为 19 岁，身高为 182.7cm，级别为 A，他的随机出生点距离地图中心点 8322.583m。此外，要求将所存储的信息输出到 Console 窗口中。

解题思路：首先要确定 6 个变量的数据类型——姓名包含多个字符，因此用 string 型变量来存储；性别题目要求用"是否为男性"来表示，因此用 bool 型变量来存储；年龄一般按周岁来算，因此用 int 型变量来存储；身高一般都会有小数部分，因此用 float 型变量来存储；等级规定了用 A 到 E 的单个字母表示，因此用 char 型变量来存储；随机出生点与地图中心的距离需要用尽量高精度的浮点数来存储，因此用 double 型变量来存储。

代码如下：

```
/////////代码开始/////////
using UnityEngine;
public class Example2_2:MonoBehaviour{

    void Start(){
        string name= "Pioneer2019";bool isMale=true;
        int age=19;
        float height=182.7f;char grade= 'A';
```

```
        double distance=8322.583;

        print(name);
        print(isMale);
        print(age);
        print(height);
        print(grade);
        print(distance);
    }

    void Update(){

    }
}
////////代码结束////////
```

解析：在本例中，主要关注点是常用数据类型的数值在程序中的写法。

• string 型的数值必须用英文的双引号引起来，内容可以包含中文字符。如果双引号中什么都没有，则这种字符串称为"空字符串"。

• bool 型的数值只有两种取值：true 表示"是"，false 表示"否"。

• int 型的数值直接用普通整数的方式来表达即可。如果是负数，则前面要加"-"，例如负四十表达为"-40"。

• float 型的数值如果小数部分为 0，则可以不写小数点及后面的 0，但是无论有无小数点，数值末尾一定要加上字母"f"以区别于 double 型的数值，例如十九点零可以表达为"19f"。此外，如果是负值，则前面要加"-"。

• char 型的数值必须用英文的单引号引起来，并且有且只有一个符号，不能留空。

• double 型的数值与普通小数的表达方式无异。如果小数部分为 0，也可以省略小数部分；如果是负值，前面也要加"-"。

为了查看例 2-2 的运行结果，可在场景 Ch02 中创建空对象并更名为 Example2_2，并将脚本 Example 2_2.cs 加载到对象 Example2_2 上。此外，为了避免例 2-1 的干扰，需要在 Hierarchy 窗口中单击对象 Example 2_1，并在 Inspector 窗口中将 Example2_1 对象设置为非激活状态。最后，运行当前场景即可在 Console 窗口中看到脚本 Example2_2.cs 的运行结果，如图 2-11 所示。

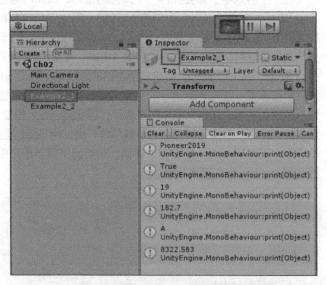

图 2-11　将 Example2_1 对象设置为非激活状态后运行当前场景查看脚本 Example2_2.cs 的结果

3. 值类型和引用类型，以及 null

（1）什么是值类型和引用类型。

根据变量所存储的数据在计算机内存中的具体存储方式，C#的语言规范将数据类型分为值类型和引用类型两种。两种类型的根本区别如下：对于值类型，其变量所对应的内存空间存储的是数据本身；对于引用类型，其变量所对应的内存空间存储的不是数据本身，而是存储在另外一个内存空间中的数据的引用。也就是说，实际上引用类型的变量所对应的内存空间分为两部分：一部分为数据本身，另一部分为指向数据所在内存空间的"地址"（即引用），其变量名称所对应的内存空间中存储的是后者，即引用。当程序要访问一个引用类型的变量时，首先从变量名称对应的内存空间中获取数据所在内存空间的"地址"，再根据该"地址"去访问真正的数据。

在常用的数据类型中，int、float、double、bool、char 均属于值类型；string 属于引用类型。

（2）引用类型的特殊取值——null。

引用类型的变量存在这样一种特殊情况：该类型的变量已经存在（即已经获得存储"地址"的内存空间），但没有获得存储具体数据的内存空间，也就是说这个变量所对应的内存空间中存储的是一个"空地址"。在 C#语言规范中，用 null 来表示这种情况下的"空地址"的值。所以当一个引用类型变量的值为 null 时，说明它还没有存储具体的数据。

扫码观看
微课视频

2.1.3 变量的使用

1. 变量的命名

要使用变量，就必须先给变量命名。在命名变量时，必须遵守以下规则。

规则一，变量名称只能由字母、下划线、数字组成，并且不能以数字开头。

规则二，变量名称不能与 C#关键字相同，并且在代码中出现 C#上下文关键字的地方不能使用 C#上下文关键字作为变量的名称。C#关键字是 C#中具有特定含义的字符串，具体见表 2-2。C#上下文关键字则是指仅在特定语言结构中充当关键字的字符串，具体见表 2-3。

规则三，在同一层次的大括号内，不同的变量不可使用相同的名称。如果违反了这条规则，两个变量就无法区分彼此了，也会因此产生语法错误。

表 2-2　C#关键字

C#关键字			
abstract	as	case	const
break	byte	class	delegate
char	checked	default	enum
continue	decimal	else	FALSE
do	double	extern	for
event	explicit	float	implicit
finally	fixed	if	internal
foreach	goto	interface	namespace
in	int	long	operator
is	lock	object	private
new	null	params	ref

续表

C#关键字			
out	override	readonly	short
protected	public	sealed	string
return	sbyte	static	throw
sizeof	stackalloc	this	uint
struct	switch	typeof	ushort
TRUE	try	unsafe	volatile
ulong	unchecked	void	
using	virtual	bool	
while	base	catch	

表 2-3　C#上下文关键字

C#上下文关键字		
add	alias	ascending
async	await	by
descending	dynamic	equals
from	get	global
group	into	join
let	nameof	notnull
on	orderby	partial（类型）
partial（方法）	remove	select
set	unmanaged（泛型类型约束）	value
var	when（筛选条件）	where（泛型类型约束）
where（查询子句）	yield	

综合以上变量命名规则，笔者对变量的命名提出以下建议。

建议一，变量的命名应该做到"见名知意"，也就是说从名称可以看出其用途，例如用来存放"书名"的变量，取名为 bookTitle 比较合理。

建议二，建议使用"驼峰命名"法，也就是如果用多个单词来命名，则首单词所有字母小写，其他单词首字母大写。例如 bookTitle 用到了 book 和 title 两个单词，而 book 放在最前面，所以开头字母 b 用小写，而 title 的开头字母 T 用大写。

2. 变量的使用注意事项

在使用变量时还需要注意以下几点。

（1）变量的使用要遵循"先声明后使用"的原则。

具体来说，就是要先通过变量的声明来获取数据的存储空间，在声明时所使用的变量名称代表了所获得的存储空间，此后才可以依据变量名称对存储空间进行写入数

扫码观看
微课视频

据和读取数据的操作。

（2）"声明变量的同时初始化"是一个应当养成的好习惯。

当一个变量被声明之后，它所代表的存储空间的内容是随机的。为了避免在后续操作中误将不可预知的内容读取并使用，需要开发者养成"声明变量的同时初始化"的好习惯。这里所谓"初始化"就是指向刚声明的变量写入一个确定的值。以语句"float result=0;"为例，该语句即为"声明变量的同时初始化"的典型案例。该语句声明了一个名为 result 的 float 型变量，同时将整数 0 写入该变量的存储空间完成初始化。

（3）在程序代码中，通过变量的名称即可获取变量中的值。

以语句"print(name);"为例，通过 string 型变量 name 的名称获取其值并将该值输出到 Console 窗口中。如果在声明变量 name 时其值被初始化为字面值常量"Pioneer2019"，并且在声明该变量后立即执行语句"print(name);"，则输出到 Console 窗口的内容为"Pioneer2019"。

（4）可以用赋值语句来更改变量中存储的值。

所谓"赋值语句"是指用符号"="将变量和需要存储到变量中的值连接到一起的语句。其中的变量要放置在"="的左侧，需要存储的值要放置在"="的右侧。赋值语句的含义是将"="右侧的值存储到左侧变量的内存空间中。例如，如果希望在 Console 窗口输出变量 age 的值之前将 age 的值更改为 18，则可以在变量 age 的声明语句"int age=19;"之后、语句"print(age);"之前，增加一个赋值语句"age=18;"，实现变量 age 值的更改。

（5）在赋值语句中，要注意值的数据类型应当和变量的数据类型一致。

由于不同数据类型在内存中占据的空间大小和具体的存储方式各不相同，因此在写赋值语句时要注意值类型与变量类型相互匹配，否则很可能会引起语法错误。当然，表示数值的数据类型例如 int、float 和 double 类型之间，将精度更低的值赋值给精度更高的变量在语法规则上是允许的，程序在执行时会自动进行"隐式转换"，将值的类型转换为与变量一致的类型，再进行赋值操作。关于值的类型转换，在 2.1.7 小节会有详细的描述。

3. 字段和局部变量，以及变量的作用域

在 Unity 的 C#脚本中，在脚本类的大括号范围之内、Start 方法之前声明的变量，称为脚本类的字段；在 Start、Update 等方法的大括号范围之内声明的变量，或者在条件分支语句、循环语句等语法结构的大括号范围之内声明的变量，称为局部变量。

变量的作用域是指变量在程序代码中的使用范围。这里所说的"使用"包括读和写："读"是获取变量值的操作，"写"则是改变变量值的操作。变量在声明之后，只可以在它的作用域使用，否则会引起语法错误。

字段的作用域是整个类的所有方法体之内。而局部变量的作用域，仅限于该变量在声明时所处的最内层的大括号所包含的范围。

下面用一个例子说明字段、局部变量及它们的作用域。

例 2-3　认识变量的类型及其作用域

本案例不针对特定功能，纯粹用于说明字段、局部变量及其作用域。凡是可能引起语法错误的语句，均用"//"符号进行注释，以保证程序可执行。读者在学习本案例时，可以在完成代码的编写后，逐一将被注释的语句解除注释并随时观察 Console 窗口中的错误提示，以更好地体会作用域的概念。

具体代码如下：

```
////////代码开始////////
using UnityEngine;

public class Example2_3:MonoBehaviour
{
```

```csharp
    //在类中声明的变量，属于字段，可以在类内部使用，以{}为界
    int var1=0;
    void Start()
    {
        //被允许的用法：在类的范围以内读取字段var1的值
        print(var1);

        /*在Start方法中声明的变量，属于局部变量，只可以在Start方法内部使用，以{}为界*/
        int var2=1;
        //被允许的用法：在Start方法内部读取局部变量var2的值
        int num=var2;
    }

    void Update()
    {
        //被允许的用法：在类的范围以内读取和改变字段var1的值
        var1=var1+1;
        //被允许的用法：在类的范围以内读取字段var1的值
        print(var1);

        //错误用法：试图在Start方法范围以外读取局部变量var2的值
        //print(var2);

        //条件分支语句
        //被允许的用法：在类的范围以内读取字段var1的值
        if(var1>100){
            /*在条件分支语句中声明的变量属于局部变量，只可以在条件分支语句内部使用，以{}为界*/
            float var3=2.5f;
            //被允许的用法：在条件分支语句内部读取和改变局部变量var3的值
            var3=var3*2f+var1;
            //被允许的用法：在条件分支语句内部读取局部变量var3的值
            print(var3);
        }
        //错误用法：试图在条件分支语句的范围以外读取局部变量var3的值
        //print(var3);
    }
}
///////代码结束///////
```

2.1.4 var 关键字

为了给程序员提供方便，C#语言提供了 var 关键字来代替变量声明时的具体数据类型，系统会根据对变量进行初始化时所赋值的类型确定该变量的类型。例如"var age=19;"就相当于"int age=19;"，而"var name="Pioneer2019";"则相当于"string name="Pioneer2019";"。在使用 var 关键字时要注意以下4点。

第一点，使用 var 关键字的变量在声明后必须马上初始化，并且初始化的值不能为 null。
第二点，用 var 关键字声明的变量一旦初始化，其数据类型就确定了。
第三点，var 关键字只能用来声明局部变量，而不能声明类的字段。
第四点，var 关键字不能作为方法的返回值类型和形参类型。[关于"方法"及其相关概念会在第 6 章中介绍]

2.1.5 C#中的常量

在 C#程序代码中，固定不变的值称为常量。常量可分为字面值常量和有名称的常量两种。本小节将介绍这两种常量的定义和用法。

字面值常量是指在代码中直接用数字和符号表达的常量，在程序中最为常见，例如赋值语句"int age=19;"中的 19 就是一个 int 型的字面值常量。C#语言中字面值常量的书写方式有具体的规定，而本书中常用数据类型的字面值常量的书写方式如表 2-4 所示。

表 2-4 常用数据类型的字面值常量的书写方式

数据类型	书写方式	书写示例
int	直接按惯例以数字的形式书写，负数前面加负号"-"	128 -99
float	1. 如果只有整数部分，以"整数部分+字母'f'"的方式书写 2. 如果有小数部分，以"整数部分+小数点+小数部分+字母'f'"的方式书写 3. 也可以使用"科学记数法+字母'f'"的方式书写 4. 字母"f"可以大写也可以小写，科学记数法的字母"e"可以大写也可以小写	101f 3.1415f 2.38e12f
double	1. 以"整数部分+小数点+小数部分"的方式书写，也可以使用科学记数法 2. 科学记数法的字母"e"可以大写也可以小写	3.1415 2.38e12
bool	只有两个值，是（或者真）为true，否（或者假）为false，只能小写	true false
char	1. 将单个字符放在英文单引号中 2. 不能留空	'A'
string	1.将字符串内容放在英文双引号中 2.如果字符串内容中包含英文双引号，则要在字符串中的引号前面加反斜杠"\" 3.如果字符串内容中包含反斜杠，则要在字符串中的反斜杠前面多加一个反斜杠	"好好学习" "the\"good\"one" "路径\\file下"

有名称的常量则是通过声明和初始化而获得的内存空间，并且该空间在初始化之后就不能够再赋值了，可以将其理解为只能读取内容的内存空间，在程序代码中，可以像读取变量值一样读取常量的值。声明一个常量的语法规则为：

```
Const 数据类型 常量名称 = 常量的值;
```

例如，要定义一个 float 型、名称为 PI、值为 3.14159 的常量，然后通过 print 语句将其值输出到 Console 窗口，则应该这样写代码：

```
const float PI=3.14159f;
print(PI);
```

虽然没有硬性规定，但是一般提倡常量的名称全部由大写字母组成。

2.1.6 枚举类型

有些情况下需要在程序中对一些类别概念进行描述，例如需要将人群分为"成年男性"、"成年女性"和"儿童"3种类型，在这种情况下，可以借助于C#的枚举类型来定义类别概念，并在程序中使用它们。最常用的定义枚举类型的方法是，在脚本的类体之内、Start方法之前，用一个enum语句来定义一个枚举类型。以具有3种可取值的枚举类型为例，定义一个枚举类型的语法结构如下：

```
Enum 枚举类型名称{可取值1,可取值2,可取值3};
```

其中，结尾的分号不能省略，"枚举类型名称"和大括号内的可取值建议使用以大写字母开头的英文单词来表示并遵循"帕斯卡命名法"，即"每个英文单词的开头字母大写，其余字母小写"，例如用于对人群分类的枚举类型可以这样定义：

```
enum CrowdType{AdultMale,AdultFemale,Child};
```

当在一个脚本中定义了一个枚举类型后，即可在该脚本的Start方法或者其他方法中使用该枚举类型。其用法与其他数据类型一致，可用作变量也可用作常量，其中枚举类型的字面值常量必须以"枚举类型名称.其中一个可取值"的形式来表述。例如声明一个"CrowdType"枚举类型的变量并初始化为"CrowdType.Child"要这样写：

```
CrowdType type=CrowdType.Child;
```

要注意，任何一个枚举类型变量的可取值范围仅限于该枚举类型在定义时所列的可取值。

同一个枚举类型的不同值可以进行大小比较，在定义枚举类型时排列越靠后的可取值越大。以前文所述对人群分类的枚举类型"CrowdType"为例，这3个可取值的大小关系为CrowdType.AdultMale<CrowdType.AdultFemale<CrowdType.Child。

2.1.7 类型转换

在编写C#程序代码的过程中，有时候需要将某种类型的值转换为其他类型，此时需要进行值的类型转换。类型转换分为隐式转换和显式转换两种。

1. 隐式转换

隐式转换不需要特殊的语句即可自动发生，当低精度值与高精度值进行运算的时候，低精度值会隐式转换为高精度值，然后再进行运算。例如在代码"float weight=-3;"中，int型的值-3被赋给float型变量weight，-3首先会被自动转换成float型的值-3f，然后才被赋给变量weight。如果试图将高精度值赋给低精度变量，则会产生语法错误。例如代码"int hight=1.78;"中试图将double型值1.78赋给int型变量hight是不符合语法规则的，因为double型的精度要高于int型的精度。

2. 显式转换

显式转换则需要特殊的语法规则来实现不同类型值之间的转换，常用的有以下几类。

（1）高精度数值类型到低精度数值类型的强制转换。

扫码观看
微课视频

在C#语言中，可以通过在值前面加上"(数据类型)"的形式将值的类型强制转换为小括号中指定的数据类型。这种强制转换通常用于数值类型，例如将double型强制转换为float型或者int型。举个例子，在语句"int hight=(int)1.2;"中，double型字面值常量1.2首先被强制转换为int型的值1，然后被赋给int型变量hight。从上述例子中可以知道，由于精度降低，强制转换必然会导致值发生变化，因此使用强制转换之前要考虑这种变化带来的影响是否有利于解决问题。此外要注意的是，将浮点数强制转换为整数时，小数部分会被直接舍弃，不会出现四舍五入的情况。

（2）数值类型到字符串类型的转换。

有时候需要将数值类型转换为字符串类型来使用，例如在一个游戏中，希望将主角的生命值显示在游戏界面上，就需要进行数值类型到字符串类型的转换。

在 C#语言中，可以使用 ToString 方法来实现数值类型到字符串类型的转换。例如假设变量 length 是一个 float 型变量，值为 10.91f，则通过以下代码可以将变量 length 的值转换为字符串"10.91"，并存储到 string 型变量 strLength 中：

```
string strLength=length.ToString();
```

此外，在很多情况下，需要将数值和字符串连接到一起以构成更加有用的信息，此时可以使用连接符"+"进行连接，系统会自动将数值类型的值先转换为字符串类型再进行连接，从而可以省略 ToString 方法。例如需要在游戏界面上显示"生命值：XXX"，其中"XXX"表示具体的生命值，并且生命值 100 存储在 int 型变量 life 中，则可以通过以下代码：

```
string strLife="生命值："+life;
```

获得在游戏界面上显示的信息"生命值：100"，并存储在 string 型变量 strLife 中。

（3）字符串类型到数值类型的转换。

有时候需要将用字符串形式书写的数字转换为数值类型以便进行计算，例如用户在软件界面输入框中填入的数字是以字符串的形式被程序接收的，为了使用户填入的数字可以用于计算，需要先将其转换为数值类型。

本书推荐采用"类型名.Parse(字符串)"的方式来进行字符串类型到数值类型的转换。在使用这种方法的时候要注意小括号中字符串的值必须是目标类型的表达方式，例如需要将 string 型变量 input 的值转换为 int 型，则 input 中的值必须是整数的形式，例如"365"或者"2e4"，否则程序在执行过程中会出错。

例 2-4 字符串类型的值和数值类型的值之间的相互转换

在游戏或者应用软件中，常会遇到要对不同类型的数值进行相互转换的情况，特别是数值类型和字符串类型之间的转换尤为常见。假设在一个设计软件中，用户打算创建一个矩形，于是在界面上输入了矩形的长 18.8 和宽 25.7，在完成输入后软件会在界面上显示如下信息。

输入的长为：18.8
输入的宽为：25.7
面积为：483.16

现要求设计一个 Unity 脚本程序用于生成以上 3 条信息，并将它们分别输出到 Console 窗口中。

解题思路：在界面上的输入内容是字符串类型的，因此需要声明两个 string 型变量用于存储用户输入的内容，遵循"见名知意"的原则，可以分别命名为 inputLength 和 inputWidth；面积需要根据长和宽进行计算，因此需要将两个输入的字符串转换为 float 型的值，可以采用"类型名.Parse(字符串)"的形式来转换，并分别存储到两个 float 型变量中，这两个变量可以分别命名为 length 和 width；最终生成的信息可以使用连接符"+"来简化值类型到字符串类型的转换。创建新的 C#脚本文件并命名为 Example2_4.cs，再填写代码。

代码如下：

```
////////代码开始////////
using UnityEngine;

public class Example2_4:MonoBehaviour
{
```

```csharp
void Start()
{
    //用户输入的内容分别存储在两个string型变量中
    string inputLength= "18.8";
    string inputWidth= "25.7";
    //将string型变量的值转换为float型，并存储到float型变量中
    float length=float.Parse(inputLength);
    float width=float.Parse(inputWidth);
    //将length和width的值相乘得出面积并存储到float型变量中
    float area=length*width;
    //利用连接符获得3条信息的值并存储到string型变量中
    string info1= "输入的长为: " +length;
    string info2= "输入的宽为: " +width;
    string info3= "面积为: " +area;
    //利用print语句输出3条信息
    print(info1);
    print(info2);
    print(info3);
}
void Update()
{

}
}
/////////代码结束/////////
```

解析：在本例中，利用"float.Parse(字符串)"的形式实现了字符串类型值到float型值的转换，虽然程序中字符串结尾省略了字母f，但像18.8这样的书写方式仍然正确表示了一个浮点数，因此结果仍然是正确的。

要查看例2-4的结果，可以在场景中创建新的空对象并命名为Example2_4，再将脚本Example2_4.cs加载到该对象上，将其他加载了脚本的对象设置为非激活状态，然后运行本场景，即可在Console窗口看到脚本Example2_4.cs的运行结果，如图2-12所示。

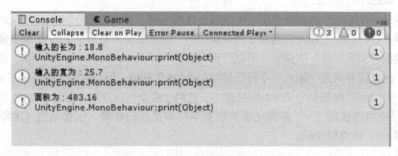

图2-12 例2-4的运行结果

（4）使用Convert指令实现的类型转换

不同数据类型之间的转换还可以利用Convert指令来实现，不同的转换目标类型有不同的具体代码格式。常用的目标类型、其对应的代码格式，以及被转换对象的限制如表2-5所示，其中value表示被转换的对象。

表 2-5 Convert 指令的代码格式及相关说明

目标类型	代码格式	被转换对象的限制	特殊效果
int	Convert.ToInt32(value)	1. 任何大小在int型值范围内的数值； 2. 字面意义为整数并且大小在int型的值范围内的字符串	当小数部分被舍弃时会四舍五入
float	Convert.ToSingle(value)	1. 任何大小在float型值范围内的数值； 2. 字面意义为数值并且大小在float型的值范围内的字符串	当部分小数位被舍弃时会四舍五入
double	Convert.ToDouble(value)	1. 任何大小在double型的值范围内的数值； 2. 字面意义为数值并且大小在double型的值范围内的字符串	当部分小数位被舍弃时会四舍五入
bool	Convert.ToBoolean(value)	字面意义为true或者false的字符串	字符串中字母的大小写可随意
string	Convert.ToString(value)	任何类型	无

此外要注意，如果希望在脚本中使用 Convert 指令，必须在脚本的 class 关键字之前增加一行代码"using System;"。

下面用一个例子详细演示 Convert 指令的使用。

例 2-5 利用 Convert 指令将字符串转换为指定的数据类型

在软件界面上获取的用户输入信息均为 string 类型，需要将它们转换为特定的数据类型才能够有效利用，例如希望对年龄大小进行判断则需要将年龄信息转换为 int 型，又例如根据平均月收入计算年收入则需要将平均月收入信息转换为 float 型或者 double 型。假设在一款软件中需要用户输入平均每天工作的小时数、平均月收入（以万元为单位），并计算出该用户的时薪（以元为单位，按每个月 26 个工作日计算）和年收入（以万元为单位），现要求设计一个 Unity 脚本程序用于实现上述功能，并将计算结果输出到 Console 窗口中。

解题思路：可以利用两个 string 型的字段模拟用户界面上的输入框，遵循"见名知意"的原则，可以分别命名为 workingHours（平均每天工作时间）和 monthlyIncome（月收入）；时薪和年收入需要根据平均每天工作时间和月收入进行计算，因此需要将两个输入字符串分别转换为 int 型和 float 型的值，可以采用 Convert 指令来转换，并分别存储到对应的变量中，这两个变量可以分别命名为 hours 和 income，要注意在脚本的 class 关键字之前增加一行代码"using System;"；最终生成的信息可以使用连接符"+"来简化值类型到字符串类型的转换。

创建新的 C#脚本文件并命名为 Example2_5.cs，再填写代码。

代码如下：

```
/////////代码开始/////////
using System.Collections;
using System.Collections.Generic;
using UnityEngine;

//增加对 System 命名空间的引用
using System;
```

```csharp
public class Example2_5:MonoBehaviour
{
    //输入参数
    [SerializeField]string workingHours;
    [SerializeField]string monthlyIncome;

    void Start()
    {
        //类型转换
        int hours=Convert.ToInt32(workingHours);
        float income=Convert.ToSingle(monthlyIncome);
        //用乘法转化为以元为单位，再用两个除法计算时薪
        float hourlyRate=income*10000/26/hours;
        //用乘法计算年收入
        float annualRevenue=income*12;
        //输出结果
        print("你的时薪为: " +hourlyRate+ "元");
        print("你的年收入为: " +annualRevenue+ "万元");
    }

    //Update is called once per frame
    void Update()
    {

    }
}
/////////代码结束/////////
```

解析：在本例中，我们对数值类型进行了乘法、除法算术运算。（关于算术运算的具体用法后文会详细介绍）在使用 print 语句输出信息时，采用了直接在该语句的小括号中书写连接表达式的形式，相较例 2-4 中采用的方法更加简捷。

要查看例 2-5 的结果，可以在场景中创建新的空对象并命名为 Example 2_5，再将脚本 Example2_5.cs 加载到该对象上，然后到 Inspector 窗口的 Example 2_5 组件中填写平均每天工作的小时数、平均月收入并保存场景，如图 2-13 所示。

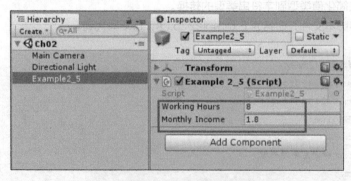

图 2-13 填写例 2-5 所需的属性值示例

完成属性值填写后，将其他加载了脚本的对象设置为非激活状态，然后运行本场景，即可在 Console 窗口看到脚本 Example2_5.cs 的运行结果，如图 2-14 所示。如果要查看不同输入所获得的不同输出结果，则务必先停止场景的运行状态，再重新填写组件中的属性值，再次运行场景。

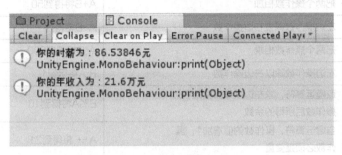

图 2-14　例 2-5 的运行结果示例

2.2　运算符和表达式

在程序中对数据进行处理的最基本方式是根据运算规则改变数据的值，而运算符就是表达运算规则的符号，将运算符和数据按照程序的语法规则排列而成的语句就是表达式。

2.2.1　基本概念

运算符是对一个或者多个值进行某种运算的符号，参与运算的值称为操作数。根据操作数的数量可以将运算符分为一元运算符、二元运算符和三元运算符，元数即代表操作数的个数。根据运算的功能类型，又可以将运算符分为算术运算符、位运算符、关系运算符、逻辑运算符、赋值运算符等。常用运算符的详细介绍会在本章后续内容中展开。

通过运算符和操作数（包括常量、变量，以及其他运算的运算结果）连接而成的序列称为表达式。在程序运行过程中，通过执行表达式可获得运算的结果或者实现值的存储。

在实际编写程序的过程中，一条语句往往包含多个运算符，从而形成多重表达式，其中运算的执行顺序遵循 C#的运算符优先级和结合性规定。（具体会在本章后续内容中总结）

2.2.2　赋值运算

将一个值存储到变量中的操作称为赋值运算。最常用的赋值运算符为英文等号"="，它是一个二元运算符。运算符左侧必须是变量；运算符右侧可以是一个值，也可以是一个表达式。赋值运算的结果是，"="右侧的值或表达式的运算结果会被存储到左侧变量的数据存储内存空间中。

如果赋值运算符右侧的值（或者表达式的运算结果）的数据类型与左侧变量的数据类型不一致，则可能会发生隐式转换或者语法错误。左侧变量和右侧变量（或者表达式的运算结果）都为数值类型并且精度更低时会发生隐式转换，其他情况下会发生类型不匹配的语法错误。

2.2.3　算术运算

1. 算术运算的种类及一般用法

算术运算即我们通常所理解的数值之间的加减乘除运算。C#程序还包含取模（求整除之后的余数，简称"求余"）、自增、自减运算，具体的符号和功能描述见表 2-6，其中"实例"列中的 A 和 B 表示运算符的操作数，在该表中假设 A 的值为 20，B 的值为 30。

表 2-6 算术运算符

运算符	元数	功能描述	实例
+	2	把两个操作数相加	A+B将得到50
-	2	左边操作数减去右边操作数	A-B将得到-10
*	2	把两个操作数相乘	A*B将得到600
/	2	左边操作数除以右边操作数	B/A将得到1
%	2	取模运算符，求左边操作数整除右边操作数后所得的余数	B%A将得到10
++	1	自增运算符，操作数的值增加1，操作数必须是变量	A++ 将得到21
--	1	自减运算符，操作数的值减少1，操作数必须是变量	A-- 将得到19

算术运算中的二元运算结果的数据类型与两个操作数中精度更高的操作数类型一致，也就是说当两个精度不相同的值参与二元算术运算时，精度低的值会隐式转换为精度高的类型再进行运算。例如表达式 "30/20f" 的结果必为 float 型，具体值为 1.5f，在运算过程中字面值常量 30 被隐式转换为 float 型的 30f 再除以 float 型的 20f，从而获得 float 型的结果 1.5f。

值得特别注意的是，两个整型值参与除法运算时，其结果仍然是整型值；除不尽时，除法运算所获得的结果是实际结果的整数部分。因此在书写整型字面值常量之间的除法表达式时要注意其结果并不包括小数部分，就如例 2-6 中的实例所示，表达式 "4/3" 的结果为 1，而不是人们习惯所认为的 1.3333…。

例 2-6 计算球体的体积

球体的体积计算公式为：

$$V = \frac{4}{3}\pi R^3$$

其中 V 为体积，π 为圆周率，R 为半径。现有一个半径为 5.5 的球体，圆周率取 3.14，请编写一个 Unity 脚本用于计算该球体的体积，并将结果输出到 Console 窗口。

解题思路：半径可以用一个 float 型变量来存储，而圆周率应该用 float 型常量来存储；根据公式用除法运算符 "/" 和乘法运算符 "*" 来计算出结果，要注意在计算 "4/3" 时为了得到准确的结果，除法运算的操作数应该是两个 float 型的字面值常量，即应该写成 "4f/3f" 的形式；最终结果也应该是 float 型的，因此要将其存储到一个 float 型变量中。

创建一个名为 Example2_6.cs 的 C#脚本，打开脚本填写程序代码。

代码如下：

```
////////代码开始////////
using UnityEngine;

public class Example2_6:MonoBehaviour
{
    void Start()
    {
        //半径
        float r=5.5f;
```

```
            //圆周率，注意这是个常量
            const float PI=3.14f;
            //根据公式计算体积，并将运算结果存储到一个float型变量中
            //注意计算4/3时要用float型字面值常量
            //还没学三次方的计算方法，暂时用3个r相乘来替代
            float v=4f/3f*PI*r*r*r;
            //输出计算结果
            print(v);
    }
    void Update()
    {
    }
}
////////代码结束////////
```

要查看例 2-6 的结果，可以在完成代码输入后，在场景中创建新的空对象并命名为 Example2_6，再将脚本 Example2_6.cs 加载到该对象上。将其他加载了脚本的对象设置为非激活状态，然后运行本场景，即可在 Console 窗口看到脚本 Example2_6.cs 的运行结果如图 2-15 所示。如果我们修改代码中变量 r 的初始值，则在重新运行场景后可以看到根据新的 r 值计算出的体积值。

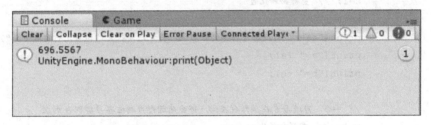

图 2-15　例 2-6 的运行结果

2. 自增和自减运算的进一步说明

自增和自减运算相对其他算术运算来说较为特殊，需要进一步说明。

首先要注意，自增运算和自减运算的操作数必须是变量，其具体作用可描述为将操作数变量中的值增加或者减少 1 之后再存储到变量中。

其次要注意，自增或自减运算符既可以放置在操作数变量左侧，也可以放置在右侧，对操作数来说运算结果都一样。但是如果程序代码中涉及对自增或自减操作运算结果的读取，则运算符放置在操作数左侧和右侧所造成的影响是不一样的。需要通过以下实例来体会其中的区别。

例 2-7　自增和自减表达式中运算符位置不同的区别

本案例不针对特定功能，纯粹用于说明自增和自减表达式中运算符在操作数左边和右边的区别。

创建一个名为 Example2_7.cs 的 C# 脚本，打开脚本填写程序代码。

代码如下：

```
////////代码开始////////
using UnityEngine;

public class Example2_7:MonoBehaviour
{
    void Start()
```

```csharp
        {
            int a=1;
            int b=0;

            // a++,自增符号在操作数右侧,将会先读取a的值再进行自增运算
            b = a++;
            print ("a++ ,自增符号在操作数右侧,将会先读取a的值再进行自增运算");
            print ("a=" + a);
            print ("b=" + b);

            // ++a,自增符号在操作数左侧,将会先进行自增运算再读取a的值
            a = 1; // 重新初始化a
            b = ++a;
            print("++a,自增符号在操作数左侧,将会先进行自增运算再读取a的值");
            print("a=" +a);
            print("b=" +b);

            //a--,自减符号在操作数右侧,将会先读取a的值再进行自减运算
            a=1; // 重新初始化a
            b=a--;
            print("a-- ,自减符号在操作数右侧,将会先读取a的值再进行自减运算");
            print("a=" +a);
            print("b=" +b);

            // --a,自减符号在操作数左侧,将会先进行自减运算再读取a的值
            a=1; // 重新初始化a
            b= --a;
            print("--a,自减符号在操作数左侧,将会先进行自减运算再读取a的值");
            print("a=" +a);
            print("b=" +b);
        }

        void Update()
        {
        }
}
/////////代码结束/////////
```

要查看例 2-7 的结果,可以在完成代码输入后,在场景中创建新的空对象并命名为 Example2_7,再将脚本 Example2_7.cs 加载到该对象上。将其他加载了脚本的对象设置为非激活状态,然后运行本场景,即可在 Console 窗口看到脚本 Example2_7.cs 的运行结果如图 2-16 所示。

从例 2-7 中可知,自增或自减表达式能够给代码的编写带来一定的便利性,但是运算符放置位置不同带来的影响不一样,容易造成混淆从而导致程序的运行结果不正确。在实际工作中自增或者自减运算一般只用在 for 循环语句中,本书建议读者不要在其他场合使用自增或自减表达式。

图 2-16 例 2-7 的运行结果

3. 算术运算与赋值运算结合的运算符

C#提供了一类结合了算术运算和赋值运算的运算符,它们分别是+=,-=,*=,/=,%=。这类运算符本质上属于赋值运算,它们均为二元运算符,其中左侧的操作数必须为变量,其运算分为两步:第一步,将左侧变量操作数的值与右侧操作数进行算术运算,具体运算由等号左侧的符号决定;第二步,将算术运算的结果存储到左侧的变量中。

下面举例说明这类运算符的用法。假设现在有 int 型变量 x 的值为 18,则当语句 "x+=2;" 被执行时,变量 x 的值 18 会与操作数 2 相加获得结果 20 并存储回 x 的内存空间中,因此经过这个运算 x 的值变为 20。在这个基础上,如果还有语句 "x%=3;" 被执行,则变量 x 此时的值 20 会对操作数 3 进行取模运算获得结果 2 并存储回变量 x 中,因此 x 的值会变为 2。

2.2.4 关系运算

判断两个值的大小或者是否相等是脚本语言中经常遇到的问题,例如判断第一个数是否比第二个数要大,又例如比较两个对象是否相同,这类比较的运算称为关系运算。关系运算的结果只有"是"或"否"两种可能,也就是 bool 型对应的两种取值 true 和 false,因此关系运算的结果为 bool 型的值。C#所提供的关系运算如表 2-7 所示,其中 x 和 y 表示参与运算的操作数。

表 2-7 关系运算

关系运算表达式	运算结果
x==y	如果x和y的值相等,则结果为true,否则为false
x!=y	如果x和y的值不相等,则结果为true,否则为false
x<y	如果x的值小于y的值,则结果为true,否则为false

续表

关系运算表达式	运算结果
x>y	如果x的值大于y的值，则结果为true，否则为false
x<=y	如果x的值小于或等于y的值，则结果为true，否则为false
x>=y	如果x的值大于或等于y的值，则结果为true，否则为false

下面用一个简单案例来演示关系运算的应用。

例 2-8　根据年龄判断用户是否未成年

用 Unity 脚本实现这样的功能：用户输入自己的年龄，程序根据用户输入的值判断用户是否未成年，并将判断结果输出到 Console 窗口。

解题思路：由于需要用户输入年龄信息，可以通过声明 int 型的字段实现。未成年的判断标准是年龄小于 18 岁，通过关系运算中的小于运算即可实现。

创建一个空对象命名为 Example2_8，再创建一个名为 Example2_8.cs 的 C#脚本并加载到该对象上，将其他对象设置为非激活状态，打开脚本填写程序代码。

代码如下：

```
////////代码开始////////
using System.Collections;
using System.Collections.Generic;
using UnityEngine;

public class Example2_8:MonoBehaviour
{
    //用户输入的年龄
    [SerializeField]int age;

    void Start()
    {
        //进行比较运算并将结果存储到变量中
        bool result=age<18;
        //输出结果
        print("用户是否未成年: " +result);
    }

    void Update()
    {

    }
}
////////代码结束////////
```

解析：在本例中，为了强调比较运算的结果为 bool 型的值，专门声明了一个 bool 型的变量 result 用于存储比较运算的结果，然后在 print 语句中使用了 result 变量。事实上，比较运算的结果常常是直接使用的，最常见的是在条件分支语句和循环语句中直接使用比较运算的结果，而不需要专门用一个变量存储该结果，具体会在后续的学习内容中展示。

要查看例 2-8 的结果,可以在完成代码输入后按组合键 Ctrl+S 保存脚本文件,然后返回 Unity 界面并在 Hierarchy 窗口中单击 Example2_8 对象,然后到 Inspector 窗口的 Example 2_8 组件中填写年龄属性值并保存场景,如图 2-17 所示。

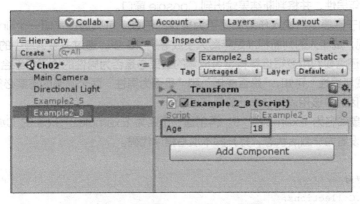

图 2-17 填写例 2-8 所需的属性值示例

完成属性值填写后,将其他加载了脚本的对象设置为非激活状态,然后运行本场景,即可在 Console 窗口看到脚本 Example2_8.cs 的运行结果,如图 2-18 所示。如果要查看不同输入所获得的不同输出结果,则务必先停止场景的运行状态,再重新填写组件中的属性值,并再次运行场景。

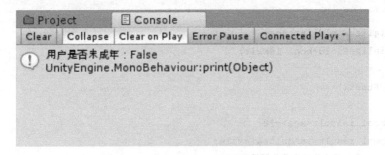

图 2-18 例 2-8 的运行结果示例

2.2.5 逻辑运算

在很多实际问题中,需要对多个条件分别进行判断,最后要综合每个条件判断的结果得出一个最终结论。例如判断一个用户是否为成年男性,需要分别对年龄和性别进行判断,得出两个 bool 型的结果后再进行综合判断,此时的综合判断所需要的运算称为逻辑运算。

常用的逻辑运算是 bool 型操作数之间的运算,运算方式有逻辑与(&&)、逻辑或(||)、逻辑非(!)3 种,具体如表 2-8 所示,其中 x 和 y 表示 bool 型的操作数。

表 2-8 逻辑运算

逻辑运算表达式	运算结果
x && y	如果 x 和 y 的值都为 true,则结果为 true,否则为 false
x || y	如果 x 和 y 的值中有一个为 true,则结果为 true,否则为 false
! x	如果 x 的值为 false,则结果为 true,否则为 false

下面用一个案例演示逻辑运算的用法。

例 2-9　根据年龄和性别判断用户是否为成年男性

用 Unity 脚本实现这样的功能：用户输入自己的年龄和性别（是否为男性），程序根据用户输入的值判断用户是否为成年男性，并将判断结果输出到 Console 窗口。

解题思路：由于需要用户输入年龄和是否为男性的信息，可以通过声明一个 int 型的字段和一个 bool 型的字段实现；成年人的判断标准是年龄大于或等于 18 岁，通过关系运算中的大于或等于运算即可实现判断，随后还需要利用逻辑运算将是否成年的结果与是否为男性的值进行综合判定；从问题描述"判断用户是否为成年男性"可知，"是否成年"和"是否为男性"两个问题的答案必须都为 true，最终结果才会为 true，因此应该用逻辑与来计算最终结果。

创建一个空对象命名为 Example2_9，再创建一个名为 Example2_9.cs 的 C#脚本并加载到该对象上，将其他对象设置为非激活状态，打开脚本填写程序代码。

代码如下：

```csharp
////////代码开始////////
using System.Collections;
using System.Collections.Generic;
using UnityEngine;

public class Example2_9:MonoBehaviour
{

    [SerializeField]int age;
    [SerializeField]bool isMale;

    void Start()
    {
        bool isAdult=age>=18;
        bool result=isAdult&&isMale;
        print("用户是否为成年男性: " +result);
    }

    void Update()
    {

    }
}
////////代码结束////////
```

在完成代码的输入后按组合键 Ctrl+S 保存脚本并返回 Unity 界面，在 Hierarchy 窗口中单击 Example2_9 对象，然后到 Inspector 窗口的 Example 2_9 组件中填写年龄及是否为男性并保存场景，然后运行场景。如果需要对比不同输入组合的输出结果，则务必要在修改属性值之前先停止场景的运行状态，并在再次保存场景后运行场景查看新结果。是否成年和是否为男性的 4 种情况的输入组合及脚本的对应运算结果如图 2-19 所示。从中可以看出逻辑与运算确实实现了本案例的功能需求。

图2-19 例2-9不同输入组合的不同输出结果示例

扫码观看
微课视频

2.2.6 运算的优先级和结合性

当一个 C#表达式中包含多个运算符时,每个运算的先后顺序由 C#的运算优先级和结合性决定。其总体原则如下:小括号内的运算优先,在此基础上优先级高的运算优先;当相同优先级的运算并列时,除了赋值运算符、hull 合并运算符和条件运算符为靠右的运算优先之外,其余运算符均为靠左的运算优先。

C#算术运算的优先级与数学算术运算的优先级相同,即"先乘除后加减,如果有小括号,则先算小括号中的结果",并且赋值运算的优先级低于算术运算。以语句"float perimeter=(length+width+height)*2;"为例,可以这样分析它的运算过程:由于小括号内的运算优先并且相同优先级的运算并列时靠左的运算优先,最先进行的运算是变量 length 和 width 的值相加,所得结果再与变量 height 的值相加,从而获得小括号内的运算结果,然后由于乘法运算比赋值运算有更高的优先级,因此小括号内的运算结果会先与字面值常量 2 相乘获得乘积,最后该乘积会通过赋值运算存储到变量 perimeter 中。

常用运算符的优先级如表 2-9 所示,其中表示优先级的数字越小,优先级越高,x 表示操作数。

表2-9 常用运算符的优先级:从高到低

优先级	运算符
1	x++, x--
2	+x(正号), -x(负号), ++x, --x, !(逻辑非)
3	*(乘法), /(除法), %(取模)
4	+(加法), -(减法)
5	<, >, <=, >=(这4个均为关系运算符)
6	==, !=(这两个均为关系运算符)
7	&&(逻辑与)
8	||(逻辑或)
9	=, +=, -=, *=, /=, %=(这6个均为赋值运算符)

总之，读者需要记住：优先级高的运算先进行，并且其产生的结果作为操作数继续参与其他较低优先级的运算，逐级运算从而获得最终结果。

2.3 可空的值类型 Nullable

2.3.1 本书中 Nullable 类型相关知识的说明

可空的值类型 Nullable 类型是对普通值类型的一种补充，可以在必要的时候将普通值类型转换为引用类型来使用。本书只介绍 Nullable 类型的基本用法，包括赋值运算、算术运算和比较运算。如果读者对 Nullable 的其他方面内容感兴趣，可以查阅微软公司发布的 C#文档中与之相关的内容。

2.3.2 什么是 Nullable 类型

在某些情况下，需要把变量的值暂时设置为"空值"，表示这个变量目前还没有保存有效的数据。在 C#中，这种"空值"用 null 表示。但是直接把 null 赋给普通的数值型变量（例如 int、float 和 double 等）是不允许的，需要在声明这些变量时把它们定义为 Nullable 类型，即可以赋空值 null 的数值类型。具体的定义方式为，在声明变量时，在数据类型后面增加一个英文"?"。例如当需要声明一个 Nullable 类型的 int 型变量时，可以写代码"int? age=19;"，此时的变量"age"就成了 Nullable 类型，在后续的代码中就可以利用赋值语句给"age"赋空值 null，例如"age=null;"。

2.3.3 Nullable 类型的 HasValue 属性

当一个变量被声明为 Nullable 类型之后，可以通过它的 HasValue 属性来判断它是否存储了有效数值。HasValue 属性的数据类型为 bool 型。HasValue 属性的值为 true 时表示该变量中存储了一个有效数值而不是空值 null，而 HasValue 属性的值为 false 时则表示该变量当前的值为 null。

普通值类型和可空值类型的比较如下（以 int 型为例）：

```
//普通值类型 int a1=0;
//语法错误：普通值类型不能够赋值为 null
//a1=null;
//可空的值类型
int?a2=0;
//由于 a2 赋值为 0
//因此 a2 的 HasValue 属性值为 true
bool hv=a2.HasValue;//变量 hv 的值为 true
print(hv);
//可以给 a2 赋值为 null
a2=null;
//此时 a2 的 HasValue 属性值变为 false
hv=a2.HasValue;//变量 hv 的值变为 false
print(hv);
```

2.3.4 将 Nullable 类型变量的值赋给普通值类型变量

由于 Nullable 类型本质上是引用类型，其值可能会是 null，因此试图直接将 Nullable 类型的值赋给普通值类型的变量在语法上是不允许的。正确的做法是使用 null 合并操作符"??"在赋值时指定一个用于替代 null 的值，从而保证当 Nullable 类型的值为 null 时可以将替代值赋给普通值类型的变量，示例代码如下：

```
//普通值类型
float b1=2.4f;
//可空的值类型
float? b2=3.5f;
//语法错误：可空值类型不能直接赋值给普通值类型变量
//b1=b2;
//可以使用 null 合并操作符进行赋值
//如果此时 b2 的值不为 null，则 b2 的值会赋值给 b1
b1=b2??0f;//b1 的值将为 3.5f
print(b1);
//如果 b2 的值变为了 null，则在赋值给 b1 时
//会使用"??"后指定的替代值赋值给 b1
b2=null;
b1=b2??0f;//b1 的值将为 0f
print(b1);
```

2.3.5 Nullable 类型之间的算术运算

Nullable 类型之间可以进行算术运算，不同精度的类型之间的运算也会出现隐式转换的情况，当然也存在需要显式转换的情况。若其中一个操作数的值为 null，则运算结果为 null，示例代码如下：

```
//可空的值类型之间可以进行算术运算
int? c1=10;
float? c2=21.5f;
double? c3=32.25;
//低精度到高精度可以隐式转换
double? c4=c1*c2+c3;
print(c4);
//高精度到低精度要显式转换
int? c5= (int?)(c2+c3);
print(c5);
//在可空数值类型之间的算术运算中
//如果其中一个操作数的值为 null，则运算结果为 null
c1=null;
float? c6=c1+c2;//c6 的值将为 null
print(c6);
```

2.3.6 Nullable 类型之间的比较运算

Nullable 类型之间的比较运算较为复杂，要分为大小比较和相等比较两种情况。

大小比较包括">"">=""<""<=" 4 种运算，两个操作数的值都不为 null 时，运算结果与普通值类型的比较运算一致。而如果其中一个操作数的值为 null，则比较运算结果的值为 false。示例代码如下：

```
//在可空数值类型之间的大小比较运算中
Int? c7=7;
```

```
Int? c8=8;
int? c9=null;
//如果操作数都不为null,则比较的结果为普通bool值
bool rb1=c7>c8;//rb1的值为false
print(rb1);
rb1=c7<=c8;//rb1的值为true
print(rb1);
//如果其中一个或者两个操作数的值为null,运算结果就为false
bool? rb2=c8<c9;//rb2的值为false
print(rb2);
rb2=c8>=c9;//rb2的值为false
print(rb2);
```

相等比较包括"=="和"!="两种。如果操作数的值都不为 null,则运算结果与普通值类型的比较运算一致,并且结果的数据类型为普通 bool 型。对于"=="运算,如果其中一个操作数的值为 null,而另一个操作数的值不为 null,则运算结果为 false;如果两个操作数的值都为 null,则运算结果为 true。对于"!="运算,如果其中一个操作数的值为 null,而另一个操作数的值不为 null,则运算结果为 true;如果两个操作数的值都为 null,则运算结果为 false。示例代码如下:

```
//在可空值类型的相等比较运算中
float? c10=10f;
float? c11=11.1f;
float? c12=null;
float? c13=null;
//对于"=="运算,如果两个操作数都为null
//则运算结果为true
bool rb3=c12==c13;//rb3的值为true
print(rb3);
//对于"=="运算,如果只有一个操作数为null
//则运算结果为false
rb3=c10==c12;//rb3的值为false
print(rb3);
//对于"!="运算,如果两个操作数都为null
//则运算结果为false
rb3=c12!=c13;//rb3的值为false
print(rb3);
//对于"!="运算,如果只有一个操作数为null
//则运算结果为true
rb3=c11!=c12;//rb3的值为true
print(rb3);
```

2.4 本章小结

通过本章的学习,读者可以理解并掌握 Unity C#脚本语句的基本元素的知识,包括变量和数据类型、运算符和表达式。本章围绕变量的概念,介绍了 C#中常用的数据类型,从而引出变量的使用方法,其中包括变量的命名、使用时的注意事项以及作用域,以此为基础进一步介绍了 var 关键字、常量、枚举

类型以及类型转换。此外，本章还介绍了赋值运算、算术运算、关系运算和逻辑运算 4 种运算中的常用运算符及其表达式的用法，并介绍了常用运算的优先级和结合性。最后，本章向读者简要介绍了可空的值类型 Nullable。

基于本章的知识，读者可以利用变量和运算符所构成的表达式在 Unity C#脚本中解决一些能够借助于公式来解答的问题。

2.5 习题

1. 以下关于变量的说法，错误的是（　　）。
   A. 变量可以多次赋值
   B. 重新赋值后的变量值是最后一次赋的值
   C. 同一层次的大括号内的两个变量可以重名
   D. 大括号外的变量可以和大括号内的变量重名
2. 下列变量命名正确的是（　　）。
   A. %2D   B. int   C. 2Code   D. val
3. 一个 double 型的变量加上一个 float 型的变量，会得到（　　）型的值。
   A. int   B. float   C. double   D. bool
4. 下列表达式中，判断整型变量 num 是不是奇数的是（　　）。
   A. num%2!=0   B. num%2==0   C. num%1!=0   D. num%1==0
5. 当以下代码执行后,变量 c 的值是（　　）。

```
int a=5;
int b=a*4;
int c=1/2*(a+b/2);
```

   A. 0   B. 7.5   C. 7   D. 8

项目3
Unity脚本的调试方法

学习目标

- 理解程序调试的作用是排查逻辑错误。
- 熟练掌握 Visual Studio（VS）中的断点调试的基本操作流程。
- 熟练掌握利用 print 语句实现日志调试的基本操作流程。

学习导航

本章介绍 Unity C#脚本的程序调试方法。引导读者理解调试的作用是排查设计缺陷导致的逻辑错误，熟练掌握在 VS 中进行断点调试和利用 print 语句实现日志调试的基本操作流程。本章学习内容在全书知识体系中的位置如图 3-1 所示。

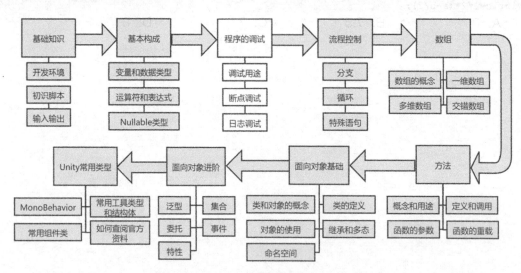

图 3-1　本章学习内容在全书知识体系中的位置

知识框架

本章知识重点是断点调试和日志调试的基本操作流程。本章的学习内容和知识框架如图 3-2 所示。

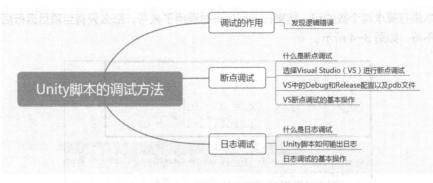

图 3-2　Unity 脚本的调试方法

准备工作

在正式开始学习本章内容之前,为了方便在学习过程中练习、验证案例,需要读者先打开之前创建过的名为 LearningUnityScripts 的 Unity 项目。在 Project 窗口的文件路径 Assets 下创建出新文件夹并命名为 Ch03,然后在 Unity 菜单中选择"File → New Scene"选项新建一个场景,按组合键 Ctrl+S 将新场景以 Ch03 的名称保存在文件夹 Ch03 中。此后本章中各案例需要创建的脚本文件均保存到文件夹 Ch03 中,需要运行的脚本均加载到场景 Ch03 中的对象上。

3.1　调试的作用

调试是在发生逻辑错误后,借助开发环境中的调试工具或特定的程序语句,定位逻辑错误的根源以便修正错误的一种工作。

那么,什么是逻辑错误呢?第 1 章的 1.2.6 小节介绍了语法错误:它是书写程序代码时产生疏忽导致输入内容不符合程序语言语法规则从而产生的错误,这种错误在 Unity 中导致的直接后果是项目中的所有场景都无法运行。而事实上,即使在书写程序代码时杜绝了语法错误,也可能产生疏忽或者设计思路的缺陷,使程序代码在执行过程中出现异常或者在执行之后得到错误的结果。这种不存在语法问题但仍然导致程序运行不正常的错误就称为逻辑错误。

逻辑错误往往不容易在程序运行之前被发现,一般都会在程序运行后出现异常或者运行结果与设计者预期不相符时才会被发现。例如除法表达式中作为除数的变量值为 0 的情况,只有当项目运行后,程序代码执行到除法表达式时才会触发异常,如图 3-3 所示。

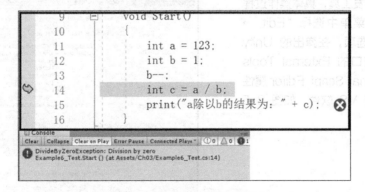

图 3-3　导致异常的逻辑错误示例

又例如本来打算求两个数的和,结果在书写代码时误用了减号,那么只有当项目运行后才可能发现结果与预期不符,如图3-4所示。

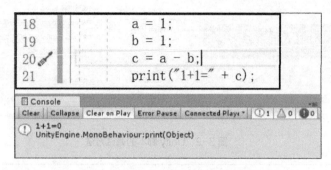

图3-4 导致运行结果不符合预期的逻辑错误示例

由于逻辑错误存在相当强的隐蔽性,因此在出现异常或者发现结果不正确时,借助调试工具和调试技巧,定位错误根源并排除错误是Unity开发者必备的技能之一。

Unity脚本程序的常用调试方法可以分为断点调试和日志调试两种,其中断点调试需要依赖程序脚本的开发工具所提供的断点调试功能,而日志调试则不受脚本开发工具的限制。

3.2 断点调试

3.2.1 什么是断点调试

断点调试是通过给程序代码添加被称为"断点"的特殊标记点,在运行程序时使程序流程在断点位置被挂起,从而使开发者可以查看各变量的值并控制程序流程的推进过程,帮助开发者分析和查找程序逻辑错误根源的一种方法。断点调试由程序脚本的开发工具提供。

3.2.2 选择Visual Studio(VS)进行断点调试

由于VS的断点调试功能相较于MonoDevelop更强,因此用VS进行断点调试工作是更好的选择。当然为了确保VS的调试功能可用,必须在Unity中将VS指定为脚本开发工具,具体操作过程为:在Unity的菜单中选择"Edit → Prefere-nces"选项,在弹出的Unity Preferenc-es窗口的External Tools标签页中将External Script Editor属性设置为已经安装的VS软件,如图3-5所示。

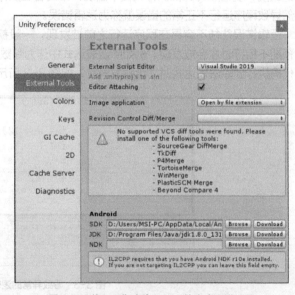

图3-5 将VS指定为Unity的脚本开发工具

3.2.3 VS 中的 Debug 配置、Release 配置以及.pdb 文件

1. VS 中的 Debug 配置和 Release 配置

当选择 VS 作为 Unity 的脚本程序开发工具时，在 Unity 的 Project 窗口双击脚本文件会使该文件在 VS 中打开，此时在 VS 界面的工具栏中可以看到选择 Debug 配置和 Release 配置的下拉菜单，如图 3-6 所示。

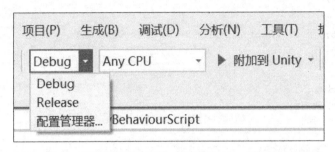

图 3-6　VS 工具栏中选择 Debug 配置和 Release 配置的下拉菜单

2. Debug 配置和 Release 配置的含义，以及.pdb 文件的作用

（1）当 C#程序项目直接通过 VS 创建时。

在通过 VS 直接创建的 C#解决方案（相当于 Unity 的项目）中，想要运行解决方案验证所开发的功能需要生成可执行程序（.exe 文件）或者动态链接库（.dll 文件），所生成的结果会有 Debug 配置和 Release 配置的区别：在 Debug 配置之下生成的结果不会进行任何代码优化，在这种情况下开发者可以在程序运行过程中利用调试工具控制程序的运行流程（包括暂停、步进、跳转等，会在下一小节详细介绍），并可以通过 VS 提供的特定界面来观察变量的值。而在 Release 配置之下生成的结果将会是代码优化后的结果，优化操作会在不改变运行结果的前提下通过改进代码来提升生成结果的运行效率。这将会导致在此种配置下运行的程序与开发者所书写的程序代码不完全一致，从而使断点调试工作无法准确进行。

此外，Debug 版的生成结果包含扩展名为".pdb"的文件，该文件中记录了在 VS 中进行调试工作所需的各种重要信息，是能够进行调试工作的关键因素。而 Release 版则不会生成.pdb 文件。由于 Debug 版的代码没有经过优化，并且在运行时需要载入.pdb 文件，因此该版本的程序运行速度比 Release 版更慢。

用一句话总结，通过 VS 直接创建的 C#解决方案，Debug 版运行速度更慢但适用于调试工作，Release 版经过代码优化，具有较高的效率，适合作为最终发布使用的版本。

（2）使用 VS 作为 Unity 项目的脚本开发工具时。

由于 Unity 项目有其生成可执行结果的机制，VS 只是 Unity 项目脚本开发的一个工具，因此在 VS 中选择 Debug 配置还是 Release 配置对 Unity 项目最终的生成结果并没有实质性的影响。当然在使用 VS 对 Unity 脚本进行调试时，选择 Debug 配置仍然是更为稳妥的。

3.2.4　VS 断点调试的基本操作

1. C#脚本案例

本小节将基于一个运行时会发生异常的 C#脚本来详细介绍 VS 中的断点调试的操作过程。读者可以在项目中创建一个名为 Example3_1.cs 的脚本，再在场景中创建一个空对象并更名为 Example3_1，将脚本 Example3_1.cs 加载到该对象上，然后打开脚本输入如例 3-1 所示代码。

例3-1 用于VS断点调试讲解的脚本案例

```
////////代码开始////////
using UnityEngine;

public class Example3_1:MonoBehaviour
{
    void Start()
    {
        int a=5;
        int b=2;
        b-=1;
        b=a/ --b;
        print("b=" +b);
    }

    void Update()
    {

    }
}
////////代码结束////////
```

完成脚本编写并保存后,返回Unity界面,确保自己在当前场景创建的空对象中只有Example3_1对象处于激活状态。这时可以运行项目,并将在Console窗口中看到异常提示信息,如图3-7所示。

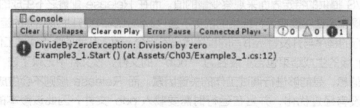

图3-7 例3-1运行后出现的异常提示信息

2. 确保VS已经被设置为Unity的脚本开发工具

接下来讲解具体的调试方法,而在此之前要先确认VS已经被设置为Unity的脚本开发工具。最简单的确认方式是在Console窗口双击异常提示信息,如果存在异常的脚本被VS打开,则可以确定VS已经被设置为Unity的脚本开发工具,否则要根据3.2.2小节的指引进行设置。

3. 在脚本编辑界面为语句添加断点

当Unity的Console窗口出现异常提示信息时,双击提示信息,软件界面会自动跳转到VS界面并自动定位到出现异常的程序代码上,如图3-8所示。

从提示信息可以知道,定位到的语句出现了除法运算除数为0的情况。分析导致异常的程序代码可知变量b为该语句中的除数。此时可以通过在声明变量b的位置添加断点并启动调试器来进行调试,从而检查变量b在出现异常情况之前的变化过程,以便发现问题的根源。

在VS中为语句添加断点,其作用是:在调试过程中,让VS在断点所在位置挂起(也就是暂停)正在运行的代码,以便开发者观察程序运行到该位置时相关变量的值或者确定代码是否能够运行到断点所在位置。

在VS中为C#脚本添加断点的方法如下:在脚本编辑界面中,在需要添加断点语句的界面最左侧位置进行双击操作，则鼠标指针所在位置会出现一个红色圆点，表示对应语句已经成功添加断点，如图3-9所示。

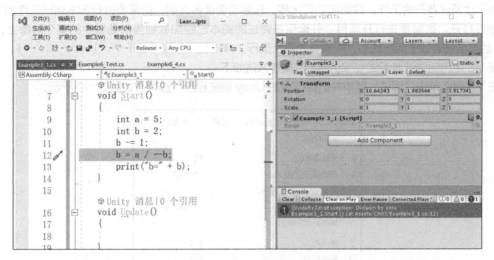

图 3-8　双击 Console 窗口中的异常提示信息可以在 VS 界面定位导致异常的代码

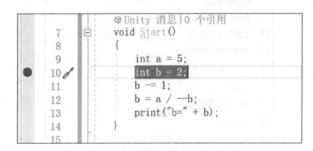

图 3-9　为语句添加断点

4. 关于断点的说明

开发者可以根据需要在代码的不同位置添加多个断点，在具有实质代码（非空行和非注释行）的位置都可以添加断点。当然每个语句只能添加一个断点，如果一个语句分成多行，则只能在该语句的第一行添加断点。此外，还可以对断点进行如下设置（见表 3-1）。

表 3-1　VS 中的常用断点设置

设置名称	作用	设置方法	快捷键
删除	删除已添加的断点	双击断点，或者在断点上单击鼠标右键并在弹出的菜单中选择"删除断点"选项	无
禁用/启用	禁用或启用已添加的断点，使其处于不可用或者可用状态	在断点上单击鼠标右键，并在弹出的菜单中选择"禁用断点"或者"启用断点"选项	Ctrl+F9
条件	为断点添加触发条件，只有条件达成时，断点才能起作用	在断点上单击鼠标右键，在弹出的菜单中选择"条件"选项，并进一步在弹出的窗口中设置具体条件	Alt+F9,C
操作	为断点添加输出操作，当断点被触发时，在 VS 输出窗口显示预先设定的内容	在断点上单击鼠标右键，在弹出的菜单中选择"操作"选项，并进一步在弹出的窗口中设置输出内容	无

在后续内容中会详细介绍"条件"设置和"操作"设置的具体用法。

5. 启动 VS 的调试器

为了让调试器开始工作，需要启动调试器。在启动调试器之前，如果要进行脚本调试工作的 Unity 项目还没打开，则需要先打开项目，并确保被调试的脚本已经加载到当前场景中的某个对象上；如果 Unity 的当前场景处于运行状态，则需要先停止运行。

在 VS 中启动调试器调试 Unity 脚本的操作方法如下。

在 VS 界面单击"调试"菜单并选择"附加 Unity 调试程序"选项，如图 3-10 所示。

图 3-10　附加 Unity 调试程序

在弹出的选择 Unity 实例窗口中，选择正在运行的 Unity 项目，并单击"确定"按钮，如图 3-11 所示。

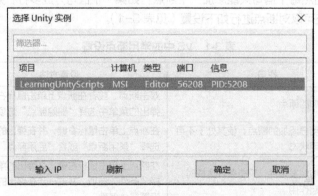

图 3-11　选择 Unity 实例

此时，VS 的调试器进入启动状态，VS 界面出现调试工具栏，同时与调试相关的一些窗口例如输出窗口、自动窗口等也会打开，如图 3-12 所示。

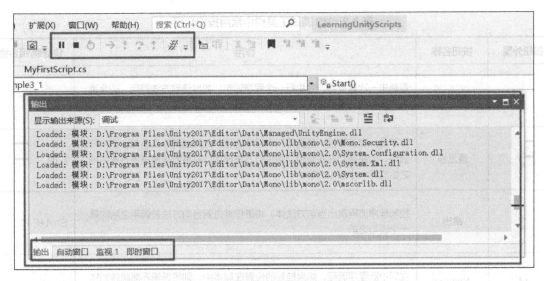

图 3-12 调试器启动后 VS 的界面状态

6. 运行 Unity 场景触发断点

在 VS 的调试器启动后,可以运行 Unity 场景从而使被调试的脚本运行,进而触发断点。当程序流程到达断点所处位置时,程序将会处于挂起状态。此时在 VS 界面的脚本编辑界面上,挂起位置的代码背景颜色会发生改变,并且代码左侧界面中出现指示程序流程所到位置的黄色箭头,如图 3-13 所示。

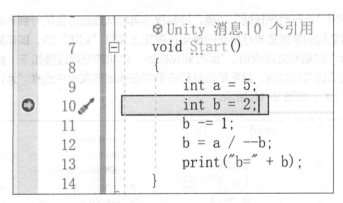

图 3-13 脚本程序流程挂起时 VS 脚本编辑界面上的状态

7. 控制程序代码的执行过程

当程序流程触发断点并挂起后,可以利用调试工具栏中的工具控制程序代码的执行。在 VS 的调试工具栏中,可以用于控制程序代码执行过程的按钮有 3 个,如图 3-14 所示,对应的功能如表 3-2 所示,其中"方法"的概念及其用法将在第 6 章介绍。

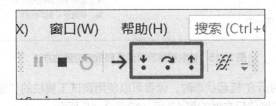

图 3-14 VS 调试工具栏中用于控制程序流程的按钮

表 3-2 VS 调试工具栏中常用按钮介绍

按钮外观	按钮名称	作用	快捷键/组合键
↓	逐语句	每单击一次该按钮,就执行一个程序语句;如果遇到方法调用,则会跳入方法体内,将流程推进到方法体内第一个语句之前。	F11
↷	逐过程	每单击一次该按钮,就执行一个程序流程;如果遇到的是语句,则执行语句,如果遇到方法调用,则执行方法调用,并将流程推进到方法调用之后的第一个语句之前	F10
↑	跳出	控制程序流程跳出当前方法体,将进程推进到当前方法被调用之后的第一个语句之前	Shift+F11
‖	全部中断	立即中断程序流程,如果挂起的位置在脚本中,则将编辑界面跳转到挂起的语句位置	Ctrl+Alt+Break
■	停止调试	切断调试器与 Unity 的关联,停止调试,关闭调试器	Shift+F5

此外,还可以使用"运行到光标处"功能,控制程序流程从挂起位置执行到光标所在语句位置。当然,能够正常使用该功能的前提是光标所在的语句在逻辑上是可"到达"的,即如果程序流程继续推进,则一定会在将来的某个时刻到达该语句。"运行到光标处"功能的使用过程如下:首先在目标语句上单击以确保光标停留在该语句的位置,然后单击鼠标右键并在弹出的菜单中选择"运行到光标处"选项或者按组合键"Ctrl+F10",如图 3-15 所示。

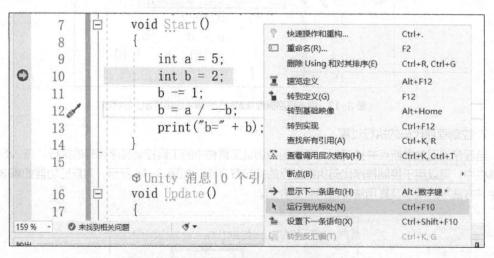

图 3-15 控制程序流程运行到指定位置的方法

当脚本处于图 3-13 所示的挂起状态时,读者可以使用调试工具栏的"逐语句"按钮或者"运行到光标处"功能,将流程推进到代码文件的第 12 行,如图 3-16 所示。

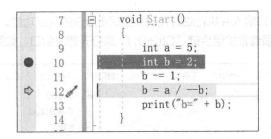

图 3-16　控制程序流程运行到脚本第 12 行

8. 在程序流程挂起的情况下检查数据

在程序流程挂起的情况下,进行数据检查的方法一般有 3 种:利用鼠标指针悬停快速查看变量或者表达式的值,利用自动窗口检查变量值,以及利用即时窗口进行更加复杂的调试。具体介绍如下。

当程序流程挂起时,在 VS 中可以利用数据提示快速检查数据。在程序流程挂起的状态下,将鼠标指针悬停在代码中的某个变量或者表达式上稍等片刻,鼠标指针所在位置将会出现变量或者表达式的当前值,如图 3-17 所示。当然该功能可用的前提是程序流程挂起的位置处于该变量或者表达式中变量的有效范围。

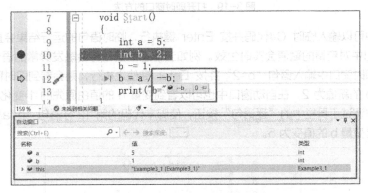

图 3-17　在程序流程挂起时进行数据检查

开发者也可以在自动窗口中查看局部变量的值,如图 3-17 所示。自动窗口列出了处于有效范围的各变量的值。如果在调试的过程中,自动窗口所显示变量的值发生变化,则新的值会变为红色从而提醒开发者注意。如果在调试过程中没有看到自动窗口,可以单击 VS 的"调试"菜单并选择"窗口 → 自动窗口"选项或者按组合键"Ctrl+D,A"来打开自动窗口,如图 3-18 所示。

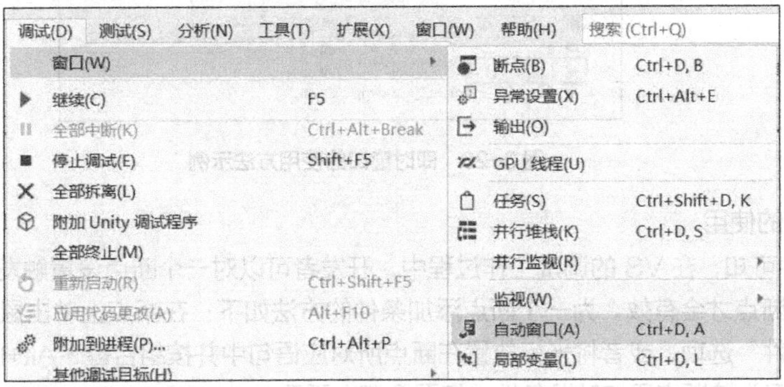

图 3-18　打开自动窗口的方法

开发者还可以在即时窗口输入并执行临时代码,实现更复杂的调试功能。单击 VS 的"调试"菜单并选择"窗口 → 即时"选项或者按组合键"Ctrl+D, I"来打开即时窗口,如图 3-19 所示。

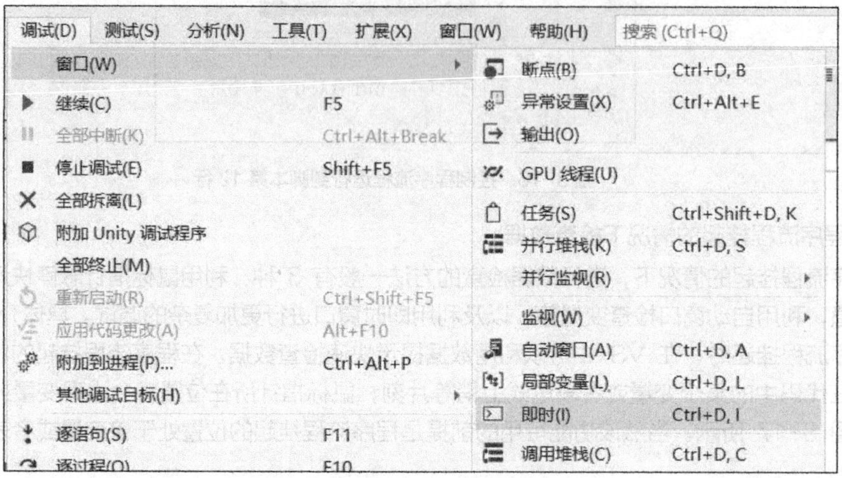

图 3-19 打开即时窗口的方法

在即时窗口中可以输入临时 C#代码并按 Enter 键执行,临时语句的运行结果会直接显示在即时窗口中,在临时语句中对变量的赋值会实时生效。例如当挂起位置在将会触发异常的语句"b=a/ --b;"之前时,如果在即时窗口中输入语句"b=2"并按 Enter 键使之执行,则会看到即时窗口中出现一行新的信息显示变量 b 的新值为 2,在自动窗口中也可以看到变量 b 的值由原先的 1 变化为 2,如图 3-20 所示。此时再单击调试工具栏中的"逐语句"按钮,使脚本代码的第 12 行语句"b=a/ --b;"执行,就不会触发异常并且变量 b 的值变为 5。

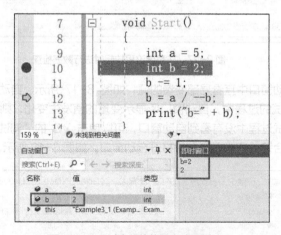

图 3-20 即时窗口的使用方法示例

9. 条件断点的使用

从表 3-1 中可知,在 VS 的调试工作过程中,开发者可以对一个断点设置触发条件。只有当条件得到满足时,这个断点才会有效。为一个断点添加条件的方法如下:在断点上单击鼠标右键,并在弹出的菜单中选择"条件"选项,或者将光标放置在断点所对应语句中并按组合键"Alt+F9, C",在弹出断点设置窗口之后即可为该断点添加触发条件,如图 3-21 所示。

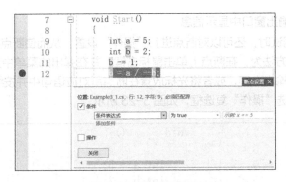

图 3-21 断点设置窗口

每个断点可对应添加 3 种条件类型,每种类型的条件最多可添加一条,每种条件的具体使用方法如表 3-3 所示。

表 3-3 3 种断点条件类型的使用方法

条件类型	使用方法
条件表达式	以条件表达式的结果为条件,有"为 true"和"更改时"两种选项: 1. 当选择"为 true"时,条件表达式的值为 true,该条件才得到满足; 2. 当选择"更改时",则只有表达式的值发生变化,该条件才得到满足
命中次数	以程序流程经过断点所在位置的次数为条件,有"="、"数倍于"、">="3 种选项: 1. 当选择"="时,命中次数等于所设数量,该条件才得到满足; 2. 当选择"数倍于"时,只有命中次数为所设数量的整数倍时,条件才得到满足; 3. 当选择">="时,命中次数大于或等于所设数量,该条件才得到满足
筛选器	可以将断点限制为仅在指定设备上或在指定进程和线程中触发,可用的表达式格式(其中 value 表示具体数值,"name"表示放在双引号内的名称)如下 MachineName= "name" ProcessId=value ProcessName= "name" ThreadId=value ThreadName= "name" 多个表达式之间可以用 &(与)、||(或)、!(非)以及小括号进行合并

注意:当一个断点有多个条件时,各条件之间的关系为"逻辑与"。也就是说,只有所有条件都得到满足时,这个断点才会有效。

为一个断点添加条件后,断点的图标上会增加一个白色十字,如图 3-22 所示。

图 3-22 添加条件后断点的图标发生变化

10. 利用断点在调试输出窗口中显示信息

在 VS 中进行断点调试时，还可以对断点进行"操作"设置，从而使断点被触发时能够在调试输出窗口显示特定内容。设置方法为：在断点上单击鼠标右键，并在弹出的菜单中选择"操作"选项，并进一步在弹出的窗口中设置输出内容，或者将光标放置在断点所对应语句中并按组合键"Alt+F9，C"，在弹出的断点设置窗口中勾选"操作"复选框，如图 3-23 所示。

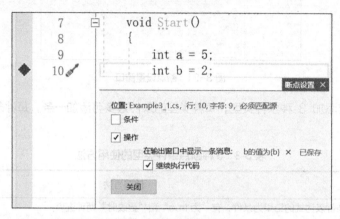

图 3-23 在断点设置窗口进行"操作"设置

其中，输出信息可以由文字内容和指定变量或者表达式的值构成，变量或者表达式要放在英文大括号内。另外，还可以使用特殊关键字来显示更多信息。可用的特殊关键字及其对应的显示内容如表 3-4 所示。

表 3-4 断点调试输出的特殊关键字及其对应的显示内容

关键字	显示内容
$ADDRESS	当前指令
$CALLER	调用方法名
$CALLSTACK	调用堆栈
$FUNCTION	当前方法名
$PID	进程 ID
$PNAME	进程名
$TID	线程 ID
$TNAME	线程名
$TICK	滴答计数（来自 Windows GetTickCount）

在对断点进行"操作"设置时，还可以设置程序流程到达该断点并输出信息后继续执行后续代码而非挂起。如果设置了继续执行后续代码，则断点的图标会变为菱形。程序流程经过该断点时，会在调试输出窗口显示信息但不会挂起，如图 3-24 所示。

在此需要提醒读者的是，当断点在输出信息时，它所对应的语句还未执行，因此信息包含的变量或者表达式的值是基于上一个语句执行之后的状态而定的。另外，如果在调试状态下没有看到输出窗口，可以单击 VS 的"调试"菜单并选择"窗口 → 输出"选项来打开输出窗口，如图 3-25 所示。

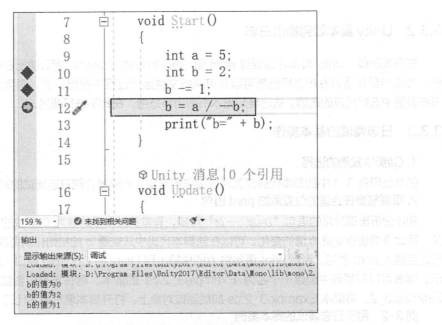

图 3-24 断点在输出窗口输出内容示例

图 3-25 显示调试输出窗口的操作

11. 调试结论

通过断点调试可以发现,例 3-1 存在设计缺陷,导致程序执行到"b=a/--b;"时,变量 b 的值为 1,执行自减操作后,b 的值变为 0,然后作为除数参与算术除法运算,从而造成异常。当然,例 3-1 中的代码仅用于演示调试工作,并没有任何实际意义。在实际项目中,开发者通过调试寻找到问题的根源后,要对设计思路进行修改以确保相同问题不再发生。

3.3 日志调试

3.3.1 什么是日志调试

日志调试是指在程序代码中的特定位置添加可以输出日志信息的语句,从而在程序执行过程中通过所输出的日志信息分析和查找逻辑错误根源的调试工作。所谓日志,又称为"Log",其具体内容和格式可以根据调试工作的需要灵活设置。相较于断点调试,日志调试可以不依赖脚本程序的开发工具,既可以在开发阶段使用,也可以在项目发布之后在实际运行环境中使用。

3.3.2 Unity 脚本如何输出日志

在开发阶段，Unity 脚本可以通过 print 语句向 Unity 的 Console 窗口输出日志信息。如果希望在项目发布之后仍然可以在可执行文件运行过程中输出日志，则需要在发布设置中选择相应的选项。这已经超出本书的内容范围，在此不进行阐述。

扫码观看
微课视频

3.3.3 日志调试的基本操作

1. C#脚本案例的选择

仍然使用例 3-1 中的脚本代码作为调试操作的对象，向读者介绍日志调试的基本操作。

2. 根据需要在合适的位置添加 print 语句

初步分析出现异常的语句"$b=a/$ $--b;$"可知，异常的触发是除数为 0 导致的，而除数与变量 b 有关，因此需要观察变量 b 值的变化。可以在原脚本代码中从变量 b 的初始化到每次发生值变化的每个语句之后插入 print 语句，利用 print 语句将 b 的值输出到 Unity 的 Console 窗口，具体代码如例 3-2 所示。读者可以在项目中创建一个名为 Example3_2.cs 的脚本，再在场景中创建一个空对象并更名为 Example3_2，将脚本 Example3_2.cs 加载到该对象上，打开脚本填写如下代码。

例 3-2 用于日志调试的脚本案例

```
////////代码开始////////
using UnityEngine;

public class Example3_2:MonoBehaviour
{
    void Start()
    {
        int a=5;
        int b=2;
        //在变量b的值发生变化的位置插入print语句
        //用于跟踪其值的变化
        print("b的值为: "+b);
        b-=1;
        //在变量b的值发生变化的位置插入print语句
        //用于跟踪其值的变化
        print("b的值为: " +b);
        b=a/ --b;
        //在变量b的值发生变化的位置插入print语句
        //用于跟踪其值的变化
        print("b的值为: " +b);
        print("b=" +b);
    }

    void Update()
    {
    }
```

}
/////////代码结束/////////

完成脚本编写并保存后，返回 Unity 界面，确保自己在当前场景创建的空对象中只有 Example3_2 对象处于激活状态，这样运行项目后就可以在 Console 窗口中看到图 3-26 所示的信息。

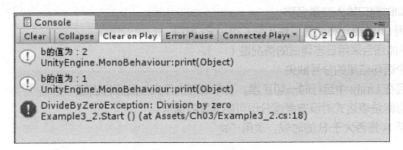

图 3-26　例 3-2 的运行结果

3. 调试结果分析及结论

从图 3-26 可以看到，变量 b 的值从 2 变化到 1，最后触发异常，说明 *b* 的值为 1 时会导致异常的发生。观察触发异常的语句"b=a/ --b;"，可以发现作为除数的自减运算"--b"会使变量 *b* 的值变为 0 并成为除法运算的除数，由此可以找到异常发生的根源。当然，例 3-2 中的代码仅用于演示日志调试工作的方法，并没有任何实际意义。在实际项目中，当开发者通过调试寻找到问题的根源后，要对设计思路进行修改以确保相同问题不再发生。

3.4　本章小结

本章主要介绍了 Unity 脚本的调试方法，向读者解释了 VS 开发环境中 Debug 配置和 Release 配置的区别，以及它们对 Unity 项目的影响，并着重讲解了在 VS 中对 Unity 脚本进行断点调试的方法和利用 print 语句进行日志调试的方法。

3.5　习题

1. 以下关于程序代码中的问题，需要通过调试来排查的是（　　）。
   A. 数据类型拼写错误
   B. 将 int 型常量赋给 float 型变量
   C. 将一个变量命名为 string
   D. 书写加法运算表达式时误将"+"替换成了"-"
2. 以下关于在 VS 中进行调试的说法，错误的是（　　）。
   A. 为了调试工作顺利进行，应该选择 Debug 配置
   B. Release 配置下生成的可执行程序运行速度更慢
   C. .pdb 文件是能够正确进行断点调试工作的关键因素
   D. Unity 项目有其生成可执行结果的机制，不受 VS 设置的影响
3. 以下关于断点调试的说法，错误的是（　　）。
   A. 进行断点调试时，正在运行的程序代码会在断点所处位置被挂起
   B. 一个程序中可以加入多个断点
   C. 程序挂起后，可以用鼠标指针悬停的方式查看任何变量的值

D. 当程序流程触发断点并挂起后,可以利用调试工具栏中的工具控制程序代码的执行
4. 以下查看变量值的方式不是在断点调试中使用的是(   )。
   A. 鼠标指针悬停在代码中的变量上
   B. 通过自动窗口检查变量
   C. 在即时窗口输入变量名称
   D. 利用 print 语句将变量值输出到 Console 窗口
5. 以下更加适合采用日志调试的情况是(   )。
   A. 某个语句结尾的分号缺失
   B. 项目在 Unity 中运行时一切正常,发布成可执行文件后运行出错
   C. 书写除法表达式时没有考虑分母可能为零的情况
   D. 判断 A 是否大于 B 的时候,误用 "≥"

第4章
流程控制

学习目标

- 了解流程控制语句的类别及其应用场景。
- 熟悉 if 语句系列和 switch-case 语句作为条件分支语句的用法。
- 熟悉 while、do-while 和 for 语句作为循环语句的用法。
- 理解 goto、break 和 continue 语句的作用。

学习导航

本章介绍 C#中的流程控制方法,引导读者认识流程控制语句的作用,熟练掌握 if 语句系列所构成的条件分支语句的用法,理解 switch-case 语句与 if 语句系列的区别并熟练掌握其用法,熟练掌握 while、do-while 和 for 语句所构成的循环语句的用法,了解 goto、break 和 continue 语句的作用。本章学习内容在全书知识体系中的位置如图 4-1 所示。

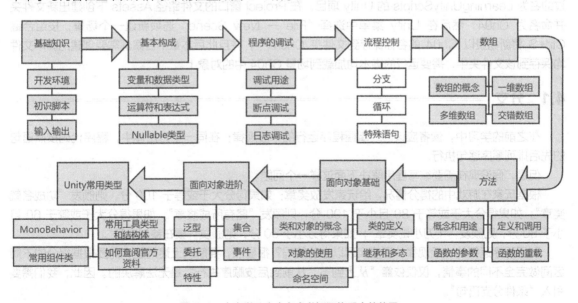

图 4-1 本章学习内容在全书知识体系中的位置

知识框架

本章知识重点是 C#的条件分支语句和循环语句。本章的学习内容和知识框架如图 4-2 所示。

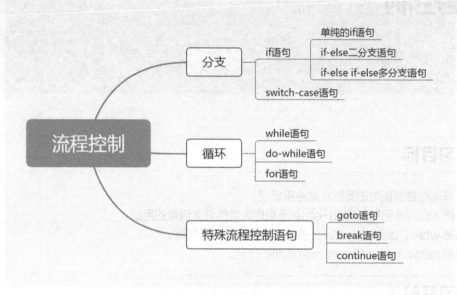

图 4-2 流程控制

准备工作

在正式开始学习本章内容之前，为了方便在学习过程中练习、验证案例，需要读者先打开之前创建过的名为 LearningUnityScripts 的 Unity 项目。在 Project 窗口的文件路径 Assets 下创建出新文件夹并命名为 Ch04，然后在 Unity 菜单中选择"File → New Scene"选项新建一个场景，按组合键 Ctrl+S 将新场景以 Ch04 的名称保存到文件夹 Ch04 中，并且此后本章中各案例需要创建的脚本文件均保存到该文件夹中，需要运行的脚本均加载到场景 Ch04 中的对象上。

4.1 分支

在之前的学习中，读者应该已经掌握程序运行的一般规律：在同一个方法体中，程序代码按照语句的先后排列顺序逐句执行。

但是，假设现在需要编写程序解决下面这样一个问题。

根据玩家在游戏中的得分情况，给玩家发放奖章：如果得分大于或等于 100 分，则颁发"功成名就奖章"；如果得分大于或等于 80 且小于 100 分，则颁发"略有所成奖章"；如果得分大于或等于 60 且小于 80 分，则颁发"牛刀小试奖章"；如果得分小于 60 分，则颁发"重在参与奖章"。

利用程序运行的一般规律，还能实现以上功能吗？很显然，要解决上述问题，需要根据得分的不同区间做完全不同的事情，仅仅依靠"从上到下，从前到后按顺序执行"是无法解决的。因此，我们需要引入"条件分支语句"。

C#中的条件分支语句分为 if 语句、switch-case 语句两种类型。其中，if 语句可以解决所有条件分支问题，而 switch-case 则适用于较为特殊的情况。

4.1.1 if 语句

1. if 语句的分类及其作用

if 语句是对一类使用"if"关键字的条件分支语句的统称，具体可以细分为单纯的 if 语句、if-else 二分支语句、if-else if-else 多分支语句、嵌套的 if 语句等 4 种。

其中，单纯的 if 语句用于"如果满足某个条件，则需要做特定的事情"的情况。

if-else 二分支语句用于"如果满足条件 A，则需要做事情 A，否则需要做事情 B"的情况。

if-else if-else 多分支语句中的"else if"可以出现多次，用于"如果满足条件 1，则需要做事情 1，如果满足条件 2，则需要做事情 2，……，如果满足条件 N-1，则需要做事情 N-1，否则做事情 N"的情况。

嵌套的 if 语句严格来说不算一种类别，它是指在某个 if 语句的分支中嵌入另外一个 if 语句的情况，用于需要在分支中进一步分支的情况。

2. 单纯的 if 语句

单纯的 if 语句的语法结构如下：

```
if(条件表达式){
    /*如果条件表达式的值为 true，则依次执行这个大括号中的所有语句，即图 4-3 中的"任务 1"*/
}
```

其中的"条件表达式"可以是一个变量，也可以是一个包含比较运算和逻辑运算的表达式，只要表达式最终的运算结果为 bool 型的值即可。这种语法结构用程序流程图来描述如图 4-3 所示。

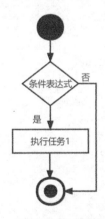

图 4-3 单纯的 if 语句的程序流程图

这是本书首次出现的程序流程图。因此在此做详细解析，以便读者快速理解流程图所表达的含义。流程图中的带箭头的实线表示流程的"流向"，即程序的执行方向；黑色实心圆表示流程的起点；黑底白圆环表示流程的终点；菱形表示判断，一般对应一个条件表达式，每个判断必定有"是"与"否"两种结果并产生对应的两个分支；矩形则表示流程中的一项工作，根据工作的具体内容对应一个或多个程序语句，甚至可以包含另一个流程。一个正确的流程图无论有多少复杂分支，都应该只有一个起点和一个终点，并且从起点出发顺着带箭头的实线前进，最终都可以到达终点。

结合图 4-3 和语法结构可知，单纯的 if 语句存在两条执行路径：如果条件表达式的值为 true，则语法结构中大括号内的程序语句会被依次执行，之后流程才可以到达大括号结束位置之后；如果条件表达式的值为 false，则语法结构中大括号内的所有程序语句都会被跳过，流程直接到达大括号结束位置之后。两条路径的汇合处在 if 语句的大括号结束位置之后，即对应流程图中的流程结束位置，如果此后还有程序语句，则按照程序运行的一般规律继续执行。

单纯的 if 语句适用于解决"当某个条件成立时需要额外做些事情"的问题。下面用一个案例进行演示。

例 4-1 会员购物享受折扣

在日常购物过程中，商家常常会让会员享受折扣。假设有一个蛋糕连锁店规定给会员的消费打 8.8 折，而非会员则不享受优惠。现有一款标价为 20 元的蛋糕，要求设计一个 Unity 脚本用于计算顾客购买这款蛋糕应付的金额。

解题思路：重点在于"计算顾客购买这款蛋糕应付的金额"，因此需要知道顾客购买的数量，其次需要知道购买这款蛋糕的单价，再利用乘法运算即可得到非会员应付的总金额，然后根据是否为会员这一条件来确定是否打折。购买的数量因人而异且与身份无关，在计算前输入数量即可，因此用一个 int 型字段来表示；蛋糕单价为 20 元，是一个常量；是否为会员需要用一个 bool 型字段来表示，并需要利用 if 语句来判断是否打 8.8 折。

创建一个名为 Example4_1 的空对象，再创建一个名为 Example4_1.cs 的 C#脚本并加载到该对象上，将其他对象设置为非激活状态，打开脚本填写程序代码。

代码如下：

```
////////代码开始////////
using System.Collections;
using System.Collections.Generic;
using UnityEngine;

public class Example4_1:MonoBehaviour
{

    const float price=20f;
    [SerializeField]int number;
    [SerializeField]bool isMember;

    void Start()
    {
        float payment=price*number;
        if(isMember==true){
            payment*=0.88f;
        }
        print("应付金额为: " +payment);
    }

    void Update()
    {
```

```
	}
}
//////////代码结束//////////
```

解析：在本例的代码中，if 语句的条件表达式使用了"isMember==true"的形式，目的是提醒读者此处常用的形式是表达式。但从简洁的角度来说，因为变量 isMember 是 bool 型的，所以直接用 isMember 替代整个表达式是完全没问题的。

完成代码输入并保存脚本，返回 Unity 界面后，在 Hierarchy 窗口单击 Example4_1 对象使之处于被选中状态，然后到 Inspector 窗口的 Example 4_1 组件中填写购买的数量及是否为会员两项属性值并保存场景，最后运行场景。为了对比不同输入组合的输出结果，务必在修改属性值之前先停止场景运行，并在修改属性值后再次保存场景，然后运行场景查看新结果。非会员和会员的不同结果如图 4-4 所示，可以知道利用单纯的 if 语句确实解决了案例中的问题。

图 4-4　例 4-1 不同输入的运算结果对比示例

3. if-else 二分支语句

if-else 二分支语句的语法结构如下：

```
if(条件表达式){
    /*如果条件表达式的值为 true，则依次执行这个大括号中的所有语句，即图 4-5 中的"任务 1"*/
}else{
    /*如果条件表达式的值为 false，则依次执行这个大括号中的所有语句，即图 4-5 中的"任务 2"*/
}
```

其中的"条件表达式"可以是一个变量，也可以是一个包含比较运算和逻辑运算的表达式，只要表达式最终的运算结果为 bool 型的值即可。这种语法结构用程序流程图来描述如图 4-5 所示。

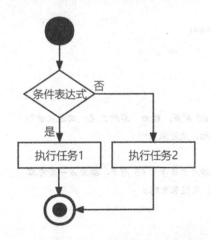

图 4-5　if-else 二分支语句的程序流程图

结合图 4-5 和语法结构可知，if-else 二分支语句存在两条执行路径：如果条件表达式的值为 true，则语法结构中第一个大括号内的程序语句会被依次执行，然后流程跳转到语法结构中第二个大括号结束位置之后；如果条件表达式的值为 false，则流程直接跳转到语法结构中第二个大括号开始位置，第二个大括号内的程序语句会被依次执行，然后流程到达第二个大括号结束位置之后。两条路径的汇合处在第二个大括号结束位置之后，对应流程图中的流程结束位置。如果此后还有程序语句，则按照程序运行的一般规律继续执行。

if-else 二分支语句用于"当某个条件成立时需要完成任务 1，否则需要完成任务 2"的情况，即二选一的情况。下面用一个案例来演示其用法。

例 4-2　公交车购票系统的语音提示

现在电子公交卡已经相当普遍，乘客只需要刷手机上的公交二维码即可完成购票，购票成功时会有语音提示。假设车载购票系统可以从二维码获取乘客的年龄，现需要这样一个功能：当乘客年龄低于 60 周岁时，语音提示的内容为"票价 2 元，欢迎乘坐"；当乘客年龄大于或等于 60 周岁时，语音提示的内容为"老人卡，欢迎乘坐"。请用一个 Unity 脚本实现这个功能，要求通过 Inspector 窗口输入年龄，通过 Console 窗口显示对应的语音提示内容。

解题思路：重点在于"根据不同年龄的两种情况显示两种内容"；要求年龄从 Inspector 窗口输入，因此需要用一个 int 型字段表示年龄；无论年龄是什么情况，都需要在 Console 窗口显示两条语音提示内容的其中一条，因此这是一个二选一的情况，很明显用 if-else 二分支语句来处理最合适；由于"年龄是否小于 60 周岁"和"年龄是否大于或等于 60 周岁"这两种情况合起来已经覆盖了年龄的所有可能情况，因此 if-else 二分支语句的条件表达式选择上述两种情况中一种来进行判断即可。

创建一个名为 Example4_2 的空对象，再创建一个名为 Example4_2.cs 的 C#脚本并加载到该对象上，将其他对象设置为非激活状态，打开脚本填写程序代码。

代码如下：

```csharp
////////代码开始////////
using System.Collections;
using System.Collections.Generic;
using UnityEngine;

public class Example4_2:MonoBehaviour
{

    [SerializeField]int age;

    void Start()
    {
        if(age<60){
            //如果年龄小于60周岁，输出"票价2元，欢迎乘坐"
            print("票价2元，欢迎乘坐");
        }else{
            //否则，说明年龄大于或等于60周岁，输出另一条内容
            print("老人卡，欢迎乘坐");
        }
    }
```

素养拓展3

```
    void Update()
    {
    
    }
}
/////////代码结束/////////
```

完成程序代码的输入后保存脚本并返回 Unity 界面，在 Hierarchy 窗口单击 Example4_2 对象使之处于被选中状态，然后到 Inspector 窗口的 Example 4_2 组件中填写年龄并保存场景，最后运行场景。为了对比不同输入值的输出结果，务必在修改属性值之前先停止场景运行，并在修改属性值后再次保存场景，然后运行场景查看新结果。不同年龄对应不同结果的例子如图 4-6 所示。可以知道利用 if-else 二分支语句确实解决了案例中的问题。

图 4-6　例 4-2 不同输入的运算结果对比示例

4. if-else if-else 多分支语句

以具有 5 条分支的情况为例，if-else if-else 多分支语句的语法结构如下：

```
if(条件表达式 1){
    /*如果条件表达式 1 的值为 true，则依次执行这个大括号中的所有语句，即图 4-7 中的"任务 1"*/
}else if(条件表达式 2){
    /*如果条件表达式 2 的值为 true，则依次执行这个大括号中的所有语句，即图 4-7 中的"任务 2"*/
}else if(条件表达式 3){
    /*如果条件表达式 3 的值为 true，则依次执行这个大括号中的所有语句，即图 4-7 中的"任务 3"*/
}else if(条件表达式 4){
    /*如果条件表达式 4 的值为 true，则依次执行这个大括号中的所有语句，即图 4-7 中的"任务 4"*/
}else{
    /*如果前面所有条件表达式的值均为 false，则依次执行这个大括号中的所有语句，即图 4-7 中的"任务 5"*/
}
```

其中的每一个条件表达式可以是一个变量，也可以是一个包含比较运算和逻辑运算的表达式，只要表达式最终的运算结果为 bool 型的值即可。另外，根据分支的数量，"else if(条件表达式 x){/*任务 x*/}"的结构可以重复多次。

这种语法结构用程序流程图来描述如图 4-7 所示。

结合图 4-7 和语法结构可知，if-else if-else 多分支语句存在多条执行路径，每条路径的条件表达式按照位置的先后顺序依次进行判断。一旦某个表达式的值为 true，则该表达式对应的任务被执行，然后流程立即跳转到整个多分支语句的结束位置（即最后一个大括号结束位置之后）。如果所有条件表达式的值均为 false，则执行最后的 else 分支语句对应的任务，然后流程到达整个多分支语句的结束位置。

由以上描述可知，在 if-else if-else 多分支语句的所有分支中，流程只会走其中一条分支。即使出现多条分支的条件表达式的值为 true 的情况，流程也只走这些分支中位置最靠前的那条分支。

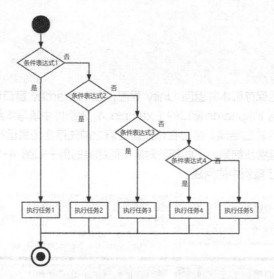

图 4-7　以 5 条分支的情况为例，if-else if-else 多分支语句的程序流程图

if-else if-else 多分支语句用于多任务选一的情况。下面用一个案例来演示其用法。

例 4-3　根据得分情况颁发不同奖章

在某个游戏中，系统要根据玩家在游戏中的得分情况给玩家发放奖章：如果得分大于或等于 100 分，则颁发"功成名就奖章"；如果得分大于或等于 80 且小于 100 分，则颁发"略有所成奖章"；如果得分大于或等于 60 且小于 80 分，则颁发"牛刀小试奖章"；如果得分小于 60 分，则颁发"重在参与奖章"。请用一个 Unity 脚本实现这个功能，要求在 Inspector 窗口输入分数值，在 Console 窗口显示所获奖章的名称。

解题思路：得分情况分为 4 种并对应 4 种奖章，显然需要用包含 4 个分支的 if-else if-else 多分支语句；要求得分从 Inspector 窗口输入，因此需要用一个 int 型字段表示得分；仔细分析可知，题中所述的 4 种得分情况合起来已经覆盖得分的所有可能情况，因此最后一种情况（即得分小于 60 分）可以不使用带条件表达式的 else if 语句而使用 else 语句。

创建一个名为 Example4_3 的空对象，再创建一个名为 Example4_3.cs 的 C# 脚本并加载到该对象上，将其他对象设置为非激活状态，打开脚本填写程序代码。

代码如下：

```
////////代码开始////////
using System.Collections;
using System.Collections.Generic;
using UnityEngine;

public class Example4_3:MonoBehaviour
{
    [SerializeField]int score;

    void Start()
    {
```

```
        if(score>=100){
            print("功成名就奖章");
        }else if(score>=80){
            print("略有所成奖章");
        }else if(score>=60){
            print("牛刀小试奖章");
        }else{
            print("重在参与奖章");
        }
    }

    void Update()
    {

    }
}
/////////代码结束/////////
```

解析：在本例的代码中，两个 else if 语句所对应的条件分支语句并没有严格按照题目描述采用类似"score<100&&score>=80"这样的表达式，这是利用了多条件分支只会有其中一条分支被执行的特性；以第二条分支为例进行分析，如果其条件表达式"score>=80"被执行，则意味着变量 score 的值必然小于 100，因为第一条分支的条件表达式"score>=100"更加靠前，第二条分支的条件表达式能够被执行说明"score>=100"的运算结果为 false。

完成程序代码的输入后保存脚本并返回 Unity 界面，在 Hierarchy 窗口单击 Example4_3 对象使之处于被选中状态，然后到 Inspector 窗口的 Example 4_3 组件中填写得分并保存场景，最后运行场景。为了对比不同输入的输出结果，务必在修改属性值之前先停止场景运行，并在修改属性值后再次保存场景，然后运行场景查看新结果。不同得分对应不同结果的示例如图 4-8 所示。可以知道利用 if-else if-else 多分支语句确实解决了案例中的问题。

图 4-8　例 4-3 不同输入的运算结果对比示例

5. 嵌套的 if 语句

当在一个条件分支结构中又遇到需要用条件分支解决的问题时，就需要在原先的分支结构中嵌套新的分支结构。这种情况称为条件分支的嵌套。嵌套的 if 语句没有固定的格式，只要在任意一种 if 语句的某个分支中又出现新的 if 语句，都属于嵌套的 if 语句，其具体形态主要取决于解决问题的具体思路。图 4-9 给出了一种嵌套的 if 语句的流程图。从整体上看，它是一个单纯的 if 语句结构，整个粗线框可以视为一个整体的任务，而当细化整体任务的分支时，它可以分解为任务 1，以及一个包含任务 2 和任务 3 的 if-else 语句结构。其中，任务 2 和任务 3 是二选一的关系，因此可以说图 4-9 描绘的是一种在单纯的 if 语句中嵌入 if-else 语句的嵌套的 if 语句。

下面用一个案例来形象地演示图 4-9 中所展示的嵌套的 if 语句。

例 4-4 根据输入的考试得分判断是否合格

根据考试的得分判断是否合格是教学相关软件常见的功能。现有一门最低分为 0 分、满分为 120 分的考试，规定得分大于或等于满分的 60%时为合格。请利用一个 Unity 脚本来实现如下功能：在 Inspector 窗口输入得分，如果得分在 0 到 120 分的范围内，则在 Console 窗口输出折合成百分制的得分和"合格"或者"不合格"的文字信息，否则不输出任何信息。

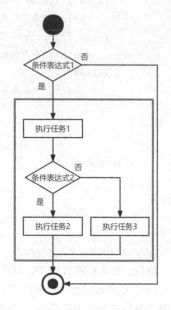

图 4-9 一种嵌套的 if 语句流程图

解题思路：这个问题可以归结为"得分合理时输出信息，否则什么也不输出"，对此使用单纯的 if 语句即可解决；当得分合理时，首先需要将分数折算成百分制，然后再判断得分是否大于 60 分，需要输出的信息分为"合格"与"不合格"两种，显然是一个二选一的问题，因此在原来的分支基础上，要嵌入一个 if-else 二分支语句来解决。

创建一个名为 Example4_4 的空对象，再创建一个名为 Example4_4.cs 的 C#脚本并加载到该对象上，将其他对象设置为非激活状态，打开脚本填写程序代码。

代码如下：

```
////////代码开始////////
using System.Collections;
using System.Collections.Generic;
using UnityEngine;

public class Example4_4:MonoBehaviour
{
    [SerializeField]int score;

    void Start()
    {
        if(score>=0&&score<=120){
            //折算成百分制
            //注意被除数要用float型的字面值常量
            float perScore=score/120f*100;
            print("百分制得分为: " +perScore);
```

```
        //根据百分制得分判断输出何种信息
        if(perScore>=60){
            print("合格");
        }else{
            print("不合格");
        }
    }

    void Update()
    {

    }
}
/////////代码结束/////////
```

解析：在折算百分制得分时，由于被除数变量 score 为 int 型，如果除数 120 不采用 float 型字面值常量的写法，则该语句中的除法为两个 int 型之间的除法。这会导致除法运算结果的小数部分丢失，从而造成运算结果不准确。

完成程序代码的输入后保存脚本并返回 Unity 界面，在 Hierarchy 窗口单击 Example4_4 对象使之处于被选中状态，然后到 Inspector 窗口的 Example 4_4 组件中填写得分并保存场景，最后运行场景。为了对比不同输入的输出结果，务必在修改属性值之前先停止场景运行，并在修改属性值后再次保存场景，然后运行场景查看新结果。不同得分对应不同结果的示例如图 4-10 所示，可以知道利用嵌套的 if 语句确实解决了案例中的问题。

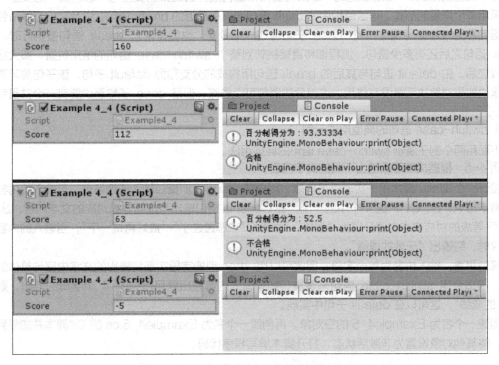

图 4-10 例 4-4 不同输入的运算结果对比示例

4.1.2 switch-case 语句

1. 什么是 switch-case 语句

switch 关键字与 case、break、default 关键字共同构成的多分支结构称为 switch-case 语句。与 if 语句不同的是，switch-case 条件分支中的条件为"语句所关注的表达式是否等于某个具体值"，即"根据指定表达式的具体值进行条件分支控制"。例如根据输入数值进行分支处理，如果输入值等于 1 到 7 中的某一个整数，则输出"星期一"到"星期日"的对应文字。又例如根据输入数值进行分支处理，如果输入值等于 1 到 12 中的某一个整数，则输出对应月份的天数。

2. switch-case 语句的语法结构

以 3 条分支的情况为例，switch-case 语句的完整语法结构如下：

```
switch(表达式){
case 常量表达式1:
    /*如果表达式的值等于常量表达式1，则依次执行此处的所有语句*/
    break;
case 常量表达式2:
    /*如果表达式的值等于常量表达式2，则依次执行此处的所有语句*/
    break;
default:
    /*如果表达式的值均不等于以上任何常量表达式，则依次执行此处的所有语句*/
    break;
}
```

其中，"表达式"的结果必须为整数类型、bool 型、char 型、string 型、枚举类型中的一种，一般采用单个变量的形式。"常量表达式"必须全部由常量构成并且结果的类型与"表达式"的类型一致，一般采用单个常量的形式。语法结构中的 case 语句与其后最近的 break 语句，以及它们之间所包含的其他语句称为 case 子句。一个 case 子句构成一个分支。也就是说当 break 语句被执行时，无论 break 语句之后还有多少语句，流程都将直接跳转到整个 switch-case 语句的结束位置，即大括号结束位置之后。由 default 语句与其后的 break 语句所构成的分支称为 default 子句，该子句是可选的。也就是说如果对解决问题没有作用，这部分的语句可以省略，但是 case 子句至少要有一个并且可以有多个。

3. switch-case 语句的典型用法示例

下面用两个例子演示 switch-case 语句的典型用法。

例 4-5　根据成绩等级输出不同的文字内容

设计一个 Unity 脚本用于实现以下功能：用户在 Inspector 窗口输入成绩等级，可输入的内容为英文大写字母 A、B、C、F 这 4 个中的一个；在 Console 窗口输出与成绩等级对应的文字内容，从 A 等级到 F 等级的对应文字内容分别为"很棒""做得好""您通过了""最好再试一下"；当输入的内容不符合要求时，则输出"无效的成绩"。

解题思路：输入内容为单个字母，因此可以用 char 型的字段实现；输出的文字内容与具体的字母对应，很适合用 switch-case 语句来解决；如果输入内容超出题目所列的 4 个字母的范围，则输出"无效的成绩"，这可以在 default 子句中实现。

创建一个名为 Example4_5 的空对象，再创建一个名为 Example4_5.cs 的 C#脚本并加载到该对象上，将其他对象设置为非激活状态，打开脚本填写程序代码。

代码如下:

////////代码开始////////
```csharp
using System.Collections;
using System.Collections.Generic;
using UnityEngine;

public class Example4_5:MonoBehaviour
{
    [SerializeField]char grade;

    void Start()
    {
        switch(grade){
        case'A':
            print("很棒");
            break;
        case'B':
            print("做得好");
            break;
        case'C':
            print("您通过了");
            break;
        case'F':
            print("最好再试一下");
            break;
        default:
            print("无效的成绩");
            break;
        }
    }

    void Update()
    {

    }
}
```
////////代码结束////////

完成程序代码的输入后保存脚本并返回 Unity 界面,在 Hierarchy 窗口单击 Example4_5 对象使之处于被选中状态,然后到 Inspector 窗口的 Example 4_5 组件中填写得分并保存场景,最后运行场景。为了对比不同输入的输出结果,务必在修改属性值之前先停止场景运行,并在修改属性值后再次保存场景,然后运行场景查看新结果。不同得分对应不同结果的示例如图 4-11 所示,可以知道利用 switch-case 语句确实解决了案例中的问题。

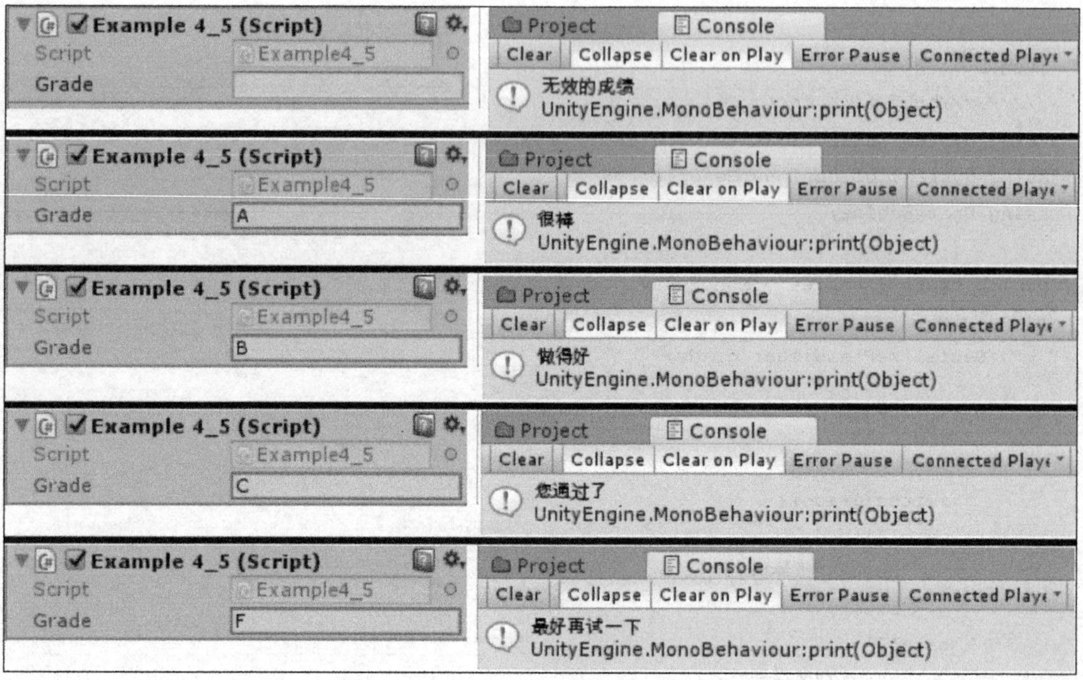

图 4-11　例 4-5 不同输入的运算结果对比示例

例 4-6　自动挡汽车的每个挡位的不同作用

随着汽车的普及率越来越高，驾驶汽车也成为一种越来越普遍的技能。现有一款帮助用户熟悉汽车驾驶技能的 App，其中一个功能是对自动挡汽车每个挡位的作用进行介绍。已知一般自动挡汽车的挡位分为 P、R、N、D 四种，对应的介绍内容依次为"驻车挡，停车熄火之前务必挂到此挡""倒车挡，倒车时使用此挡""空挡，临时停车不熄火时使用，记得拉手刹""行驶挡，挂此挡位后汽车正常行驶"。请设计一个 Unity 脚本实现上述功能，要求用户在 Inspector 窗口选择挡位，在 Console 窗口输出与所选挡位对应的介绍内容。

解题思路：输入内容要求以给定的方式供用户选择，因此需要定义输入内容的枚举类型，并使用该枚举类型的字段来实现输入功能；输出的文字内容与具体的枚举类型取值对应，很适合用 switch-case 语句来处理。

创建一个名为 Example4_6 的空对象，再创建一个名为 Example4_6.cs 的 C#脚本并加载到该对象上，将其他对象设置为非激活状态，打开脚本填写程序代码。

代码如下：

```
////////代码开始////////
using System.Collections;
using System.Collections.Generic;
using UnityEngine;

public class Example4_6:MonoBehaviour
{
    //定义名为 Gears 的枚举类型
    //其中包含 P、R、N、D 共 4 种取值
```

```
enum Gears
{
    P,
    R,
    N,
    D}

;

//声明一个类型为 Gears 的字段作为输入
[SerializeField]Gears gear;

void Start()
{
    //根据变量 gear 的值, 输出不同信息
    switch(gear){
    case Gears.P:
        print("驻车挡, 停车熄火之前务必挂到此挡");
        break;
    case Gears.R:
        print("倒车挡, 倒车时使用此挡");
        break;
    case Gears.N:
        print("空挡, 临时停车不熄火时使用, 记得拉手刹");
        break;
    case Gears.D:
        print("行驶挡, 挂此挡位后汽车正常行驶");
        break;
    }
}

void Update()
{

}
}
////////代码结束////////
```

解析：由于本案例的 switch-case 语句中的"表达式"采用的是枚举类型变量，并且该枚举类型的每个可选值分别有对应的不同信息输出，因此不存在输入值不符合要求的情况，default 子句可以省略。

完成程序代码的输入后保存脚本并返回 Unity 界面，在 Hierarchy 窗口单击 Example4_6 对象使之处于被选中状态，然后到 Inspector 窗口的 Example 4_6 组件中选择挡位属性值并保存场景，最后运行场景。为了对比不同输入的输出结果，务必在修改属性值之前先停止场景运行，并在修改属性值后再次保存场景，然后运行场景查看新结果。不同挡位对应不同的结果，如图 4-12 所示，可以知道利用 switch-case 语句确实解决了案例中的问题。

图 4-12　例 4-6 不同输入的运算结果对比

4. switch-case 语句的特殊用法示例

思考一个这样的问题：根据输入的月份数（1 到 12），输出对应月份所具有的天数。例如输入 1 则输出 31；输入 9 则输出 30；为了简化问题，2 月的天数按 28 算。如果使用 switch-case 语句来实现这个功能，一般能够想到的方法是用 12 个 case 子句对应 12 个月，在每个子句中分别用一条 print 语句输出天数，如果输入内容不是 1 到 12 之间的整数则在 default 子句中输出提示信息。

仔细分析可以发现，所有大月对应的输出内容都是 31，而所有小月对应的输出内容都是 30，加上 2 月对应的输出内容 28，总共只有 3 种输出，因此 12 个分支中有相当多分支的功能代码是完全相同的，代码的冗余度比较高。有没有办法降低代码的冗余度呢？答案是肯定的，对于上述问题可以用类似下列的语法结构来简化代码：

```
switch(表达式){
case 常量表达式1：
case 常量表达式2：
    /*如果表达式的值等于常量表达式1或常量表达式2，则依次执行此处的语句*/
    break;
case 常量表达式3：
    /*如果表达式的值等于常量表达式3，则依次执行此处的语句*/
    break;
default:
    /*如果表达式的值均不等于以上任何常量表达式，则依次执行此处的所有语句*/
    break;
}
```

注意上述语法结构的第一条分支，它由两个 case 语句和一个 break 语句，以及它们之间所包含的功能代码构成。这种形式的 case 子句很好地解决了代码冗余问题。

下面就以上述问题为例，演示 switch-case 语句的特殊用法。

例 4-7　根据输入的月份值输出当月的天数

用一个 Unity 脚本实现如下功能：根据输入的月份数（1 到 12），输出对应月份所具有的天数。例如输入 1 则输出 31；输入 9 则输出 30；为了简化问题，2 月的天数按 28 算；如果输入的内容超出 1

到 12 的范围，则输出"请输入正确的月份数"。

创建一个名为 Example4_7 的空对象，再创建一个名为 Example4_7.cs 的 C#脚本并加载到该对象上，将其他对象设置为非激活状态，打开脚本填写程序代码。

代码如下：

```csharp
/////////代码开始/////////
using System.Collections;
using System.Collections.Generic;
using UnityEngine;

public class Example4_7:MonoBehaviour
{
    [SerializeField]int month;
    void Start()
    {
        switch(month){
        case 1:
        case 3:
        case 5:
        case 7:
        case 8:
        case 10:
        case 12:
            print(31);
            break;
        case 2:
            print(28);
            break;
        case 4:
        case 6:
        case 9:
        case 11:
            print(30);
            break;
        default:
            print("请输入正确的月分数");
            break;
        }
    }
    void Update()
    {
    }
```

```
}
/////////代码结束/////////
```

解析：利用 switch-case 语句的特殊用法，将原来的 13 个分支精减为 4 个分支，大大降低了代码的冗余度。

完成程序代码的输入后保存脚本并返回 Unity 界面，在 Hierarchy 窗口单击 Example4_7 对象使之处于被选中状态，然后到 Inspector 窗口的 Example 4_7 组件中输入月份数并保存场景，最后运行场景。为了对比不同输入的输出结果，务必在修改属性值之前先停止场景运行，并在修改属性后再次保存场景，然后运行场景查看新结果。

4.2 循环

思考这样一个问题：如果不用公式，我们有没有办法解决类似"1+2+3+…+100=？"这样的问题呢？根据我们已经掌握的知识，一个变量可以通过简单的数学运算表达式和赋值实现值的变化，例如：

```
int i=1;
int sum=0;
sum=sum+i;//总和值加上 i 的值——语句（1）
i=i+1;  //i 的值增加 1——语句（2）
```

我们如果有办法对程序的执行过程进行控制，让语句（1）和（2）重复执行，就可以抛开公式让这两个语句重复 100 次，从而用最原始、最简单的方式去解决类似"1+2+3+…+100=？"这样的问题。

能够控制程序流程重复执行一部分代码的语句称为循环语句。C#中常用的循环语句有 while 语句、do-while 语句和 for 语句 3 类。

4.2.1 while 语句

while 语句的语法结构如下：

```
while(条件表达式){
    /*如果条件表达式的值为 true，则依次执行这个大括号中的所有语句，即图 4-13 中的"任务1"，当所有语句执行完毕后，流程回到 while 语句重新计算条件表达式的值，从而开始下一轮循环*/
}//如果条件表达式的值为 false，则流程直接跳过大括号内的代码，循环结束
```

其中的"条件表达式"可以是一个变量，也可以是一个包含比较运算和逻辑运算的表达式，只要表达式最终的运算结果为 bool 型的值即可。这种语法结构用程序流程图来描述如图 4-13 所示。

从语法结构上看，while 语句与 if 语句的差别仅仅是关键字不一样，但从流程图可以看出两者的作用有巨大差别。一般将 while 语句的大括号及其包含的所有代码称为"循环体"，流程开始后先计算表达式的值。如果表达式的值为 true，则流程进入循环体，否则流程跳过循环体，while 语句的流程结束；当循环体中的代码执行完毕后，流程会跳转回循环体之前的条件表达式，对表达式的值重新计算并根据计算结果决定流程是否再次进入循环体。

从 while 语句的流程图可以看出，要想对循环的次数进行控制，必须想办法让条件表达式的值在最开始为 true，并在循环次数达到预期之前都保持 true，直到在最后一次循环使条件表达式的值变为

图 4-13 while 语句的程序流程图

false。下面用一个案例来展示这种控制方法。

例4-8　用while循环计算1+2+…+100的结果

用Unity脚本实现1+2+…+100共100个整数相加的结果,不使用等差数列公式而使用循环来实现。

解题思路:用程序实现多个数的求和操作称为"累加",可以用一个int型变量sum来存储累加的结果,在最开始因为还没有进行任何加法运算,所以sum的初始值为0。此时可以将累加的表达式更改为"0+1+2+…+100",这不会使求和的最终结果发生改变,但通过新的表达式可以更加清晰地理解累加的过程。

步骤一,最开始sum的值为0,当进行第一个加法运算时,可以理解为将sum中存储的值0取出并与右侧操作数1进行加法运算得到结果1,然后将结果1存储回变量sum中,此时第一个加法运算完成并且结果存储在变量sum中。

步骤二,进行第二个加法运算,从变量sum中将存储的累加值1取出并与右侧操作数2进行加法运算得到结果3,然后将结果3存储回变量sum中,此时第二个加法运算完成并且结果存储在变量sum中。

现在观察以上两个步骤可以发现,除了加法运算的右侧操作数不同外,两个步骤中的具体操作是完全一样的。如果将右侧操作数用符号i代替,则两个步骤的累加操作可以用C#代码描述为:

```
sum=sum+i;//或者sum+=i;
```

而如果符号i是一个int型变量,那么在步骤一中它的值应该为1,在步骤二中则在原基础上增加1变为2,并且以此类推,在后续的第三、四、五乃至第一百个步骤中,i的值都依次比上一个步骤多1。这很容易让人联想到自加运算:

```
i++;//或者++i;
```

综合上述分析,如果在最开始声明int型变量sum并且赋初值0,声明int型变量i并且赋初值1,并把以下两个语句放置在一个循环体中使之循环100次:

```
sum=sum+i;
i++;
```

正好使变量sum中的值为1+2+…+100的累加结果,并且在第100次循环结束时变量i的值为101,此后循环应该结束。为此,完全可以将循环的条件表达式设为"i<101"或者"i<=100",如此一来就能保证循环体中的语句被重复执行100次后停止。综上所述,可以绘制出图4-14所示的流程图。

创建一个名为Example4_8的空对象,再创建一个名为Example4_8.cs的C#脚本并加载到该对象上,将其他对象设置为非激活状态,打开脚本填写程序代码。

代码如下:

```
////////代码开始////////
using System.Collections;
using System.Collections.Generic;
using UnityEngine;

public class Example4_8:MonoBehaviour
{
```

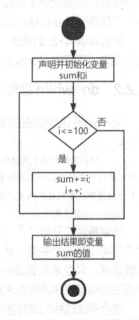

图4-14　例4-8的程序流程图

```csharp
    void Start()
    {
        //初始化变量sum和i
        int sum=0;
        int i=1;
        //开始循环
        while(i<=100){
            //当i<=100的值为true时计算累加
            sum+=i;
            //保证i在参与累加后增加1
            i++;
        }
        print("计算结果为: " +sum);
    }

    void Update()
    {

    }
}
/////////代码结束/////////
```

解析: 在本案例的 while 语句中, 变量 i 是决定循环是否能够继续的关键, 因此可以将其称为循环控制变量; 在使用 while 语句设计程序时要注意循环体中一定要有使循环控制变量的值发生变化的语句, 并且变化趋势应该趋于使循环结束, 例如本案例中的"i++;", 这样循环才能够最终停止; 如果忽略了这一点导致循环控制变量不变或者朝着相反的方向发展, 则会导致循环永远无法停止。这种情况称为"死循环"。"死循环"会在程序脚本运行时导致 Unity 软件卡死。"死循环"是一种设计逻辑错误, 应该避免。

要查看例 4-8 的结果, 在完成代码输入后按组合键 Ctrl+S 保存脚本, 然后返回 Unity 界面保存并运行场景, 即可在 Console 窗口看到计算结果为 5050。

4.2.2 do-while 语句

do-while 语句的语法结构如下:

```
do{
    /*依次执行这个大括号中的所有语句, 即图 4-15 中的"任务 1",
当所有语句执行完毕, 如果条件表达式的值为 true, 则流程回到 do 语句开
始下一轮循环, 否则循环结束, 流程跳转到分号之后*/
}while(条件表达式);
```

注意最后的分号";"不可以省略, 并且 while 后的"条件表达式"可以是一个变量, 也可以是一个包含比较运算和逻辑运算的表达式, 只要表达式最终的运算结果为 bool 型的值即可。这种语法结构用程序流程图来描述如图 4-15 所示。

结合语法结构和流程图可以看出, do-while 语句与 while 语句最大的一个区别是: 由于条件表达式被放在循环体后面, 因此 do-while 语句的循环体至少会被执行一次, 而 while 语句的循环

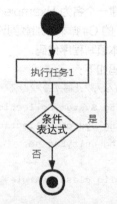

图 4-15 do-while 语句的程序流程图

体可能一次都不会被执行。正是基于这种区别，do-while 语句所构建的循环称为"直到型循环"，因为其流程可以归纳为"做某事直到某条件不成立"；while 语句则被称为"当型循环"，因为其流程可以归纳为"当某条件成立时做某事，直到条件不再成立"。

在下面的案例中，适合用 do-while 语句解决问题。

例 4-9 用 do-while 循环求满足条件的 N 值

有式子 sum=1+2+…+N，求使得 sum 不大于 10000 的 N 的最大值。用 Unity 脚本解决上述问题，要求在 Console 窗口输出结果。

解题思路：首先必然需要一个 int 型的变量 sum 用于存储累加结果，另外一个 int 型变量 N 用于存储从 1 变化到本题答案的加法运算右侧操作数；根据题目所述，答案必然大于 2，也就是说加法运算至少执行一次，因此适合用 do-while 语句来计算累加；由于所求答案为"使得 sum 不大于 10000 的 N 的最大值"，因此变量 sum 和 N 均为循环控制变量，如果循环体中让变量 N 先自加再累加到变量 sum，则循环条件表达式应该为"sum+(N+1)<=10000"，据此可绘制出图 4-16 所示的流程图。

创建一个名为 Example4_9 的空对象，再创建一个名为 Example4_9.cs 的 C#脚本并加载到该对象上，将其他对象设置为非激活状态，打开脚本填写程序代码。

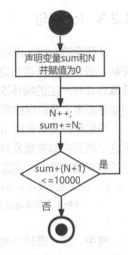

图 4-16 例 4-9 的程序流程图

代码如下：

```
/////////代码开始/////////
using System.Collections;
using System.Collections.Generic;
using UnityEngine;

public class Example4_9:MonoBehaviour
{
    void Start()
    {
        int N=0;
        int sum=0;
        do{
            N++;
            sum+=N;
        }while(sum+(N+1)<=10000);
        print("所求最大N值为: " +N);
    }

    void Update()
    {

    }
}
```

素养拓展 4

////////代码结束////////

要查看例 4-9 的结果，在完成代码输入后按组合键 Ctrl+S 保存脚本，然后返回 Unity 界面保存并运行场景，即可在 Console 窗口看到计算结果为 140。

4.2.3 for 语句

扫码观看
微课视频

从前面的 while 语句和 do-while 语句的用法中可以发现，为了对循环的次数进行控制，必须在循环语句之前声明循环控制变量，并在循环体中更新该变量的值，以保证循环体在一定的循环次数后结束循环进入后续流程。如果没在循环体中更新循环控制变量或者出现错误的更新趋势，则势必造成死循环。

而如果开发者使用 for 语句来设计循环，则不容易出现上述死循环情况，因为 for 语句的语法结构包含了循环控制变量及其变化。也就是说，for 语句强制要求开发者声明循环控制变量并在循环过程中更新该变量的值，其语法结构如下：

```
for(循环控制变量初始化;条件表达式;循环控制变量值变化){
    /*如果条件表达式的值为 true，则依次执行这个大括号中的所有语句*/
}
```

其中，在"循环控制变量初始化"位置应该声明并初始化用于循环控制的变量；"条件表达式"是一个包含循环控制变量并且值为 bool 型的表达式；"循环控制变量值变化"位置的语句用于对循环控制变量的值进行更改，以便保证流程能够在循环次数达到一定量后结束循环。for 语句（又称 for 循环）的各部分执行顺序如下。

第一步，执行"循环控制变量初始化"位置的语句。

第二步，计算"条件表达式"的值。如果值为 true，则流程继续，否则流程结束（即跳转到 for 语句大括号结束位置之后）。

第三步，依次执行循环体中的语句。

第四步，执行"循环控制变量值变化"位置的语句，然后跳转回第二步。

下面用一个案例演示 for 循环的用法。

例 4-10 利用 for 语句实现等差数列求和

在不使用公式的前提下，利用 for 语句在一个 Unity 脚本中实现等差数列求和功能。

解题思路：等差数列就是从第二个数起的每个数比前一个数增加一个固定值的一列数。要描述一个等差数列，至少需要几个数据。第一个是首项，即数列中的第一个数；第二个是公差，即从第二个数起比前一个数增加的量；第三个是项数，即数列中数的个数。

为了实现求和功能，需要在脚本的类中设计 3 个字段：用一个 float 型变量 a1 表示首项，用一个 float 型变量 d 表示公差，用一个 int 型变量 n 表示项数。

为了利用 for 语句求和，在 for 语句之前应该声明一个 float 型变量 sum 用于存储累加结果并且初始化为 0；声明另一个 float 型变量 a 用于存储每次累加时加法运算右侧的操作数即数列中的每个数的值，其初始值应该与首项一致，即在声明变量 a 时把字段 a1 的值赋给它，并且在循环体中参与累加后将其值更新为数列下一项的值，可以用语句"a+=d;"实现。在 for 语句中"循环控制变量初始化"位置声明一个 int 型的循环控制变量 i 并初始化为 1；循环次数应该等于项数变量 n 的值，而由于变量 i 的初始值为 1，因此 for 语句中的"条件表达式"应该是"i<=n"，并且要在"循环控制变量值变化"位置放置语句"i++"以保证在每次循环中变量 i 的值能够增加 1。在循环体中，对操作数进行累加的语句"sum+=a;"要放在变量 a 的更新语句"a+=d;"之前。

创建一个名为 Example4_10 的空对象，再创建一个名为 Example4_10.cs 的 C#脚本并加载到该对象上，将其他对象设置为非激活状态，打开脚本填写程序代码。

代码如下:
```
////////代码开始////////
using System.Collections;
using System.Collections.Generic;
using UnityEngine;

public class Example4_10:MonoBehaviour
{
    //用户输入的首项
    [SerializeField]float a1;
    //用户输入的公差
    [SerializeField]float d;
    //用户输入的项数
    [SerializeField]int n;

    void Start()
    {
        //用于存储累加结果的变量
        float sum=0;
        //用于存储参与累加数字的变量
        float a=a1;
        //for循环,变量i用于循环控制
        for(int i=1;i<=n;i++){
            sum+=a;
            a+=d;
        }
        //输出结果
        print("等差数列的和为: " +sum);
    }

    void Update()
    {

    }
}
////////代码结束////////
```

解析：在本案例的代码中，for 语句中声明和使用的 int 型变量 i 纯粹用于控制循环的次数，这样可以大大减少设计失误导致"死循环"的可能；当然，如果对解决问题有帮助，也可以在循环体中使用变量 i 的值，例如在本案例中可根据通项公式将语句"a+=d;"替换为"a=a1+d*i;"。

要查看例 4-10 的结果，在完成代码输入后按组合键 Ctrl+S 保存脚本，返回 Unity 界面，在 Hierarchy 窗口单击 Example4_10 对象，然后到 Inspector 窗口的 Example 4_10 组件中填写首项、公差和项数，保存场景后再运行场景，即可在 Console 窗口看到计算结果。以首项为 1、公差为 1、项数为 100 的等差数列求和结果（也就是 1+2+…+100 的结果）为例，如图 4-17 所示。

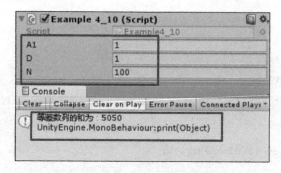

图 4-17 例 4-10 的运算结果示例

两个 for 语句嵌套使用，可以解决更加复杂的问题，如以下案例所示。

例 4-11 利用 for 语句输出乘法口诀表

利用一个 Unity 脚本实现在 Console 窗口输出图 4-18 所示的乘法口诀表（忽略边框，仅输出文字内容即可），要求每个算式之间间隔两个空格。

1×1=1								
1×2=2	2×2=4							
1×3=3	2×3=6	3×3=9						
1×4=4	2×4=8	3×4=12	4×4=16					
1×5=5	2×5=10	3×5=15	4×5=20	5×5=25				
1×6=6	2×6=12	3×6=18	4×6=24	5×6=30	6×6=36			
1×7=7	2×7=14	3×7=21	4×7=28	5×7=35	6×7=42	7×7=49		
1×8=8	2×8=16	3×8=24	4×8=32	5×8=40	6×8=48	7×8=56	8×8=64	
1×9=9	2×9=18	3×9=27	4×9=36	5×9=45	6×9=54	7×9=63	8×9=72	9×9=81

图 4-18 输出乘法口诀表

解题思路：分析乘法口诀表中任意一个式子的构成可知，每个式子都由乘法符号及其左侧操作数、右侧操作数、等号，以及两个操作数相乘的结果构成。如果用一个 int 型变量 j 代表左侧操作数，用另一个 int 型变量 i 代表右侧操作数，则表中任意一个式子都可以表述为这样若干个字符串的连接（用符号"+"表示连接）：变量 j 的值+符号"*"+变量 i 的值+符号"="+变量 j 和 i 相乘的结果+两个空格。再分析整个表中每个式子中乘法操作数的变化规律，变量 i 所代表的操作数在每一行都相同，其具体值与所在行数一致，而变量 j 代表的操作数在每一行中随所在的列变化，从 1 开始依次增加 1，最后刚好与所在行数即 i 的值相等。根据上述分析，我们可以用一个 string 型变量 line 存储整个乘法口诀表，设计两个嵌套的 for 循环：外循环控制变量 i 的变化从 1 到 9，内循环控制变量 j 的变化从 1 到 i 的值。我们在内循环的循环体中利用字符串连接构建出乘法口诀表中的式子并连接到 line 变量的末尾。此外，为了让乘法口诀表能够分行，要在乘法口诀表每一行构建好之后在其末尾连接一个换行符"\n"，该代码的具体位置应该在内循环之后、外循环之内，因为当一个内循环执行完毕时正好是表中的一行内容构建完成的时候。最后应该在外循环之后用 print 语句将存储在 line 变量中的内容输出到 Console 窗口。

创建一个名为 Example4_11 的空对象，再创建一个名为 Example4_11.cs 的 C#脚本并加载到该对象上，将其他对象设置为非激活状态，打开脚本填写程序代码。

代码如下：

```
////////代码开始////////
using System.Collections;
using System.Collections.Generic;
```

```csharp
using UnityEngine;

public class Example4_11:MonoBehaviour
{
    void Start()
    {
        //用于存储乘法口诀表内容的字符串变量
        string line= "";
        for(int i=1;i<=9;i++){
            for(int j=1;j<=i;j++){
                //将当前算式的内容连接到line变量中
                line+=j+ "*" +i+ "=" +i*j+ "  ";
            }
            //每行的末尾连接一个换行符
            line+= "\n";
        }
        //输出整个乘法口诀表
        print(line);
    }

    void Update()
    {

    }
}
/////////代码结束///////
```

要查看例 4-11 的结果,在完成代码输入后按组合键 Ctrl+S 保存脚本,返回 Unity 界面,保存场景后再运行场景即可在 Console 窗口看到结果。由于 Console 窗口的上半部分用于显示信息列表,列表中每条信息只显示头两行,单击列表中的信息即可在窗口下半部分显示该信息的完整内容,如图 4-19 所示。

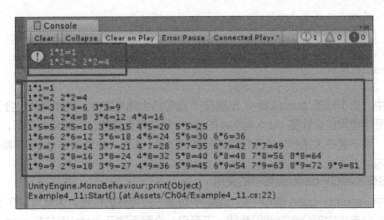

图 4-19　例 4-11 输出的乘法口诀表示例

4.3 特殊流程控制语句

本节将介绍几个特殊的流程控制语句，它们的特别之处在于可以改变程序原先的流程，使流程根据需要跳转到特定位置，但它们的用法有一定的限制，需要开发者注意。

4.3.1 goto 语句

1. C#程序中的标签

（1）什么是标签。

要使用 goto 语句，就必须先了解 C#语句中的标签。在 C#程序中，可以用标签来标记一个位置，例如：

```
bool pass=true;
condition:
if(score<60){
    pass=false;
}
```

上述代码中，用一个名为 condition 的标签来标记语句"bool pass=true;"与 if 语句之间的位置。

（2）标签的语法规则。

注意标签名后面必须加上一个英文冒号"："，并且标签名不可以用 C#的关键字。

（3）标签的作用域。

标签也有作用域，并且其作用域的范围与变量的作用域一致，在同一个作用域中不可以有同名的标签。

2. 利用 goto 语句跳转到指定标签的位置

goto 语句的一个常见的用途是使流程跳转到指定标签的位置，其语法为：

```
goto 标签名；
```

注意，此时的 goto 语句必须位于所用标签的作用域之内，否则将会出错。例如以下代码利用 goto 语句实现了循环功能，计算出了 1+2+…+100 的结果并将结果存储在变量 sum 中：

```
int sum=0;
int i=1;
cumulative:
sum+=i;
i++;
if(i<=100){
    goto cumulative;
}
```

在上述代码中，由于标签 cumulative 出现在 if 语句的大括号之外，其作用域包含了 if 语句的大括号，因此在大括号中使用包含标签 cumulative 的 goto 语句是允许的。但如果反过来，在大括号内用标签标记一个位置，则不能在大括号外使用包含该标签的 goto 语句，也就是说 goto 不能使流程从大括号外跳转到大括号内。

3. goto 语句在 switch-case 语句中的使用

由于在 C# 中，switch-case 语句中的 case 子句是一种特殊的标签，因此可以在 switch-case 语句所构造的多条件分支中实现分支之间的跳转。下面用一个案例演示 goto 语句在 switch-case 语句中的使用方法。

例 4-12 输出乘客乘坐火车的途经城市

假设有一列在广州和北京之间对开的火车,中途停靠武汉和郑州,请利用 goto 语句和 switch-case 语句,在一个 Unity 脚本中实现这样的功能:在已知乘客出发地和目的地的前提下(出发地与目的地不能相同),在 Console 窗口按时间先后顺序输出乘客乘车过程中火车停靠的城市名称,且城市名称之间留一个空格,例如出发地为郑州、目的地为广州,则输出的内容为"郑州 武汉 广州"。

解题思路:火车从广州开往北京时依次停靠的城市为广州、武汉、郑州、北京,可以定义一个枚举类型 Citys 用于表示火车停靠的城市,利用该枚举类型的两个变量可以存储出发地和目的地。如果枚举类型 Citys 的可取值按停靠顺序依次排列,则通过比较出发地和目的地的大小能够确定火车的行驶方向(驶往广州或者北京)。在程序最开始,声明一个 string 型变量 info 并初始化为空字符串用于存储输出信息;随后,根据"出发地和目的地不能够相同"的要求需要判断用户输入是否正确,这可以通过一个 if-else 二分支语句来应对输入不正确和正确这两种情况;然后在输入正确的分支中使用 switch-case 语句构建每个城市对应的分支,在每个城市的对应分支中将该城市的名称连接到变量 info 的结尾;再根据是否已经到达目的地确定是否需要跳转到其他分支,如果需要跳转,则在 info 变量结尾连接一个空格后根据火车行驶方向用 goto 语句控制流程跳转到下一个城市的分支。

创建一个名为 Example4_12 的空对象,再创建一个名为 Example4_12.cs 的 C#脚本并加载到该对象上,将其他对象设置为非激活状态,打开脚本填写程序代码。

代码如下:

```
////////代码开始////////
using System.Collections;
using System.Collections.Generic;
using UnityEngine;

public class Example4_12:MonoBehaviour
{
    enum Citys
    {
        Guangzhou,
        Wuhan,
        Zhengzhou,
        Beijing}

    ;
    [SerializeField]Citys startCity;
    [SerializeField]Citys endCity;

    void Start()
    {
        string info= "";
        if(startCity==endCity){
            info= "出发地和目的地不能一样";
        }else{
            //通过比较出发地和目的地的大小,可以判断火车是否驶往北京
            bool isToBeijing=endCity>startCity;
```

```csharp
//为每个城市构建分支,在分支中更新变量info的值
switch(startCity){
case Citys.Guangzhou:
    info+= "广州";
    if(endCity!=Citys.Guangzhou){
        //目的地不是广州,说明下一站是武汉
        info+= " ";
        goto case Citys.Wuhan;
    }
    break;
case Citys.Wuhan:
    info+= "武汉";
    if(endCity!=Citys.Wuhan){
        //目的地不是武汉,说明有下一站
        info+= " ";
        if(isToBeijing){
            //如果去往北京方向,则下一站是郑州
            goto case Citys.Zhengzhou;
        }else{
            //如果不是去往北京方向,则下一站是广州
            goto case Citys.Guangzhou;
        }
    }
    break;
case Citys.Zhengzhou:
    info+= "郑州";
    if(endCity!=Citys.Zhengzhou){
        //目的地不是郑州,说明有下一站
        info+= " ";
        if(isToBeijing){
            //如果去往北京方向,则下一站是北京
            goto case Citys.Beijing;
        }else{
            //如果不是去往北京方向,则下一站是武汉
            goto case Citys.Wuhan;
        }
    }
    break;
case Citys.Beijing:
    info+= "北京";
    if(endCity!=Citys.Beijing){
        //目的地不是北京,说明下一站是郑州
        info+= " ";
        goto case Citys.Zhengzhou;
    }
```

```
            break;
        }
    }
    //输出结果
    print(info);
}

//Update is called once per frame
void Update()
{

}
}
/////////代码结束////////
```

解析：对于火车线路两头的城市广州和北京，它们对应的 switch-case 分支内的代码相较于其他城市对应的分支更加简洁，这是因为在这两个城市对应的分支中，仅仅通过判断是否已经到达目的地就可以确定行驶方向了。

要查看例 4-12 的结果，在完成代码输入后按组合键 Ctrl+S 保存脚本，返回 Unity 界面，在 Hierarchy 窗口单击 Example4_12 对象，再到 Inspector 窗口的 Example 4_12 组件选择出发地和目的地，保存场景后再运行场景即可在 Console 窗口看到结果，如图 4-20 所示。

图 4-20　例 4-12 的输入信息及对应输出结果示例

4.3.2　break 语句

读者在学习 switch-case 语句时就已经接触过 break 语句。在 switch-case 语句中，break 语句用于控制流程跳出 switch 语句的大括号从而构造出分支结构。break 语句同样可以用在循环语句的循环体中，用于跳出循环结构，但如果 break 语句用在嵌套循环的内循环中，则只能跳出内循环。

break 语句适用于无法明确循环次数的循环语句，用于结束循环。图 4-21 所示的流程图是 break 语句在循环语句中应用的一种典型形式，其中粗线框所包含的部分是循环结构中的循环体，break 语句实现了流程跳出循环体的功能。

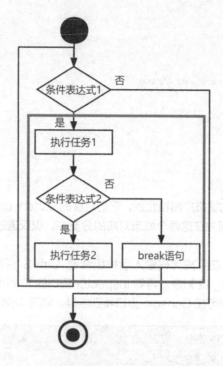

图 4-21 break 语句在循环语句中应用的一种典型形式

例 4-13 利用循环语句结合 break 语句，找出符合条件的整数值

在 1000 到 10000 的整数之间，找出所有各位数和为 13 的整数中，数值大小（从小到大）排第 2 的整数。

解题思路：由于"各位数和为 13 的整数"本身也是待求解的中间答案，因此如果从 1000 到 10000 挨个去检验，根本无法预知循环多少次可以找到中间答案中"数值大小（从小到大）排第 2 的整数"。此时 break 语句就有了用武之处。可以用这样的思路来解决本案例中的问题，由于要找的答案是所有符合"介于 1000 到 10000 之间各位数和为 13 的整数"中数值大小（从小到大）排第 2 的那个，因此可以利用一个循环语句从小到大（即从 1000 到 10000 逐个检查整数是否满足"各位数和为 13"，用一个 int 型变量 n 来记录已经找到"各位数和为 13"的整数的个数。当 n 的值为 2 时，即可利用 break 语句跳出循环并输出结果。

创建一个名为 Example4_13 的空对象，再创建一个名为 Example4_13.cs 的 C#脚本并加载到该对象上，将其他对象设置为非激活状态，打开脚本填写程序代码。

代码如下：

```
/////////代码开始/////////
using System.Collections;
using System.Collections.Generic;
using UnityEngine;

public class Example4_13:MonoBehaviour
```

```
{
    void Start()
    {
        //用于记录查找到的符合"各位数和为13"的整数的个数
        int n=0;
        //从1000起逐个查找符合"各位数和为13"的整数
        for(int i=1000;i<=10000;i++){
            //提取个位
            int one=i % 10;
            //提取十位
            int ten=i/10 % 10;
            //提取百位
            int hun=i/100 % 10;
            //提取千位
            int thou=i/1000;
            //判断是否满足"各位数和为13"
            if(one+ten+hun+thou==13){
                //每找到一个"各位数和为13"的整数, n 就增加 1
                n++;
                //判断是否找到第二个了
                if(n==2){
                    //如果已经找到第二个,则此时 i 的值即为答案
                    print("符合条件的整数为: " +i);
                    break;
                }
            }
        }
    }
    void Update()
    {
        
    }
}
////////代码结束////////
```

解析：代码中使用 for 语句构造循环结构，变量 i 作为循环控制变量的同时也作为被检查的对象，它的初始值不一定要从 0 开始，而应该根据具体问题以方便解题为出发点来设置。

要查看例 4-13 的结果，可以在完成代码输入并保存脚本后到 Unity 界面运行场景，在 Console 窗口可以看到运行结果为 1048。

4.3.3 continue 语句

continue 语句常用在循环语句的循环体中，其作用是在循环体中提前结束当次循环流程并马上开始下一次循环流程。其用法示例如图 4-22 所示，其中粗线方框所包含的部分为循环体，利用条件表达式结合 continue 语句可以在符合某些条件时使流程绕过任务 2 进入下一个循环。

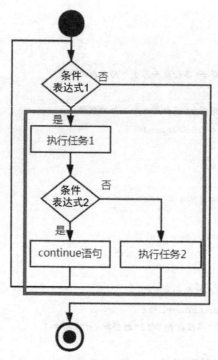

图 4-22　continue 语句在循环语句中的用法示例

下面用一个案例来演示 continue 语句在程序代码中的用法。

例 4-14　利用 while 循环语句结合 continue 语句，在 Console 窗口依次输出 1 到 100 之间所有是 7 的倍数的数

解题思路：从 1 到 100 依次检查各数是不是 7 的倍数，若不是则利用 continue 语句进入下一轮循环检查下一个数，否则利用 print 输出语句输出是 7 的倍数各数。

创建一个名为 Example4_14 的空对象，再创建一个名为 Example4_14.cs 的 C#脚本并加载到该对象上，将其他对象设置为非激活状态，打开脚本填写程序代码。

代码如下：

```
////////代码开始////////
using System.Collections;
using System.Collections.Generic;
using UnityEngine;

public class Example4_14:MonoBehaviour

    {void Start(){
        int i=0;
        while(i<=100){
            i++;
            if(i % 7!=0){
                continue;
            }
            print(i);
```

```
        }
    }
    void Update(){

    }
}
/////////代码结束/////////
```

要查看例 4-14 的结果，可以在保存脚本后到 Unity 界面运行场景，在 Console 窗口可以看到运行结果。

4.4 本章小结

本章介绍了 C#中常用的流程控制语句。其中包括分支语句中的 if 单分支语句、if-else 二分支语句、if-else if-else 多分支语句、switch-case 多分支语句；循环语句中的 while 语句、do-while 语句和 for 语句；特殊流程控制语句中的 goto 语句、break 语句和 continue 语句。

通过熟练掌握各种流程控制语句，读者可以具备根据需求控制程序流程运行方向的能力，从而可以用程序解决较为复杂的问题。

4.5 习题

1. 下列 Unity C#脚本中的语句在 Console 窗口中的输出内容是（　　）。

```
bool input1=true;
bool input2= false;
if(input1||input2){
    print("FirstMessage");
}else{
    print("SecondMessage");
}
```

　　A. 无输出　　　　　　　　　　　　B. FirstMessage
　　C. SecondMessage　　　　　　　　D. FirstMessage SecondMessage

2. 下列 Unity C#脚本中的语句在 Console 窗口中的输出内容是（　　）。

```
int input=15;
switch(input){
    case 1:
    case 2:
        print("Message1");
    break;
    case 3:
    case 4:
        print("Message2");
    break;
    default:
        print("Message3");
```

}
```

  A. 无输出         B. Message1
  C. Message2        D. Message3

3. 在以下 C#程序中，变量 num 一共被读取（   ）次。

```
int i=100;
float num=0.5f;
while(i<1000){
    num=num*i-8;
    i+=2;
}
```

  A. 450   B. 451   C. 900   D. 901

4. 关于以下程序，说法正确的是（   ）。

```
int sum=0;
for(int i=0;i<102;i+=2){
    sum+=i;
}
```

  A. 变量 sum 的值将会是 100 以内(包含 100)所有奇数的和
  B. 变量 sum 的值将会是 100 以内(包含 100)所有偶数的和
  C. 变量 sum 的值将会是 102 以内(包含 102)所有奇数的和
  D. 变量 sum 的值将会是 102 以内(包含 102)所有偶数的和

5. 关于 continue 语句和 break 语句，说法错误的是（   ）。
  A. continue 语句可用于循环语句中
  B. break 语句可用于循环语句和 switch-case 语句
  C. 用在循环语句中时，两者都有跳出循环语句、执行后续程序语句的效果
  D. continue 语句的作用是结束当前循环，开始下一轮循环
```

第5章
数组

学习目标

- 了解 C#中数组的概念及其基本操作。
- 理解一维、多维和交错数组的区别。
- 熟练掌握一维、多维,以及交错数组的元素访问和遍历方法。

学习导航

本章介绍 C#中的数组相关知识,引导读者理解数组的概念及其基本操作,理解一维、多维和交错数据的区别,熟练掌握 3 种数组的定义、初始化、元素访问及遍历方法。本章学习内容在全书知识体系中的位置如图 5-1 所示。

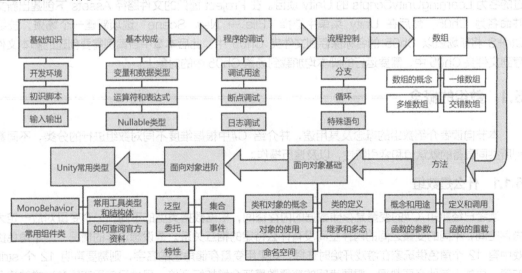

图 5-1 本章学习内容在全书知识体系中的位置

知识框架

本章知识重点是 C#中一维和多维数组的创建及访问。本章的学习内容和知识框架如图 5-2 所示。

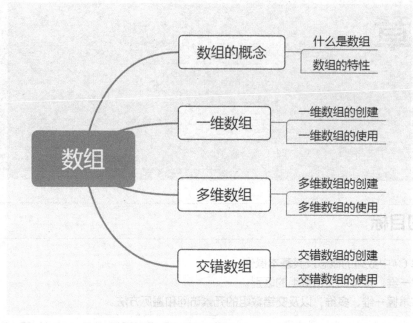

图 5-2 数组

准备工作

在正式开始学习本章内容之前,为了方便在学习过程中练习、验证案例,读者需要先打开之前创建过的名为 LearningUnityScripts 的 Unity 项目。在 Project 窗口的文件路径 Assets 下创建出新文件夹并命名为 Ch05,然后在 Unity 菜单中选择"File → New Scene"选项新建一个场景,按组合键 Ctrl+S 将新场景以 Ch05 的名称保存到文件夹 Ch05 中。此后本章中各案例需要创建的脚本文件均保存到文件夹 Ch05 中,需要运行的脚本均加载到场景 Ch05 中的对象上。

5.1 数组的概念

本节向读者介绍数组的概念及其用途,并介绍 C#中根据维度不同对数组进行的分类,不同数组类别所共同具备的默认值和索引特性,以及遍历操作。

5.1.1 什么是数组

读者已经熟知 C#的变量是存储数据的内存空间,根据数据类型的不同,一个变量对应一定大小的内存空间,不同的变量之间的内存空间没有什么特定的相互关系。请设想这样的情况:一个角色扮演游戏中有 12 个角色供玩家在游戏开始时选择,如果用变量存储角色的名字,则需要声明 12 个 string 型变量,再加上其他必要数据,需要声明的变量数量还会增加好几倍。显然只使用变量在这样的情况下会显得捉襟见肘,无论是数据的管理还是代码的编写都会显得十分烦琐。此时,数组的使用就显得十分有必要了。

C#数组在逻辑上可以理解为"用于存储多个同种数据类型的连续内存空间",数组中的单个数据存储单元称为"元素"。开发者可以通过指定数组的元素类型来声明数组,然后将同一类型的多个数据存储到数组中。当引入数组后,12 个游戏角色的名字就可以用一个长度为 12 的 string 型数组来存储和管理，其他相关数据也可以照此例使用数组来存储和管理。

5.1.2 数组的特性

1. 数组的类型

数组可以是一维、多维或交错的。

一维数组就是只有一个索引的数组，它的元素只需要一个索引值即可进行访问。一维数组可以被想象为一列火车，每一节车厢对应一个元素，索引相当于车厢号码。

多维数组则是有多个索引值的数组，它的元素需要多个索引值来访问，所需的索引值数量与维数相等。例如二维数组具有两个索引值，可以被想象为一块铺了地板砖的地面，每一块地板砖对应一个元素。为了确定一块地板砖的位置，必须知道它的行号和列号，而这行号和列号就对应二维数组的两个索引值。

交错数组是"数组的数组"，交错数组中的元素是具有相同维数的数组。把交错数组想象为一列火车或者铺了地板砖的地面都是合理的，前者是一维交错数组，后者是二维交错数组。但此时火车车厢或者地板砖中装载的不再是值类型或者引用类型的数据，而是数组。此时作为元素值的数组可以是一维的，也可以是多维的，但同一个交错数组中的所有数组元素的维度必须一致。例如一个一维交错数组，如果它的元素也是一维交错数组，则可以把它想象为这样的一列火车：每节车厢里装的是一列玩具火车，玩具火车就是交错数组的元素，而且这些元素本身也是一维数组，玩具火车的每节车厢是这个数组元素的元素。

数组的维度在生命周期中是固定的。根据 C#的语法规则，数组的维度会在声明或者初始化的时候确定，数组的维度一旦确定后就无法改变了。如果需要更多的数组内存空间，必须另外声明一个足够大的数组并把原数组中的元素值和新的元素值写到新数组中。

2. 数组元素的默认值

数值型数组元素的默认值为零，而引用型数组元素的默认值为 null。由于数组本身也属于引用类型，因此交错数组的元素默认值也为 null。

3. 数组的索引

将数据写入数组元素中或者从数组元素中读取数据统称为"访问"。由于数组中包含多个元素，因此需要根据"地址"来访问数组元素。索引是用于访问数组元素的"地址"，从 0 开始编号并逐个增加 1。数组所需的索引值个数与其维度的长度一致。

4. 数组的遍历

按顺序逐个访问数组元素的操作称为"数组的遍历"。开发者可以利用循环语句，通过索引值来遍历数组，还可以使用 foreach 语句来遍历数组。

5.2 一维数组

一维数组是 3 种数组中最简单也是最常用的类型。熟悉一维数组的用法后才容易掌握其他两种类型数组的用法。

5.2.1 一维数组的创建

和变量一样，数组需要声明后才能使用。而和变量不一样的是数组在使用之前必须初始化，这是因为数组只有在初始化之后才能获得用于存储其元素的内存空间。建议读者在声明数组的同时进行初始化。

1. 一维数组的声明

声明一个一维数组的语法为：

```
数据类型[] 数组名称；
```

声明数组的作用跟声明变量的作用类似，是通过声明为数组在内存中分配一个存储空间。但由于数组本身为引用类型，因此在进行初始化之前，数组的值为 null。

2．一维数组的初始化

一维数组初始化的语法有以下 3 种：

```
数据类型[] 数组名称=new 数据类型[元素个数];
数据类型[] 数组名称=new 数据类型[]{元素值1,元素值2,…,元素值N};
数据类型[] 数组名称={元素值1,元素值2,…,元素值N};
```

其中第一种方法的"元素个数"必须是正整数，初始化之后值类型数组的元素值为 0，而引用类型数组的元素值为 null。第二种方法和第三种方法通过直接在大括号中给出各元素的具体值进行初始化。由于从大括号中可知道元素的个数，因此第二种方法赋值号右侧数据类型后的中括号内不需要写元素个数。值得注意的是，第三种方法只能够在声明数组并同时初始化的情况下使用。

下面请看几个一维数组初始化的例子：

```
//声明并初始化一个具有10个元素的int型数组
int[] intArray=new int[10];
//声明一个string型数组
string[] strArray;
//由于初始化和声明分开，必须使用new关键字
strArray=new string[]{"中国","日本","韩国"};
//在声明的同时用具体元素值初始化，可以直接使用大括号进行初始化
float[] fArray={3.21f,4f,5.71f,7.9f};
```

5.2.2 一维数组的使用

扫码观看
微课视频

1．一维数组元素的访问

要使用数组，首先需要解决数组元素的读写问题，对数组元素的读或者写称为"访问"。对数组元素的访问分为两个阶段，第一个阶段是对元素的"定位"，即根据索引值确定元素在数组中的确切位置；第二个阶段则是将数据写入元素所对应的存储位置或者将数据从存储位置读出。很显然，一旦解决了第一个阶段的"定位"问题，就可以用相同的方法解决第二个阶段的读写问题与普通变量的读写问题。

由于一维数组只有一个维度，因此单个索引值即可实现元素的"定位"。在 C#中，数组的索引值编号从 0 开始，因此长度为 N 的数组中第 1 个元素的索引值为 0，最后一个元素的索引值为 $N-1$。根据索引值访问一维数组元素的语法为：

```
数组名称[索引值];
```

其中索引值可以是正整数字面值常量、变量或者结果为正整数值的表达式，下面用代码举例说明：

```
//声明并初始化一个int型数组
int[]intArray={1,2,3,4,5};
//向数组intArray中索引值为0的元素写入值6
intArray[0]=6;
//从数组intArray中索引值为2的元素读取值并赋给变量i
int i=intArray[2];
//向数组intArray中索引为i+1(结果为4)的元素写入值6
intArray[i+1]=6;
```

经过以上代码的执行，数组 intArray 的各元素值将变为{6,2,3,4,6}。值得注意的是，一旦完成初始化，一维数组的长度就确定下来了。例如在上面的代码中，数组 intArray 的长度为 5，也就是说其索引值的范围是 0 到 4 之间的整数（包含 0 和 4），如果试图用这个范围之外的索引值来访问数组元素，则必定导致错误，例如下面的代码：

```
//错误代码，索引值5超出了数组的实际范围
intArray[5]=6;
//错误代码，索引值-2超出了数组的实际范围
int j=intArray[-2];
```

2. 一维数组的遍历

使用数组来帮助解决实际问题时一般都需要逐个访问数组的元素，这种逐个访问的操作称为遍历。遍历的一般操作过程如下。

步骤一，声明并初始化一个整型变量用于存储数组元素的索引值。

步骤二，如果整型变量的值超出数组索引的范围，结束遍历，否则继续下一步骤。

步骤三，根据整型变量中存储的索引值对元素进行读取或者写入操作。

步骤四，更新整型变量的值，并回到步骤二。

分析以上过程可以发现需要用循环结构来实现数组的遍历。假设整型变量为 i，则从索引 0 开始遍历一个数组的过程可以用图 5-3 所示的流程图来描述。

当然，遍历一个数组并不是必须从 0 开始的。可以从最后一个元素开始逐个向前遍历，也可以只遍历数组中的某一段，甚至可以根据解决具体问题的需要跳跃式地访问数组中的元素。

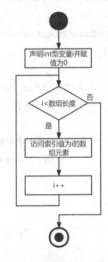

图 5-3 从索引 0 开始遍历数组的流程

3. 一维数组的应用

下面用一个案例讲解一维数组的应用。

例 5-1 利用数组记录一天当中的温度变化，并求出当天的最高温度、最低温度和平均温度

已知某气象站在某天中每隔一个钟头测量的气温如表 5-1 所示。

表 5-1 某气象站气温测量记录

时间（时）	0	1	2	3	4	5	6	7	8	9
温度（℃）	4	3	2	2	1	1	1	1	1	1
时间（时）	10	11	12	13	14	15	16	17	18	19
温度（℃）	3	6	8	9	10	11	12	12	12	9
时间（时）	20	21	22	23						
温度（℃）	7	6	5	4						

请在一个 Unity 脚本中求出当天的最高温度、最低温度和平均温度（精确到个位）。

解题思路：表中的温度值是按照时间顺序逐个记录的，但题目要求的结果与时间无关，需要关注的量只有温度，因此适合用一维数组来存储温度值。又由于所有温度值仅需精确到个位，因此使用 int 型一维数组即可。为求最高温度，需要在遍历前声明一个名为 maxT 的变量并初始化为数组中索引为 0 的元素的值，在遍历过程中逐个对比 maxT 和元素值的大小。如果元素值更大，则用该值覆盖 maxT 的原值。当遍历结束时，maxT 必然存储的是数组中最大的元素值。求最小值可以用类似的方法。求平均值则需要累加所有元素值，在遍历结束后用除法求平均值。

创建一个名为 Example5_1 的空对象，再创建一个名为 Example5_1.cs 的 C#脚本并加载到该对象上，将其他对象设置为非激活状态，打开脚本填写程序代码。

代码如下：

````
/////////代码开始/////////
using System.Collections;
using System.Collections.Generic;
using UnityEngine;

public class Example5_1:MonoBehaviour
{

    //Use this for initialization
    void Start()
    {
        //声明并初始化数组
        int[]temps=new int[24] {
            4,
            3,
            2,
            2,
            1,
            1,
            1,
            1,
            1,
            1,
            3,
            6,
            8,
            9,
            10,
            11,
            12,
            12,
            12,
            9,
            7,
            6,
            5,
            4
        };
        //用于存储最大值的变量
        int maxT=temps[0];
        //用于存储最小值的变量
        int minT=temps[0];
        //用于存储温度累加值的变量
        int sumT=0;
````

```
        //遍历数组求最大值、最小值和平均值
        for(int i=0;i<temps.Length;i++){
            //更新最大值
            if(maxT<temps[i]){
                maxT=temps[i];
            }
            //更新最小值
            if(minT>temps[i]){
                minT=temps[i];
            }
            //累加
            sumT+=temps[i];
        }
        //求平均值
        int avgT=sumT/temps.Length;
        //输出结果
        print("最高温度: " +maxT+ ",最低温度: " +minT+ ",平均温度: " +avgT);
    }

    void Update()
    {

    }
}
////////代码结束////////
```

解析：由于数组需要用多个具体元素值进行初始化，在初始化时使用 new 关键字并明确填写数组长度有助于发现元素的遗漏或误增问题；变量 maxT 和 minT 需要用数组中的元素值初始化的原因是，求最大值和最小值的考察对象仅限于数组中存储的值，如果上述两个变量初始化为其他值，则会引入干扰导致结果错误，例如数组中记录的温度值最低为 1，如果将 minT 初始化为 0，则导致求出的结果为 0，显然是错误的。

要查看例 5-1 的结果，可以在保存脚本后到 Unity 界面运行场景，在 Console 窗口可以看到运行结果，如图 5-4 所示。

图 5-4　例 5-1 的运行结果

5.3　多维数组

5.3.1　多维数组的创建

维度大于 1 的数组称为多维数组。多维数组的每一个维度都需要一个索引值，所需索引值的数量与维度的数量一致，而某个维度索引值的最大值则限定了数组在这个维度上的"容量"（可以参照一维数组的说法将这个"容量"称为数组在这个维度上的长度）。多维数组的声明和初始化有其特定的语法。

1. 多维数组的声明

声明多维数组的语法为：

```
数据类型[,...,] 数组名称;
```

其中，"..."表示省略多个逗号，逗号的个数比数组的维数少 1。例如声明一个名为 box 的 int 型二维数组，可以这样写：

```
int[,] box;
```

由于没有存储任何元素值，与一维数组一样，二维数组在初始化之前的值为 null。

2. 多维数组的初始化

与一维数组类似，多维数组的初始化语法分为 3 种，下面直接用具体例子来逐一说明。

当不确定数组的具体元素值时，可以用 new 关键字和每个维度的长度来初始化多维数组。下面的案例初始化了一个名为 intArray 的 int 型三维数组，3 个维度的长度分别为 2、3 和 3，每个元素的值为默认值 0：

```
int[,,] intArray=new int[2,3,3];
```

可以将数组 intArray 理解为 18 个空盒子叠成两层，每层分别有 3 行 3 列，每个盒子可以存放一个 int 型数值。

如果声明一个多维数组时，每个元素及其位置已经确定，则可以用元素初始值来初始化该多维数组。例如初始化一个 float 型二维数组，两个维度值分别为 2 和 2，其中 2.1f 和 3f 在第一个维度，5.4f 和 1.9f 在第二个维度，则初始化的语句可以这样写：

```
float[,] fArray;
fArray=new float[,]{{2.1f,3f},{5.4f,1.9f}};
```

在这种声明和初始化分开写的情况下，声明语句中的"new float[,]"部分不可省略。

如果已知多维数组每个元素的值及其位置，并且在同一个语句中声明和初始化数组，则 new 关键字可以省略。例如初始化一个所有元素值为 255 并且各维度的长度分别为 2、1 和 3 的 int 型三维数组，可以这样写：

```
int[,,]intArray={{{255,255,255}},{{255,255,255}}};
```

3. 多维数组初始化时数组元素的表述

在多维数组初始化时，由于涉及如何利用大括号的嵌套来表示多维数组的各个元素，因此在此进行说明。

以所有元素值为 1 并且各维度的长度分别为 2、1 和 3 的 int 型三维数组为例，描述一个数组的所有元素，必须使用大括号。结果如下：

```
{}
```

然后由于第一个维度的长度为 2，因此需要在数组的大括号中添加两对大括号并用逗号隔开，用于存放第一个维度的两个空间。结果如下：

```
{{},{}}
```

接下来看第二个维度，其长度为 1，这说明在第一个维度的空间中只需要添加一对大括号即可存放第二个维度的空间，但是要注意第一个维度有两个空间即两对大括号，因此需要在这两对大括号中分别添加一对大括号，从而构造出第二个维度的所有空间。结果如下：

```
{{{}},{{}}}
```

最后看第三个维度，其长度为 3，并且这是三维数组的最后一个维度，因此应该在第二个维度所构造的空间即最后添加的两对大括号中放入 3 个具体的元素值，元素值之间用逗号分隔。结果如下：

```
{{{1,1,1}},{{1,1,1}}}
```

通过上述步骤，就可以获得所有元素值为 1 并且各维度的长度分别为 2、1 和 3 的 int 型三维数组的表示方式。利用这样的方法可以在数组初始化时表示任何已知具体维度长度及元素值的多维数组。

5.3.2 多维数组的使用

1. 多维数组元素的访问

要使用多维数组，也必须先解决如何访问数组元素的问题，而访问元素则要先解决"定位"问题。由于多维数组有多个维度，要确定某个元素在数组中的具体位置，就必须知道每个维度上的索引值，因此需要的索引值数量与数组的维度数量要一致。

根据索引值访问 N 维数组元素的语法为：

数组名称[索引值1,索引值2,...,索引值N];

其中，索引值可以是正整数字面值常量、变量或者结果为正整数的表达式，索引值最小为 0，最大为所在维度的长度减 1。下面举例说明：

```
//声明并初始化一个第一维度长度为2,第二维度长度为3的二维char数组
char[,] charArray= {{'A','B','C'},{'D','E','F'}};
//将 charArray 数组第一维度索引值为1,
//第二维度索引值为2的元素值赋给变量c1
char c1=charArray[1,2];
//将 charArray 数组第一维度索引值为0,
//第二维度索引值为1的元素值更改为'H'
charArray[0,1]='H';
```

以上代码执行后，变量 c1 的值为'F'，数组 charArray 各元素值变为{{'A','H','C'},{'D','E','F'}}。

2. 多维数组的遍历

遍历是为了解决某个问题逐个访问数组中的每个或者部分元素，可以通过循环结构控制索引值的变化来实现遍历。由于多维数组有多个维度，因此需要使用嵌套的循环结构，嵌套深度为数组的维度。以二维数组为例，索引值从 0 开始，第一个维度的索引值在外循环中变化，而第二个维度的索引值在内循环中变化的遍历流程图如图 5-5 所示。

扫码观看
微课视频

3. 多维数组的应用

下面用一个案例讲解多维数组的应用。

例 5-2　计算一栋楼内每间出租屋的租金

有栋供出租的楼房，一共 5 层且每层楼的布局一样，每层楼南边和北边各有 3 间使用面积相同的屋子，同一楼层南边屋子租金比北边屋子租金贵 350 元，而同一楼层南北同侧的 3 间房从西到东租金依次涨 120 元，相同条件的屋子每增高一个楼层租金涨 275 元。现在已知一楼北侧靠最西边屋子的租金为每个月 1200 元，请计算每间屋子的租金并存储在一个多维数组中。

解题思路：首先需要确定所需数组的维数和每个维度的长度，可以选择楼层作为第一个维度，南北方向为第二个维度，东西方向为第三个维度，此 3 个维度已经足够确定任何一个房屋的位置，因此需要一个三维数组并且三个维度的长度分别为

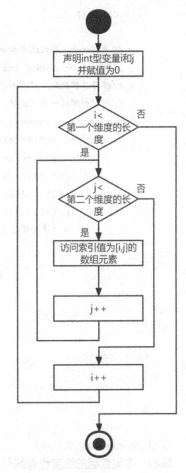

图 5-5　遍历二维数组的流程图

5、2 和 3。从所列条件看，房租应该均为整数，因此数组的元素应该使用 int 型。现在一楼北侧靠最西边屋子的租金是已知的，并且其位置正好在每个维度上都处于边缘，因此可以将这个屋子对应数组元素的 3 个索引值都视为 0，则第一个维度索引值的变化趋势为楼层越高索引值越大，第二个维度索引值的变化趋势为屋子越靠南索引值越大，第三个维度索引值的变化趋势为屋子越靠东索引值越大。根据各房屋租金的关系可知，如果 3 个维度索引值分别用 i、j 和 k 表示，那么每个屋子的租金应该是 1200+275*i+ 350*j+120*k。

创建一个名为 Example5_2 的空对象，再创建一个名为 Example5_2.cs 的 C#脚本并加载到该对象上，将其他对象设置为非激活状态，打开脚本填写程序代码。

代码如下：

```csharp
////////代码开始////////
using System.Collections;
using System.Collections.Generic;
using UnityEngine;

public class Example5_2:MonoBehaviour
{
    void Start()
    {
        //声明一个三维数组并初始化
        int[,,]rents=new int[5,2,3];
        //遍历三维数组，计算并存储每个房屋的租金
        //同时按照从一楼到五楼、从北到南、从西到东的顺序输出租金值
        for(int i=0;i<rents.GetLength(0);i++){
            for(int j=0;j<rents.GetLength(1);j++){
                for(int k=0;k<rents.GetLength(2);k++){
                    rents[i,j,k] =1200
                    +275*i+350*j+120*k;
                    print((i+1)+ "楼北" + (j+1)+ "西" + (k+1)
                    + "房的租金为" +rents[i,j,k]);
                }
            }
        }
    }

    void Update()
    {

    }
}
////////代码结束////////
```

解析：多维数组的维度也有编号，第一个维度的编号为 0，其他维度的编号依次增加 1。数组在某个维度的长度要通过"数组名.GetLength(维度编号)"的语句来获取。

要查看例 5-2 的结果，可以在保存脚本后到 Unity 界面运行场景，在 Console 窗口可以看到运行

结果，如图 5-6 所示。

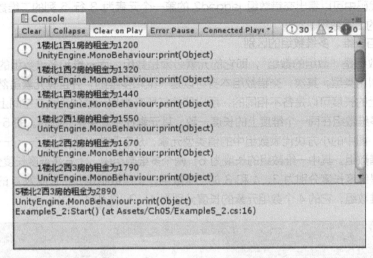

图 5-6　例 5-2 的部分运行结果

5.4　交错数组

　　交错数组与多维数组的不同之处在于，交错数组的元素必定是数组，而多维数组的元素不是数组。

5.4.1　交错数组的创建

1. 交错数组的声明

　　交错数组是"数组的数组"，因此其声明需要确定两个信息：一是交错数组本身的维度，二是作为交错数组元素的数组的维度。声明交错数组的语法为：

```
数据类型[,...,][,...,] 数组名称;
```

　　其中的两个"..."均表示省略多个逗号，第一个中括号里逗号的个数比交错数组的维数少1，第二个中括号里逗号的个数比元素数组的维数少1。注意这里所说的维数最小可以是1，即逗号的个数可以为0。例如声明一个名为 jagged 的一维交错数组，要求其元素为 float 型三维数组，可以这样写：

```
float[][,,]jagged;
```

　　在初始化之前，交错数组的值也为 null。

2. 交错数组的初始化

　　由于交错数组的元素是数组，其元素的初始化必须使用 new 关键字，除此之外，交错数组本身的初始化语法与多维数组一致。以下例子中，首先利用 new 关键字对一维交错数组进行初始化，然后分别初始化它的两个一维数组元素：

```
float[][]jagged1=new float[2][];
//第一个数组元素长度为18，元素值为默认值0
jagged1[0]=new float[18];
//第二个数组元素长度为2，具体元素值为2f和2.5f
jagged1[1]=new float[]{2f,2.5f};
```

　　接下来用一个语句声明并初始化一个 int 型一维交错数组，其元素为二维数组：

```
int[][,]jagged2={new int[3,5],new int[]{108,72},{25,213}};
```

其中，交错数组本身的初始化省略了 new 关键字，但是它的两个二维数组元素初始化的 new 关键字不可省略，从代码中可以看出交错数组 jagged2 的第一个元素为 3 行 5 列的二维数组，而第二个元素则是 2 行 2 列的二维数组。

3. 交错数组与一维、多维数组的区别

首先，交错数组是"数组的数组"，即它的元素必须是数组，而一维和多维数组的元素只能是数值类型或者非数组引用类型；其次，交错数组本身可以是一维和多维的，并且其元素虽然维数一致但每个元素在每个维度上的长度可以是各不相同的，所以能使其所有数组元素的元素在空间上呈现"交错"的状态，而一维和多维数组在同一个维度上的长度一致，其元素在空间中整齐排列。图 5-7 形象地展示了各种数组的区别，图中的小方块代表数组中的值类型元素，从左到右分别展示了一个一维数组、两个多维数组和一个交错数组。其中一维数组的长度为 6；两个多维数组中，上方是维度长度分别为 3 和 4 的二维数组，下方是维度长度分别为 3、4 和 3 的三维数组；交错数组是一个长度为 4 的一维交错数组并且其元素也是一维数组，它的 4 个数组元素的长度分别为 1、2、3 和 1。

图 5-7 各类型数组的对比

扫码观看
微课视频

5.4.2 交错数组的使用

1. 交错数组元素的访问

确切地说，这里要讨论的是如何才能访问交错数组元素的元素，对于一个维度为 N 并且其数组元素的维度为 M 的交错数组，访问其数组元素的元素的语法如下：

交错数组名称[索引1,索引2,...,索引N][索引1,索引2,...,索引M];

其中 N 和 M 的最小值为 1，访问过程可以这样理解：首先通过第一个中括号里的索引值定位到目标数组元素，再根据第二个中括号里的索引值定位该数组元素中的元素值。下面进行举例说明：

```
//声明并初始化一个 float 型二维交错数组
//其两个维度长度分别为 3 和 4
//并且其数组元素是一维数组
float[,][]myJagged=new float[3,4][];
//向 myJagged 数组索引为[1,2]的元素赋一个长度为 8 的一维数组
myJagged[1,2]=new float[8];
```

```
//向myJagged 数组索引为[2,3]的元素赋一维数组{3.2f,1.67f,7.9f}
myJagged[2,3]=new float[3]{3.2f,1.67f,7.9f};
//读取myJagged 数组索引为[1,2]的数组元素索引为0的元素值
//由于该数组元素初始化时没有指定具体值，变量number1 的值将为0
float number1=myJagged[1,2][0];
//错误语句，myJagged 数组索引为[3,3]的元素没有初始化，其值为null
//试图从一个没有初始化的一维数组中读取索引为2的元素值必然出错
float number2=myJagged[3,3][2];
```

2. 交错数组的遍历

交错数组的遍历过程可以分为两部分，第一部分为遍历交错数组本身的每个元素，由于每个元素都是数组，因此还需要遍历这些数组元素的元素，但在此之前需要判断该数组元素的值是否为 null。因为交错数组的元素值可能已经初始化，也可能没有初始化，所以在遍历交错数组的过程中，每开始遍历一个数组元素就要先判断该元素的值是否为 null。只有当它不为 null 时，才需要遍历该数组元素的元素，否则遍历交错数组的下一个数组元素。

3. 交错数组的应用

下面用一个案例讲解交错数组的应用。

例 5-3　小组名单

现有一个 6 人的班级，根据不同兴趣爱好分成了 3 个小组，其中小红、小明、小全在第一组，小黄在第二组，小蓝、小北在第三组。要求用一个交错数组按组别存放 3 个小组的成员名单，遍历数组并按组别在控制台窗口输出班级全体名单，每组格式如下：

> 第 X 组：
> 姓名1,姓名2,...,姓名N

解题思路：可以使用 string 型一维交错数组来存放名单，数组的每个元素是一个 string 型一维数组，用于存放小组名单；输出全体名单时，在外循环遍历交错数组本身，在内循环中将遍历到的数组元素所包含的组员姓名连接到一个字符串中并在外循环中输出。

创建一个名为 Example5_3 的空对象，再创建一个名为 Example5_3.cs 的 C#脚本并加载到该对象上，将其他对象设置为非激活状态，打开脚本填写程序代码。

代码如下：

```
////////代码开始////////
using System.Collections;
using System.Collections.Generic;
using UnityEngine;

public class Example5_3:MonoBehaviour
{
    void Start()
    {
        string[][]groupNames=new string[3][];
        groupNames[0] =new string[3]{ "小红","小明","小全" };
        groupNames[1] =new string[1]{ "小黄" };
        groupNames[2] =new string[2]{ "小蓝","小北" };
        for(int i=0;i<groupNames.Length;i++){
```

```
            print("第" + (i+1)+ "组: ");
            string line= "";
            for(int j=0;j<groupNames[i].Length;j++){
               line+=groupNames[i] [j];
               if(j!=groupNames[i].Length-1){
                  line+= ", ";
               }
            }
            print(line);
         }
      }

      void Update()
      {

      }
}
/////////代码结束/////////
```

解析：由于数组的索引号从 0 开始，为了输出正确的小组编号，在使用 print 语句输出小组名称时需要将交错数组的索引号增加 1 再输出，并且交错数组 groupNames 的每个数组元素都进行了初始化，因此在遍历 groupNames 时省略了对数组元素是否为 null 的判断。

要查看例 5-3 的结果，可以在保存脚本后到 Unity 界面运行场景，在 Console 窗口可以看到运行结果，如图 5-8 所示。

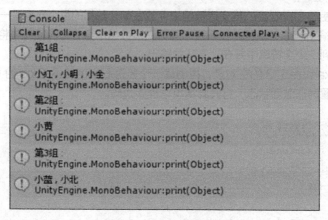

图 5-8　例 5-3 的运行结果

5.5　本章小结

本章介绍了 C#中数组的概念，以及与之相关的数组索引值、数组元素和遍历数组的概念，并依次介绍了一维数组、多维数组、交错数组的使用方法，具体包括声明、初始化、元素的访问、遍历等方面。

掌握数组的知识后，结合已掌握的变量、表达式、流程控制的知识，读者可以利用 Unity C#脚本处理更加复杂的问题。

5.6 习题

1. 以下关于 C#中数组的说法，正确的是（　　）。
   A. 一个数组中可以有不同类型的元素
   B. 数组的长度就是指数组中元素的个数，数组的长度是固定的
   C. 数组元素的索引值从 1 开始编号
   D. 数组中的元素只能是值类型

2. 在一个 Unity 脚本中，对于 string 型数组 numStr，当以下代码片段被执行后，Console 窗口应该显示的内容是（　　）。

```
string str123="123";
numStr[3]=str123;
numStr[3]="456";
print(numStr[3]+"-"+str123);
```

   A. 123-123　　　B. 123-456　　　C. 456-123　　　D. 456-456

3. 当以下代码执行后，关于数组 numArray 中元素的值，说法正确的是（　　）。

```
float[] numArray=new float[8];
numArray[7] =7.2f;
```

   A. 第一个元素的值为 0.0f　　　　　B. 第二个元素的值为 7.2f
   C. 倒数第二个元素的值为 7.2f　　　D. 最后一个元素的值为 0.0f

4. 关于以下程序，说法正确的是（　　）。

```
float[] nums={4.5f,7f,8.01f,6f};
int max=0;
for(int i=0;i<nums.Length;i++){
    if(max<nums[i]){
        max= (int)nums[i];
    }
}
```

   A. 变量 max 的值将会是 0　　　　B. 变量 max 的值将会是 8.01
   C. 变量 max 的值将会是 8　　　　D. 变量 max 的值将会是 6

5. 当以下代码执行后，关于交错数组 myJagged 中元素的值，说法正确的是（　　）。

```
float[,][]myJagged=new float[3,4][];
myJagged[1,2]=new float[8];
myJagged[2,3]=new float[3]{3.2f,1.67f,7.9f};
```

   A. myJagged[1,2][0]的值为 0　　　　B. myJagged[1,2][1]的值为 1.67f
   C. myJagged[2,3][3]的值为 7.9f　　　D. myJagged[3,4][3]的值为 0

第6章 方法

学习目标

- 理解方法的概念及其作用。
- 熟悉定义方法和调用方法的语法规则。
- 能够区别形参和实参并熟练掌握输出型参数和引用型参数的用法。
- 掌握方法重载的用法。

学习导航

本章介绍程序中方法的概念,引导读者理解方法、形参和实参的概念,熟练掌握定义方法和调用方法的语法规则,理解值类型参数、输出型参数和引用型参数的区别并掌握它们的用法,掌握方法重载的用法。本章学习内容在全书知识体系中的位置如图6-1所示。

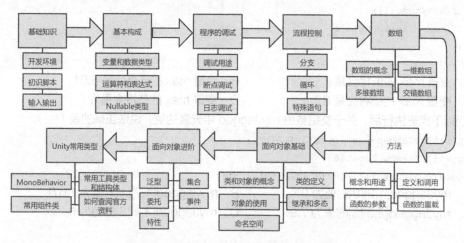

图6-1 本章学习内容在全书知识体系中的位置

知识框架

本章知识重点是 Unity C#脚本中方法的定义、调用和重载。本章的学习内容和知识框架如图6-2所示。

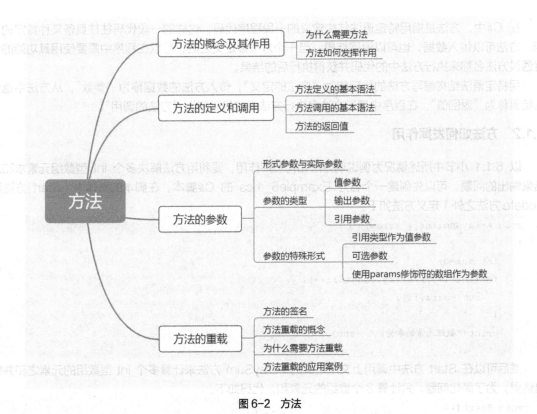

图 6-2 方法

准备工作

在正式开始学习本章内容之前，为了方便在学习过程中练习、验证案例，需要读者先打开之前创建过的名为 LearningUnityScripts 的 Unity 项目。在 Project 窗口的文件路径 Assets 下创建出新文件夹并命名为 Ch06，然后在 Unity 菜单中选择"File → New Scene"选项新建一个场景，按组合键 Ctrl+S 将新场景以 Ch06 的名称保存到文件夹 Ch06 中。此后本章中各案例需要创建的脚本文件均保存到文件夹 Ch06 中，需要运行的脚本均加载到场景 Ch06 中的对象上。

6.1 方法的概念及其作用

6.1.1 为什么需要方法

请读者思考这样一种情况：现有 30 个长短不一的 int 型数组，要求在 Unity 脚本中编写程序，利用 for 循环分别求出每个数组元素的元素之和，并在 Console 窗口输出求和的结果。以现在的知识来解决该问题，需要针对每个数组编写一个 for 语句，在 for 语句中利用变量累加每个元素的值，并在 for 语句之后在 Console 窗口输出结果。对此，需要编写 30 个 for 语句和 print 语句，而这些重复的语句几乎完全相同，它们之间唯一的区别是循环的次数因数组的长短而不同。由于存在大量冗余的代码，这样的解决方案显然是效率低下的。而且如果事后要修改结果输出的格式，需要分别对 30 个 print 语句进行修改，显然这样的程序代码可维护性很差。那有没有较好的解决方案能够写出低冗余、高维护性的代码来解决类似的问题呢？答案是肯定的，利用方法就可以解决这样的问题。

在 C#中，方法是指用特定语法结构定义的一段程序代码，这样的一段代码往往具备某种特定的功能。方法可以传入数据，也可以返回结果。当一个方法被定义之后，可以在程序中需要使用其功能的位置通过方法名称来执行方法中的代码并获得执行后的结果。

用特定语法结构编写方法的代码称为"方法的定义"，传入方法的数据称为"参数"，从方法中返回的结果称为"返回值"，在程序中通过方法名执行方法中的代码称为"方法的调用"。

6.1.2 方法如何发挥作用

以 6.1.1 小节中所述情况为例说明方法如何发挥作用，要利用方法解决多个 int 型数组元素求和及结果输出的问题，可以先创建一个名为 Example6_1.cs 的 C#脚本，在脚本的类体中（Start 方法和 Update 方法之外）定义方法如下：

```
void ArraySum(int[] array)
{
    int sum=0;
    for(int i=0;i<array.Length;i++){
        sum+=array[i];
    }
    print("数组元素的和为: " +sum);
}
```

然后可以在 Start 方法中调用上文所定义的 ArraySum 方法来计算多个 int 型数组的元素之和并输出结果。为了简化问题，只计算 3 个数组的元素和，代码如下：

```
void Start()
{
    int[]iArray1= {1,2,3};
    int[]iArray2= {1,1,1,1,1};
    int[]iArray3= {2,4,6,8};
    //调用 ArraySum 方法求以上 3 个数组的元素之和并输出结果
    ArraySum(iArray1);
    ArraySum(iArray2);
    ArraySum(iArray3);
}
```

整个脚本的完整代码如例 6-1 所示。

例 6-1 利用方法求解多个 int 型数组的元素之和并输出结果

```
////////代码开始////////
using System.Collections;
using System.Collections.Generic;
using UnityEngine;
public class Example6_1:MonoBehaviour
{
    void Start()
    {
        int[]iArray1= {1,2,3};
```

```
        int[]iArray2= {1,1,1,1,1};
        int[]iArray3= {2,4,6,8};
        //调用 ArraySum 方法求以上 3 个数组的元素之和并输出结果
        ArraySum(iArray1);
        ArraySum(iArray2);
        ArraySum(iArray3);
    }

    void Update()
    {

    }

    void ArraySum(int[]array)
    {
        int sum=0;
        for(int i=0;i<array.Length;i++){
            sum+=array[i];
        }
        print("数组元素的和为: " +sum);
    }
}
/////////代码结束/////////
```

在场景中添加名为 Example6_1 的空对象并将脚本 Example6_1.cs 加载到该对象上,保存场景再运行场景即可看到 Console 窗口显示的结果,如图 6-3 所示。

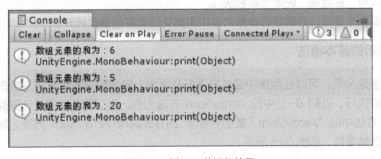

图 6-3　例 6-1 的运行结果

从例 6-1 可知,通过定义方法的语法规则将"求解 int 型数组元素求和并输出结果"的代码书写在 ArraySum 方法中,即可在 Start 方法中通过方法名调用 ArraySum 方法从而使其发挥作用,以简洁的代码处理多个数组。

6.2　方法的定义和调用

正如变量需要"先声明后使用",方法也需要"先定义后调用",定义一个方法就是通过方法定义的语法结构明确方法的特征及其具体功能,而调用一个方法就是通过方法名及参数使方法体中的程序代码被执行。在调用方法时,如果方法具有返回值,则会在调用的位置产生一个代码执行后的结果。

6.2.1 方法定义的基本语法

在 Unity 脚本中，方法要在类体里面定义。以例 6-1 中的 ArraySum 方法为例，定义一个方法的语法可分为"方法头"和"方法体"两部分。方法头包含图 6-4 所示第 25 行的所有内容"void ArraySum(int[ ] array)"，而后续的大括号及其包含的所有程序代码为方法体。

```
24
25      void ArraySum (int[] array)
26      {
27          int sum = 0;
28          for (int i = 0; i < array.Length; i++) {
29              sum += array [i];
30          }
31          print ("数组元素的和为：" + sum);
32      }
```

图 6-4 定义方法的语法示例

方法头主要用于描述方法的特征，其中包括：方法是否有返回值，如果有，则返回值的数据类型是什么；方法的名称；当方法被调用时，是否有数据需要传入或传出，如果有，则这些数据的类型是什么。

方法体则包含实现该方法功能的所有程序代码。

以图 6-4 所示 ArraySum 方法为例进行描述，该方法的返回值类型为 void，即没有返回值；方法名为 ArraySum，参数列表包含一个 int 型数组参数，表示调用该方法时需要传入一个 int 型数组；方法体中第 27 到 31 行的代码描述了该方法如何通过传入的 int 型数组获得运算结果。

通常方法的名称也要求"见名知意"，并且方法名应该以大写字母开头，构成方法名称的每个单词的首字母也应该大写，即遵循"帕斯卡命名法"。

如果方法具有多个参数，则需要在参数列表中用英文逗号将各参数隔开。

6.2.2 方法调用的基本语法

当一个方法被定义后，可以在程序中通过方法名及所传入的参数来调用方法；当方法被调用时，方法体中的代码会被执行。以例 6-1 中的 ArraySum 方法为例，为了调用该方法计算数组的元素之和，在脚本的 Start 方法中以"ArraySum（数组名称）"的方式调用 ArraySum 方法，其中小括号所包含内容即为传入的具体参数，如图 6-5 所示。

```
9       void Start ()
10      {
11          int[] iArray1 = { 1, 2, 3 };
12          int[] iArray2 = { 1, 1, 1, 1, 1 };
13          int[] iArray3 = { 2, 4, 6, 8 };
14          //调用ArraySum函数求以上3个数组的元素之和并输出结果
15          ArraySum (iArray1);
16          ArraySum (iArray2);
17          ArraySum (iArray3);
18      }
19
```

图 6-5 调用方法的语法示例

值得注意的是，如果在定义方法时设置了多个参数，则在调用该方法时也需要按定义的顺序输入多个具体参数，并且参数的数据类型要与定义匹配，多个参数之间用英文逗号分隔。

6.2.3 方法的返回值

1. 如何定义具有返回值的方法

如果一个方法具有返回值，则在调用该方法的代码位置会产生一个值，该值为方法体代码运行的结果。要使一个方法具有返回值，首先需要在方法头指定返回值的数据类型，其次要在方法体中用 return 语句实现值的返回。当 return 语句被执行时，程序的执行流程从方法体回到方法调用的位置。

仍然以求解 int 型数组元素和的 ArraySum 方法为例，现要求该方法以返回值的形式将数组元素求和的结果返回到调用位置，可先在项目中创建名为 Example6_2.cs 的新脚本，然后在脚本的类体中这样定义 ArraySum 方法：

```
int ArraySum(int[] array)
{
    int sum=0;
    for(int i=0;i<array.Length;i++){
        sum+=array[i];
    }
    //将变量 sum 的值返回到调用位置
    return sum;
}
```

在上述代码中可看到方法头中返回值的类型为 int，这是因为 int 型数组元素之和必然为 int，而在方法体中需要将变量 sum 中存储的数组元素累加所得的结果通过 return 语句返回到调用位置。

此时，可以在 Start 方法中调用 ArraySum 方法从而获得数组元素求和的结果，代码如下：

```
void Start()
{
    int[]iArray1= {1,2,3};
    int[]iArray2= {1,1,1,1,1};
    int[]iArray3= {2,4,6,8};
    //调用 ArraySum 方法求以上 3 个数组的元素之和并用 print 语句输出结果
    print("数组 iArray1 的元素之和为: " +ArraySum(iArray1));
    print("数组 iArray2 的元素之和为: " +ArraySum(iArray2));
    print("数组 iArray3 的元素之和为: " +ArraySum(iArray3));
}
```

可以看到此时调用 ArraySum 方法的语句相当于一个表达式，并且该表达式的结果即为方法的返回值，返回的具体值取决于调用方法时传入的参数。整个脚本的完整代码如例 6-2 所示。

例 6-2 利用具有返回值的方法求解多个 int 型数组的元素之和

```
/////////代码开始/////////
using System.Collections;
using System.Collections.Generic;
using UnityEngine;

public class Example6_2:MonoBehaviour
{
```

```csharp
void Start()
{
    int[]iArray1= {1,2,3};
    int[]iArray2= {1,1,1,1,1};
    int[]iArray3= {2,4,6,8};
    //调用ArraySum方法求以上3个数组的元素之和并用print语句输出结果
    print("数组iArray1的元素之和为: " +ArraySum(iArray1));
    print("数组iArray2的元素之和为: " +ArraySum(iArray2));
    print("数组iArray3的元素之和为: " +ArraySum(iArray3));
}

void Update()
{

}

int ArraySum(int[]array)
{
    int sum=0;
    for(int i=0;i<array.Length;i++){
        sum+=array[i];
    }
    //将变量sum的值返回到调用位置
    return sum;
}
////////代码结束////////
```

在场景中添加名为 Example6_2 的空对象，将脚本 Example6_2.cs 加载到该对象上，在确保只有对象 Example6_2 处于激活状态的前提下，运行场景即可看到 Console 窗口显示的运行结果，如图6-6所示。

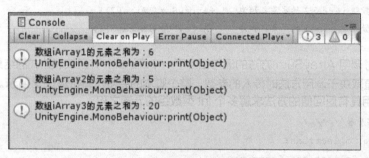

图6-6 例6-2的运行结果

2. 一个方法只有一个返回值

定义方法的语法决定了一个方法如果具有返回值，那么它只能够有唯一的一个返回值。因此如果一个方法具有返回值，那么在方法体中要确保只有一个 return 语句被执行，否则会造成逻辑错误。举个简单的例子，假设一个返回值类型为 string、名为 ScoreRank 的方法具有一个 int 型参数，其功能为输入参数的值大于或等于 60 时返回"合格"，否则返回"不合格"，那么可以这样定义 ScoreRank 方法：

```
string ScoreRank(int score)
{
    if(score>=60){
        return "合格";
    } else{
        Return "不合格";
    }
}
```

从以上代码可知，ScoreRank 方法的方法体中虽然出现了两个 return 语句，但这两个语句分别处于 if-else 条件分支语句的两个分支中，每当该方法被调用时只会有其中一个 return 语句被执行，从而保证了该方法在逻辑上只有一个返回值。

3. return 语句在无返回值方法中的作用

对于没有返回值的方法，返回值类型要书写为 void，例如 Unity 脚本中的 Start 方法和 Update 方法都没有返回值，因此它们的返回值类型均为 void。在定义无返回值的方法时，方法体中可以没有 return 语句。当方法体中的代码执行完毕时，程序流程自动返回到调用方法的位置。当然，如果有需要，则可以借助于 return 语句将方法体中的程序流程转回方法调用的位置。下面用一个案例说明这种情况。

例 6-3 设计一个将两数相除的结果输出到 Console 窗口的方法

要求在 Unity 脚本中设计一个没有返回值且名称为 Division 的方法，该方法具有两个 float 型参数并且名称分别为 a 和 b。该方法被调用时，Unity 的 Console 窗口会输出参数 a 除以参数 b 的结果（如果 b 为 0 则什么都不输出）。

解题思路：在方法体中可以用条件分支语句区分 b 不为 0 和为 0 的两种情况。当 b 不为 0 时，计算相除的结果并利用 print 语句输出结果，而当 b 为 0 时，则直接利用 return 语句返回。

创建一个名为 Example6_3 的空对象，再创建一个名为 Example6_3.cs 的 C#脚本并加载到该对象上，将其他对象设置为非激活状态，打开脚本填写代码如下：

```
////////代码开始////////
using System.Collections;
using System.Collections.Generic;
using UnityEngine;

public class Example6_3:MonoBehaviour
{

    void Start()
    {
        //在Start方法中验证Division方法的功能
        float i=5f;
        float j=2f;
        //此时参数b不为0，调用Division方法
        Division(i,j);
        //现在将参数b的值设置为0
```

```
            j=0;
            //再次调用 Division 方法
            Division(i,j);
    }

    void Update()
    {
    }

    void Division(float a,float b)
    {
        if(b==0){
            return;
        }
        print(a/b);
    }
}
/////////代码结束/////////
```

解析：当一个方法具有多个参数时，方法头中参数列表的各参数之间用英文逗号分隔；在调用具有多个参数的方法时，传入的多个参数之间也用英文逗号分隔。对于没有返回值的方法，如果方法体中包含 return 语句，则该语句只包含关键字 return。

在保存脚本 Example6_3.cs 后到 Unity 界面运行场景即可在 Console 窗口看到图 6-7 所示的运行结果。虽然 Division 方法在 Start 方法中先后被调用了两次，但第二次调用该方法时传入参数 b 的值为 0，使得方法体中的 return 语句被执行从而跳过了 print 语句，导致 Console 窗口只显示一个结果。

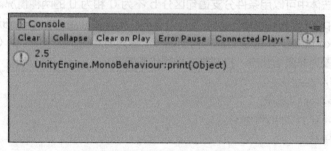

图 6-7　例 6-3 的运行结果

6.3　方法的参数

6.3.1　形式参数与实际参数

定义方法时，以"数值类型 参数名称"的格式书写在参数列表中的参数称为"形式参数"，简称"形参"。而在调用方法时，在方法名后的小括号中所列的具体参数称为"实际参数"，简称"实参"。实际参数可以是字面值常量、变量或者表达式，在调用方法时，实际参数的数量和顺序要与形式参数匹配。

以例 6-3 中的 Division 方法为例，在定义该方法时，所列参数 a 和参数 b 即为形式参数，如图 6-8

所示。而在调用 Division 方法时，所列变量 i 和变量 j 即为实际参数，如图 6-9 所示。

```
26    void Division (float a, float b)
27    {
28        if (b == 0) {
29            return;
30        }
31        print (a / b);
32    }
33 }
```
形式参数

图 6-8　形式参数示例

```
 9    void Start ()
10    {
11        //在Start函数中验证Division函数的功能
12        float i = 5f;
13        float j = 2f;
14        //此时变量b不为0，调用Division函数
15        Division (i, j);
16        //现在将变量b的值设置为0
17        j = 0;
18        //再次调用Division函数
19        Division (i, j);
20    }
21
```
实际参数

图 6-9　实际参数示例

6.3.2　参数的类型

根据参数的不同作用，可以将方法的参数分为值参数、输出参数和引用参数 3 种。为了区别不同类型的参数，在定义方法和调用方法时，引用参数和输出参数都需要特定的修饰符来标识其类型，而值参数则不需要任何修饰符。

1. 值参数

值参数是最常用的参数类型，其作用是在方法被调用时将数据通过实参赋给形参从而传入方法体内。作为值参数的形参会在方法被调用时根据实参的值进行初始化，相当于一个只在方法体内有效的变量，也就是说当程序流程离开方法体返回调用位置时形参会被销毁。通常在方法体中只对值参数的形参进行读操作，但即使在方法中对形参进行写操作，也不会影响到实参的值。因为此时的形参和实参是不同的变量。

2. 输出参数

输出参数是将实参作为方法运行结果输出通道的一种参数类型，具有输出参数的方法可以通过输出参数输出结果，从而突破了方法只有一个返回值的局限性。使用输出参数需要注意以下几点。

第一，输出参数在方法的定义和调用时都要使用修饰符 out。

第二，实参必须为变量。

第三，在调用方法之前实参可以不进行初始化，但是在方法体中必须对输出参数的形参进行初始化之后才能进行读操作。

Unity 脚本语言基础（基于C#）
（微课版）

第四，必须保证在方法返回之前至少对输出参数的形参进行一次赋值操作。

例6-4 设计一个方法，用于求int型数组元素之和以及最大和最小元素值

要求在 Unity 脚本中设计一个名为 ArrayStats 的方法以同时求解 int 型数组元素之和以及最大、最小元素值，并在 Start 方法中调用该方法验证其功能。

解题思路：由于 ArrayStats 方法需要输出多个结果，因此仅靠返回值无法做到，需要使用输出参数；可以将返回值作为元素之和的输出通道，另外设置两个输出参数作为最大、最小元素值的输出通道，当然还需要设置一个传入数组的值参数。如果传入的数组为 null，则所有输出结果为 0。

创建一个名为 Example6_4 的空对象，再创建一个名为 Example6_4.cs 的 C#脚本并加载到该对象上，将其他对象设置为非激活状态，打开脚本填写代码如下：

```csharp
////////代码开始////////
using System.Collections;
using System.Collections.Generic;
using UnityEngine;

public class Example6_4:MonoBehaviour
{

    //Use this for initialization
    void Start()
    {
        //验证 ArrayStats 方法的功能
        int[] myArray= {23,12,18, -3,0,50};
        //声明用于接收结果的变量
        int mySum=0;
        int myMax;
        int myMin;
        //下面验证数组为null 的情况
        //注意在调用方法时输出参数要使用修饰符 out
        mySum=ArrayStats(null,out myMax,out myMin);
        print(string.Format("当传入的数组为 null 时，元素和为: {0}，最大值为{1}，最小值为{2}",mySum,myMax,myMin));
        //下面验证数组为 myArray 的情况
        //注意在调用方法时输出参数要使用修饰符 out
        mySum=ArrayStats(myArray,out myMax,out myMin);
        print(string.Format("当传入的数组为 myArray 时，元素和为: {0}，最大值为{1}，最小值为{2}",mySum,myMax,myMin));
    }

    void Update()
    {

    }

    //注意在定义方法时输出参数要使用修饰符 out
```

```
    int ArrayStats(int[] array,out int max,out int min)
    {
        int sum=0;
        //如果传入的数组为null，则所有结果为0
        if(array==null){
            max=0;
            min=0;
            return sum;
        }
        //如果传入的数组不为null，则遍历数组计算结果
        max=array[0];
        min=array[0];
        for(int i=0;i<array.Length;i++){
            //对数组元素进行累加
            sum+=array[i];
            //比较当前元素的值与max、min的大小关系
            //并根据比较结果更新max和min的值
            if(max<array[i]){
                //如果当前元素比max大，则更新max
                max=array[i];
            }
            if(min>array[i]){
                //如果当前元素比min小，则更新min
                min=array[i];
            }
        }
        //返回累加结果
        return sum;
    }
}
/////////代码结束////////
```

在保存脚本 Example6_4.cs 后到 Unity 界面运行场景即可在 Console 窗口看到图 6-10 所示的运行结果，可以看到 ArrayStats 方法利用输出参数实现了同时输出 3 个结果的功能。

图 6-10 例 6-4 的运行结果

3. 引用参数

引用参数是将实参本身直接传入方法体中的一种参数类型。此时在方法体中，形参是实参的别名。引用参数在方法的定义和调用时都要使用修饰符 ref，并且实参必须为变量。实参如果是值类型的变量，则必须被赋过值；如果是引用型变量，则其值可以为 null。当方法的参数为引用参数时，在方法体内对形参进行任何导致其发生变化的操作都会使实参发生同样的变化，因为此时形参和实参是同一个变量。通过下面这个案例来认识引用参数和值参数的区别。

例 6-5　用于认识引用参数与值参数区别的案例

本案例仅用于帮助读者认识引用参数并了解其与值参数的区别。在 Unity 脚本中设计一个名为 ExampleRef 且返回值类型为 void 的方法。该方法有两个形式参数：第一个参数 a 是 int 型引用参数，第二个参数 b 是 int 型值参数。在方法体中对两个形式参数都进行增加 1 的操作，然后在 Start 方法中调用 ExampleRef 查看实参的变化。

创建一个名为 Example6_5 的空对象，再创建一个名为 Example6_5.cs 的 C#脚本并加载到该对象上，将其他对象设置为非激活状态，打开脚本填写代码如下：

```csharp
////////代码开始////////
using System.Collections;
using System.Collections.Generic;
using UnityEngine;

public class Example6_5:MonoBehaviour
{

    void Start()
    {
        //声明并初始化两个变量用作实参
        int i=1;
        int j=1;
        //注意引用参数在方法声明和调用时都要使用修饰符ref
        ExampleRef(ref i,j);
        //调用ExampleRef方法后输出实参的值，查看变化
        print("i=" +i);
        print("j=" +j);
    }

    void Update()
    {

    }
    //注意引用参数在方法声明和调用时都要使用修饰符ref
    void ExampleRef(ref int a,int b)
    {
        a+=1;
        b+=1;
    }
}
```

////////代码开始////////

在保存脚本 Example6_5.cs 后到 Unity 界面运行场景即可在 Console 窗口看到图 6-11 所示的运行结果。可发现在调用 ExampleRef 方法后,作为引用实参,变量 i 的值由原来的 1 变为了 2,而作为值实参,变量 j 的值则没有发生任何改变。这证明了引用参数区别于值参数的最重要的一点——引用参数的形参和实参是同一个变量,如果引用参数的形参在方法体中发生了变化,则对应的实参也会发生相同的变化。

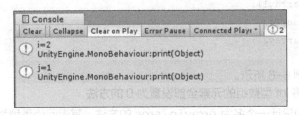

图 6-11 例 6-5 的运行结果

扫码观看
微课视频

6.3.3 参数的特殊形式

1. 引用类型作为值参数

在 Unity 脚本中会遇到很多将引用类型作为方法值参数的情况。读者已经较为熟悉的引用类型有 string 型变量和数组,在后面的学习中还会掌握对象的概念并认识 Unity 中常用的类的对象。在本小节讲解引用类型作为方法值参数的情况时,会先以读者较为熟悉的数组来举例说明。

由于引用类型变量所对应的内存位置存储的并不是数据本身,而是指向数据所在内存位置的"地址",因此当引用类型作为值参数时虽然形参和实参不是同一个变量,但形参和实参的值是相同的,也就是说形参和实参所存储的"地址"指向相同的数据存储空间。由于上述特性导致了这样的效果:当一个方法的参数是引用类型的值参数时,如果在方法中修改了形参存储的"地址"所指向的数据内容,则会导致实参发生相应的变化;但是如果在方法中给形参赋值,则实参不会受到任何影响,因为赋值操作改变的是形参存储的"地址",而且形参所存储的"地址"指向了其他位置,导致形参和实参不会再有任何关系。

下面以数组为例,对上述现象进行讲解。假设某个 Unity 脚本中有这样一个方法:

```
void ArrayToZeros(int[] array)
{
    //如果传入的数组不为 null
    //则将数组的所有元素都设为 0
    if (array != null) {
        for (int i = 0; i < array.Length; i++) {
            array [i] = 0;
        }
    }else {
        //如果传入的数组为 null
        //则试图将其初始化为长度为 1、元素值为 0 的状态
        //而事实上这个操作不会对实参产生任何影响
        array = new int[1]{0};
    }
}
```

此时如果在该脚本的 Start 方法中调用 ArrayToZeros 方法来处理两个 int 型数组,其中第一个数组 array1 有 3 个非 0 元素,第二个数组 array2 为 null,则在以下代码执行完毕后,array1 的 3 个元素都会变为 0,而 array2 则仍然为 null:

```
void Start()
{
    int[] array1= {1,2,3};
    ArrayToZeros(array1);
    int[] array2=null;
    ArrayToZeros(array2);
}
```

完整的案例代码如例 6-6 所示。

例 6-6 设计一个将 int 型数组的元素全部设置为 0 的方法

要求在 Unity 脚本中设计一个名为 ArrayToZeros 的方法,其返回值类型为 void,而且该方法具有一个接收 int 型数组的值参数,其作用为将数组的元素全部设置为 0。

创建一个名为 Example6_6 的空对象,再创建一个名为 Example6_6.cs 的 C#脚本并加载到该对象上,将其他对象设置为非激活状态,打开脚本填写代码如下:

```
////////代码开始////////
using System.Collections;
using System.Collections.Generic;
using UnityEngine;

public class Example6_6:MonoBehaviour
{

    void Start()
    {
        int[] array1= {1,2,3};
        int[] array2=null;
        //处理 array1,并输出 array1 的元素
        ArrayToZeros(array1);
        PrintArray(array1);
        //处理 array2,并输出 array2 的元素
        ArrayToZeros(array2);
        PrintArray(array2);
    }

    void Update()
    {

    }

    void ArrayToZeros(int[] array)
    {
        //如果传入的数组不为 null
```

```
            //则将数组的所有元素都设为0
            if(array!=null){
                for(int i=0;i<array.Length;i++){
                    array[i] =0;
                }
            }else{
                //如果传入的数组为null
                //则试图将其初始化为长度为1、元素值为0的状态
                //而事实上这个操作不会对实参产生任何影响
                array=new int[1]{0};
            }
        }

        //为了方便在Console窗口输出数组元素，定义此方法
        void PrintArray(int[] array)
        {
            if(array!=null){
                //如果数组不为null，则将所有元素按顺序输出成一行
                //元素之间用逗号分隔
                string output= "";
                for(int i=0;i<array.Length;i++){
                    if(i>0){
                        output+= ",";
                    }
                    output+=array[i];
                }
                print(output);
            }else{
                //如果数组为null，则输出"数组为空"
                print("数组为空");
            }
        }
}
////////代码结束////////
```

在保存脚本Example6_6.cs后，到Unity界面运行场景，即可在Console窗口看到图6-12所示的运行结果。该结果证明将数组作为方法的值参数时，在方法中改变形参的元素值就相当于改变实参的元素值，而如果改变形参本身的值，则不会对实参产生任何影响。

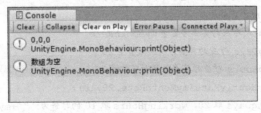

图6-12 例6-6的运行结果

2. 可选参数

在定义方法时，形式参数可以在参数列表中用赋值符号设置默认值，在调用该方法时如果不传入对应的实际参数，则该参数取默认值。这种形式参数称为可选参数。下面将举例说明。

例6-7　设计一个根据月薪计算时薪的方法

要求在 Unity 脚本中设计一个名为 HourlyRate 的方法，用于根据一个月的收入计算出平均每小时的收入。

解题思路：为了计算时薪，必须知道一个月的工作小时数，这可以通过一个月的工作天数乘每天的工作小时数获得，因此该方法应该有 3 个形式参数，第一个是名为 monthRate 的 float 型参数，代表月收入；第二个是名为 workingDays 的 int 型参数，因为多数情况下一个月的工作天数为 23，所以默认值为 23；第三个是名为 workingHours 的 int 型参数，因为正常情况下一天工作 8 小时，所以默认值为 8。此外，该方法的返回值类型应该为 float 型。

创建一个名为 Example6_7 的空对象，再创建一个名为 Example6_7.cs 的 C#脚本并加载到该对象上，将其他对象设置为非激活状态，打开脚本填写代码如下：

```
////////代码开始////////
using UnityEngine;

public class Example6_7:MonoBehaviour
{

    void Start()
    {
        //调用HourlyRate方法计算时薪
        //假设月薪为20000元
        float myMonthRate=20000f;
        //如果每月工作天数和每天工作小时数都取默认值
        //则只需要传入形参monthRate的值
        //形参monthRate对应的实参为变量myMonthRate
        float myHourlyRate=HourlyRate(myMonthRate);
        print("workingDays和workingHours都取默认值的时薪为: " +myHourlyRate);
        //如果每月工作天数与默认值不一样，为20天
        //则需要传入形参monthRate和workingDays的值
        //形参monthRate对应的实参为变量myMonthRate
        //形参workingDays对应的实参为字面值常量20
        myHourlyRate=HourlyRate(myMonthRate,20);
        print("workingDays取20, workingHours取默认值的时薪为: " +myHourlyRate);
        //如果每月工作天数与默认值不一样，为20天
        //并且每天工作小时数也与默认值不一样，为10小时
        //则3个形参的值都需要传入
        //形参monthRate对应的实参为变量myMonthRate
        //形参workingDays对应的实参为字面值常量20
        //形参workingHours对应的实参为字面值常量10
        myHourlyRate=HourlyRate(myMonthRate,20,10);
        print("workingDays取20, workingHours取10的时薪为: " +myHourlyRate);
    }
```

```
        void Update()
        {

        }

        float HourlyRate(float monthRate,int workingDays=23,int workingHours=8)
        {
            float result=monthRate/ (workingDays*workingHours);
            return result;
        }
}
/////////代码结束/////////
```

解析：本例需要读者特别关注在 Start 方法中对 HourlyRate 方法的多种调用方式。若可选参数取默认值，则在调用方法时不需要传入该参数的值。

在保存脚本 Example6_7.cs 后到 Unity 界面运行场景，即可在 Console 窗口看到图 6-13 所示的运行结果。

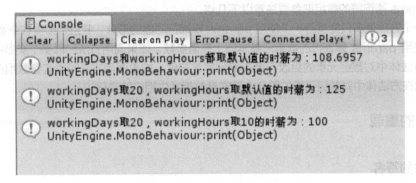

图 6-13 例 6-7 的运行结果

3. 使用 params 修饰符的数组作为参数

通常情况下，方法的参数个数是有限并且确定的。定义方法时在参数列表中列出多少个形参，则在调用方法时只能够用多少个实参。但 C#提供了一种能够让方法具备无限个同类型参数的机制——在定义方法时如果参数列表中的最后一个参数是使用 params 修饰符的数组，则调用该方法时可以在参数列表中用与该数组类型相同的多个实参来与之对应。例如下面这样定义的方法：

```
float MyFunc(float a,params int[]intVals)
{
    int sum=0;
    //遍历数组，求元素之和
    for(int i=0;i<intVals.Length;i++){
        sum+=intVals[i];
    }
    //返回参数 a 的值与元素之和相乘的结果
    return a*sum;
}
```

可以在 Start 方法中这样调用上面的 MyFunc 方法：

```
void Start()
{
    //r1 的值将为 2.5*2=5
    float r1=MyFunc(2.5f,2);
    //r2 的值将为 2.5*(1+1+2)=10
    int n=2;
    float r2=MyFunc(2.5f,1,1,n);
    //也可以直接传入数组，
    //r3 的值将为 1.5*(2+4+4)=15
    int[]array= {2,4,4};
    float r3=MyFunc(1.5f,array);
}
```

在以上程序代码中，MyFunc 方法的第二个形参为使用 params 修饰符的 int 型数组 intVals。在方法体中，intVals 仍然按照数组看待，但在调用 MyFunc 方法时可以用数量不等的 int 型实参对应 intVals 数组，当然也可以像一般的数组参数一样直接传入数组实参。

使用 params 修饰符的数组形参要注意以下几点。

第一，一个方法最多只能具备一个使用 params 修饰符的数组形参，并且必须放在参数列表末尾。

第二，使用 params 修饰符的数组形参本质上是值参数，如果调用方法时以多个实参的形式对应该形参，则在方法体中对数组元素的更改不会影响到实参的值；如果调用方法时以实参数组的形式对应该形参数组，则在方法体中对数组元素的更改会使实参数组发生相应的变化。

6.4 方法的重载

6.4.1 方法的签名

在 C#中，由方法名称、参数数量、参数数据类型及排列顺序所构成的信息称为方法的签名。方法的签名是在 C#程序代码中区别同一个类中不同方法的依据。假设一个方法的定义代码中，方法头为"void MyFun(int a,float b)"，则方法头中除去返回值类型的部分即为该方法的签名。由此可得到的一个结论是，如果同一个类中有两个方法的方法头只有返回值不一样，那么这两个方法就具有相同的签名。这将导致计算机无法区分这两个方法，因此这种情况在语法上是不允许出现的。在同一个 Unity C#脚本类中，不允许出现签名相同的方法。然而，如果同一个脚本类中的两个方法具有相同的名称，但具有不同的签名（即参数数量、参数数据类型及排列顺序至少有一项不同），则在语法上是允许的。这种情况下，称这两个同名的方法互为重载方法。

6.4.2 方法重载的概念

在 C#中，方法的重载是指在同一个类中允许存在同名的方法，但要求同名方法的签名不相同，即同名方法之间的区别必须至少满足以下条件中的一条。

第一，参数的数量不相同。

第二，参数的数据类型和排列顺序不相同。

第三，相同位置参数的修饰符（out、ref、params 或者无修饰符）不相同。

6.4.3 为什么需要方法重载

回忆本章例 6-2 中设计的 ArraySum 方法,该方法有一个 int 型数组参数,其功能为计算并返回数组元素的和。由于定义 ArraySum 方法时已经规定作为输入参数的数组是 int 型的,因此 ArraySum 方法只能处理 int 型数组。而事实上在很多情况下,用于求 float 型数组、double 型数组元素和的方法也是有需求的。如果没有方法重载的机制,那么为了满足其他类型数组元素求和的需求就必须分别为不同数据类型设计不同名称的元素求和方法,例如 ArraySumInt、ArraySumFloat 等。所幸,由于 C#具有方法重载机制,因此具有相同功能但输入参数不同的多个方法可以使用相同的名字,从而简化了方法的命名工作。

6.4.4 方法重载的应用案例

下面就以计算并返回数组元素和的 ArraySum 方法为例,讲解方法重载的应用。

例 6-8 利用方法重载机制设计 ArraySum 方法,使之可以求 int 型数组、float 型数组和 double 型数组的元素和

要求在 Unity 脚本中设计 3 个名为 ArraySum 的方法,返回值类型分别为 int、float 和 double。这些方法分别具有一个与返回值类型相同的数组参数,其作用为求数组所有元素的和并返回。

创建一个名为 Example6_8 的空对象,再创建一个名为 Example6_8.cs 的 C#脚本并加载到该对象上,将其他对象设置为非激活状态,打开脚本填写代码如下:

```csharp
////////代码开始////////
using System.Collections;
using System.Collections.Generic;
using UnityEngine;

public class Example6_8:MonoBehaviour
{
    void Start()
    {
        //调用同名的 ArraySum 方法处理不同数据类型的数组
        int[] array1= {1,2,3};
        float[] array2= {1.1f,2.2f,3.3f};
        double[] array3= {1.11,2.22,3.33};
        print("数组 array1 的元素之和为: " +ArraySum(array1));
        print("数组 array2 的元素之和为: " +ArraySum(array2));
        print("数组 array3 的元素之和为: " +ArraySum(array3));
    }
    void Update()
    {

    }

    int ArraySum(int[] array)
```

```
            int sum=0;
            for(int i=0;i<array.Length;i++){
                sum+=array[i];
            }
            return sum;
        }
        float ArraySum(float[] array)
        {
            float sum=0;
            for(int i=0;i<array.Length;i++){
                sum+=array[i];
            }
            return sum;
        }
        double ArraySum(double[] array)
        {
            double sum=0;
            for(int i=0;i<array.Length;i++){
                sum+=array[i];
            }
            return sum;
        }
    }
/////////代码结束/////////
```

解析：在该脚本的 Example6_8 类中，按题目要求定义了 3 个名称同为 ArraySum 但输入参数数据类型各异的方法，然后在 Start 方法中 3 次调用 ArraySum 方法并且实参的数据类型也各不相同，但依然实现了相同的效果，即获得了各不同类型数组的元素之和。在保存脚本 Example6_8.cs 后到 Unity 界面运行场景，即可在 Console 窗口看到图 6-14 所示的运行结果。

图 6-14　例 6-8 的运行结果

6.5　本章小结

本章介绍了 Unity C#脚本中方法的概念和作用，并重点阐述了方法的用法——方法的定义和调用。针对方法参数类型、特殊形式较多的情况，首先介绍了形参和实参的概念，再逐一详细讲解了值参数、输出参数和引用参数 3 种类型的原理和用法，然后讲解了引用类型作为值参数、可选参数和使用 params 修饰符的数组作为参数的 3 种特殊形式的特性和作用。最后介绍了方法重载的概念、作用及其用法。

6.6 习题

1. 我们之所以要关心方法的"名字"，是因为（　　）。
   A. 知道名字才知道它的功能　　B. 知道名字可以使用它
   C. 知道名字才知道它的输出　　D. 知道名字才知道它的输入
2. 以下程序段中，定义了（　　）方法。

```
int Add(int a,int b,int c){
    int d=a+b+c;
    return d;
}
float Mul(float m,int n){
    float result=m*n;
    return result;
}
double MyRand(){
    double r=Random.Range(0f,10f);
    return r;
}
void PrintError(string message){
    print("出错信息:"+message);
}
```

　　A. 1 个　　　　B. 2 个　　　　C. 3 个　　　　D. 4 个
3. 以下 Unity C#脚本的程序段中，对于形式参数和实际参数的判断，说法正确的是（　　）。

```
int i;
int j;
Start(){
    int k=i*3+j;
    int result=Add(i,j,k);
    if(result<0||result>100){
        PrintError("结果超出允许范围");
    }
}
int Add(int a,int b,int c){
    int d=a+b+c;return d;
}
void PrintError(string message){
    print("出错信息:"+message);
}
```

　　A. 实际参数有 i、j、k，形式参数有 a、b、c、message

B. 实际参数有 a、b、c、message，形式参数有 i、j、k
C. 实际参数有 i、j、k、message，形式参数有 a、b、c
D. 实际参数有 a、b、c，形式参数有 i、j、k、message

4. 关于以下方法的程序代码，说法错误的是（　　）。

```
//找出数组 nums 中最大的元素值
bool GetMax(int[] nums,out int max){
    if(nums==null||nums.Length==0){
        max=-1;
        return false;
    }
    max=nums[0];
    for(int i=0;i<nums.Length;i++){
        if(max<nums[i]){
            max=nums[i];
        }
    }
    return true;
}
```

A. 方法的名字是 GetMax
B. 方法的两个参数中，nums 是 int 型数组，max 是 int 型输出参数
C. 方法的返回值是数组 nums 中最大的元素值
D. 当返回值为 false 时，max 对应的实参的值为-1

5. 关于以下程序代码，说法错误的是（　　）。

```
//方法1
int Add(int a,int b){
    return a+b;
}
//方法2
int Add(int a,int b,int c){
    return a+b+c;
}
//方法3
float Add(int c,int d){
    return c+d;
}
```

A. 方法 1 和方法 2 互为重载，它们的区别在于参数的数量
B. 方法 1 和方法 3 互为重载，它们的区别在于返回值和参数的名称
C. 方法 3 的返回值在返回之前会进行隐式转换
D. 程序有语法错误，原因是方法 1 和方法 2 的签名重复了

第7章
面向对象基础

学习目标

- 理解类和对象的概念,以及它们之间的关系。
- 熟练掌握类的定义和对象的使用方法。
- 熟练掌握派生类的定义,以及实现成员隐藏和方法重写的语法规则。
- 理解接口的概念并了解实现接口的类与继承基类的类之间的区别。
- 理解静态成员和静态类的概念并掌握如何实现扩展方法。
- 理解命名空间的作用并掌握命名空间的定义方法。

学习导航

本章介绍面向对象编程思想中的基础内容,引导读者理解类和对象的概念以及它们之间的关系,熟练掌握类的定义和对象的使用方法,熟练掌握类的继承,以及实现成员隐藏和方法重写的语法规则,理解接口的实现与类的继承之间的差别,理解静态成员和静态类的概念,以及命名空间的定义方法。本章学习内容在全书知识体系中的位置如图 7-1 所示。

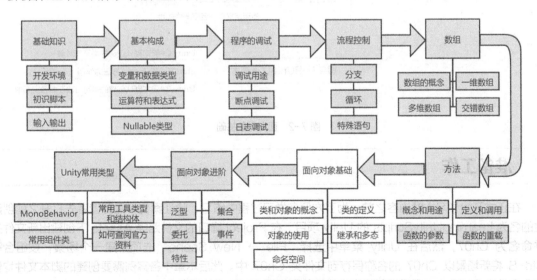

图 7-1 本章学习内容在全书知识体系中的位置

知识框架

本章知识重点是类的定义和对象的使用，继承中的方法隐藏和方法重写，接口与继承的区别。本章的学习内容和知识框架如图 7-2 所示。

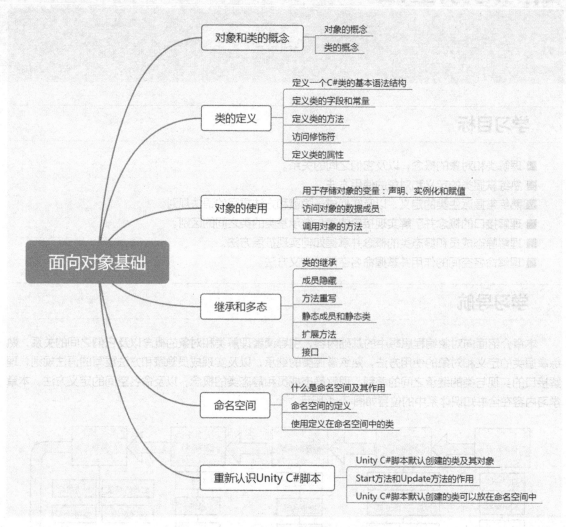

图 7-2　面向对象基础

准备工作

在正式开始学习本章内容之前，为了方便在学习过程中练习、验证案例，需要读者先打开之前创建过的名为 LearningUnityScripts 的 Unity 项目。在 Project 窗口的文件路径 Assets 下创建出新文件夹并命名为 Ch07，然后在 Unity 菜单中选择"File → New Scene"选项新建一个场景，按组合键 Ctrl+S 将新场景以 Ch07 的名称保存到文件夹 Ch07 中。此后本章中各案例需要创建的脚本文件均保存到文件夹 Ch07 中，需要运行的脚本均加载到场景 Ch07 中的对象上。

7.1 对象和类的概念

C#是一种面向对象的程序语言,要理解什么是"面向对象",则需要先理解什么是"对象",然后进一步理解"类"的概念,以及"类"和"对象"的关系。

7.1.1 对象的概念

1. 为什么程序世界需要对象

在面向对象的思想出现之前,编写程序的思路是面向过程的,一个程序是用来解决某个问题的一个流程,通过变量存储数据,把解决问题的思路用流程控制语句和方法来实施,在程序流程中对变量中的数据进行处理,最终获得问题的答案。这种面向过程的思想,在解决单个问题的时候是相当有效的。但随着计算机的能力越来越强大,人们需要计算机解决的问题越来越复杂,甚至在很多情况下需要在程序中对现实世界进行模拟。此时,面向过程的思想就难以胜任了。而面向对象的思想将一切事物都看作对象,提出了用程序世界对象模拟现实世界对象的思路,从而使得在程序世界中抽象和模拟复杂的现实世界、解决更加复杂的问题成为可能。现在,面向对象的编程思想成为程序设计的主流思想。

2. 如何理解对象

那么到底什么是对象呢?从"一切事物皆对象"的理念来看,现实世界中的任何具体事物都可以看作对象。例如在"小明去借书,他的借书证号是 123456,他最多可以借 5 本书,这次他再借两本就到达上限了"这样一句话中,我们可以认为"小明"就是一个对象。虽然"小明"只是一个姓名,但由于它代指的是一个具体的人,因此可看作一个对象。而句子中的"借书证号"和"书"虽然是名词,但无法代指任何具体的事物,因此不能认为是对象。从句子所表达的意思来看,"借书证号"是对"小明"这个对象的一种描述,它描述了小明区别于其他读者的一种特性。同样地,通过理解句子中关于书本数量的描述,可以认为"小明"还有两个特性:可借书本数上限,已借书数量。同时,这句话还描述了"借书"这种行为和该行为对"已借书数量"这个特性的影响。对象"小明"的描述总结如图 7-3 所示。

图 7-3 对象"小明"的特性和行为描述

从上面的例子中可以总结出对"对象"这个概念的理解:对象是用来描述具体事物的概念,一个具体事物可以被称为一个对象;对象具有某些特性,同时也具备某些行为;对象的行为可以改变对象的特性值。

3. 程序中的对象和现实中的对象的重要区别

现实中的对象具有很高的复杂性,一个具体的事物从不同的角度去描绘,可以总结出相当多的特性和行为。面向对象编程思想不是为了单纯模拟现实世界中的对象,归根结底是要解决某些具体问题的,因此程序世界中的对象应该是"就事论事"的对象,也就是说只模拟对象跟解决问题有关的方面而忽略其他方面。例如在设计一个图书管理系统时,所涉及的"读者"对象,只需要关注跟借书还书相关的特性和行为即可,其他特性和行为均可忽略。

4. 如何在程序语言中描述对象

我们已经知道面向对象的思想就是在使用程序解决问题时，将问题中涉及的对象用有助于解决问题的特性和行为来描述的一种思想方法。当我们试图描述一个对象具有哪些特性和行为时，事实上是在对这个对象的所有同类进行描述，而只有当我们说清楚这个对象的每个特性都有哪些具体值时，才真正描述清楚一个具体的对象。因此在程序语言中，描述对象的一般过程为：首先根据解决问题的需求，从现实世界的一个或多个同类具体对象中总结抽象出这类对象所应具有的特性和行为，从而构成这类对象的一个蓝本，然后再根据蓝本和解决问题的需求来构造出程序世界中的一个或多个具体对象，从蓝本构造具体对象的过程又称为"实例化"。例如在设计图书管理系统时，描述读者对象的方法应该是从现实的读者出发，抽象出读者这一类别的对象应该具备的特性（如借书证号、可借书本数上限、已借书列表等）和行为（如借书、还书等），从而获得一个读者蓝本，然后在构造管理系统的过程中根据实际需要实例化出具体的读者对象（如注册新读者），这种思路的形象展示如图 7-4 所示。

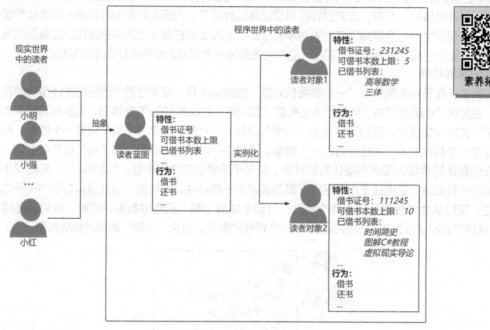

图 7-4　在程序世界中描述对象的过程示例

7.1.2　类的概念

1. 类的概念

从图 7-4 可知，为了在程序世界中描述对象，首先需要描述该类对象的蓝本，这个蓝本就称为类。类是对一类事物的特性和行为进行抽象的结果。类在具体表现形式上是依照程序语言的语法规则对逻辑上相关的数据项和方法进行封装而得到的一种数据结构，其中数据项对应具体对象的特性，方法对应具体对象的行为。

2. C#中的类

在 C#中，一个类包含数据成员和函数成员。其中，数据成员存储或该类对象相关的数据，通常用于模拟类所描述事物的特性；函数成员则执行程序代码，用于模拟类所描述事物的功能或行为。表 7-1 给出了 C#中数据成员和函数成员的类型。其中，字段、方法和事件是 Unity C#脚本最常用的成员类型，在本书中将会详细讲解；其他类型则不会过多介绍，感兴趣的读者可以查阅微软公司提供的 C#相关文档进行了解。

表 7-1 C#中类的成员类型

数据成员类型	方法成员类型
字段	方法
常量	属性
	构造函数
	析构函数
	运算符
	索引器
	事件

7.2 类的定义

本节将要介绍定义一个类的最基本语法结构（包括 class 关键字及类的结构）、定义类的数据成员（包括字段和常量），以及定义类的方法和属性，同时也会介绍定义类时常用的访问修饰符。为了能够更加形象地讲解这些知识点，将以一个小游戏中 3 个类的设计为案例来逐步介绍。案例的需求描述如下。

某游戏需要设计玩家和陷阱两种对象的类，其中玩家具有生命值、生命上限两种特性，并具有受到伤害和死亡两种行为，而陷阱则有伤害值特性，并具有伤害玩家的行为。这两种对象的交互行为可以这样描述：如果玩家触碰陷阱，则触发陷阱"伤害玩家"的行为，该行为会触发玩家的"受到伤害"行为，从而使玩家的生命值减少，减少量取决于陷阱的伤害特性；当玩家的生命值小于 0 时，则触发其"死亡"行为。

读者可以在本章的文件夹中创建一个名为 MyGame.cs 的脚本，在本章的场景中创建空对象并改名为 mygame。将 MyGame.cs 脚本加载到 mygame 对象上，从而构造出一个 My Game 组件，然后用脚本编辑器打开该脚本。

扫码观看
微课视频

7.2.1 定义一个 C#类的基本语法结构

定义一个 C#类的基本语法结构如下：

```
Class 类名{

}
```

其中"类名"即类的名称，一般要求类名遵循"帕斯卡命名法"，即以大写字母开头，并且如果名称中有多个单词，则每个单词的首字母也要用大写形式，其余字母要用小写形式。定义类的语法结构中，大括号及其包含的所有代码称为类体。

读者可以在 MyGame.cs 脚本中定义玩家类 Player 和陷阱类 Trap。具体代码要写在脚本的 using 语句之后，脚本的 MyGame 类的定义之前，如例 7-1 所示。

例 7-1 在 MyGame.cs 脚本中定义 Player 类和 Trap 类

```
////////代码开始////////
using System.Collections;
using System.Collections.Generic;
using UnityEngine;
```

```
class Player
{

}

class Trap
{

}

public class MyGame:MonoBehaviour
{
    void Start()
    {

    }

    void Update()
    {

    }
}
/////////代码结束/////////
```

需要注意的是，类的定义并不创建类的实例，而是创建了用于实例化对象的蓝本。要定义具有实用价值的类，除了定义类的名称，还应该定义类的数据成员和函数成员。其中，字段是最基本也是最常用的数据成员类型，方法是最基本也是最常用的函数成员类型。后面两小节将分别介绍它们的定义方法。

7.2.2 定义类的字段和常量

1. 定义类的字段

字段是用于描述类的特性最常用的数据成员，其本质是类的变量，在类体中声明。字段的数据类型可以是任何数据类型（包括系统预定义的类和开发者自定义的类在内）。字段可以在声明的时候初始化，这称为"显式初始化"。此时赋给字段的值必须是字面值常量或者其他静态字段、方法或属性（关于静态的概念将在后文介绍）。如果声明时没有初始化，则字段的值会在编译时被初始化为默认值，其中值类型会被初始化为 0，bool 类型会被初始化为 false，引用类型会被初始化为 null。

以玩家类 Player 为例，根据需求描述玩家具有生命值、生命上限两种特性，因此 Player 类应该定义两个对应的字段分别用于存储玩家的生命值和生命上限；对于陷阱类 Trap，根据需求描述陷阱具有伤害值特性，因此 Trap 类应该定义一个字段用于存储伤害值。鉴于可以从一个类实例化出多个对象，为了能够区别同类型对象，可以为类设计一个用于辨识对象身份的字段，例如 name。具体代码如例 7-2 所示。

例 7-2 MyGame.cs 脚本中定义了字段的 Player 类和 Trap 类

```
/////////代码开始/////////
using System.Collections;
using System.Collections.Generic;
using UnityEngine;
```

```csharp
class Player
{
    //声明string型字段name, 用于存储玩家名称
    //并显式初始化为空字符串
    string name= "";
    //声明int型字段maxLife, 用于存储生命上限
    //并显式初始化为100
    int maxLife=100;
    //声明int型字段life, 用于存储生命值
    //错误, 试图用其他非静态字段对life字段初始化
    //int life=maxLife;
    //正确, 用常量初始化
    int life=100;
}

class Trap
{
    //声明string型字段name, 用于存储陷阱名称
    //由于没有显式初始化, 它将会被编译器初始化为null
    string name;
    //声明int型字段damage
    //由于没有显式初始化, 它将会被编译器初始化为0
    int damage;
}

public class MyGame:MonoBehaviour
{
    void Start()
    {

    }

    void Update()
    {

    }
}
////////代码结束////////
```

如果打算在定义字段时初始化字段, 则一定要记住只能用常量或者其他静态字段、方法或者属性来赋值, 否则会产生语法错误。

2. 定义类的常量

常量是类的另外一种数据成员, 同样要在类体中声明。与第2章中所介绍的一样, 常量是不可变的值, 并且其值在编译时必须是已知的, 在程序的生命周期内不会改变, 其数据类型必须是C#的内置类

型（不包括 System.Object 类型）。声明常量时要用 const 修饰符，常量的名称应该全部用大写字母，并且在声明的同时要初始化。例如在数学工具类 MyMath 中，可以这样定义圆周率 PI 和自然对数的底 E：

```
class MyMath{
    const float PI=3.14159f;
    const float E=2.71828f;
}
```

7.2.3 定义类的方法

方法是描述类的行为的最常用函数成员类型。定义一个方法所要遵循的语法规则跟第 6 章中定义一个方法的语法规则一致。一个类的方法要在类体中定义。

从需求描述中可知，玩家具有受到伤害和死亡两种行为，而陷阱则具有伤害玩家的行为，据此可以分别为 Player 和 Trap 两个类定义与它们的行为对应的方法。除此之外，为了能够在 Trap 类的对象实例化时设置它们的名称等字段值，需要设计一种称为"构造函数"的特殊方法。这种方法没有返回值类型，并且方法名称与类的名称一致。具体代码如例 7-3 所示。

例 7-3 MyGame.cs 脚本中定义了方法的 Player 类和 Trap 类

```
////////代码开始////////
using System.Collections;
using System.Collections.Generic;
using UnityEngine;

class Player
{

    string name= "";
    int maxLife=100;
    int life=100;

    //定义用于描述玩家死亡行为的方法
    void BeingDead()
    {
        //使用 My Game 组件的 print 方法输出信息
        MyGame.print(string.Format("玩家{0}死亡",name));
    }

    //定义用于描述玩家受到伤害行为的方法
    //为了能够在陷阱类中调用该方法，使用了public 访问修饰符
    public void BeingHurt(int points)
    {
        life-=points;
        if(life>0){
            //如果生命值仍然大于 0
            //则输出受伤信息
            MyGame.print(
```

```
                string.Format("玩家{0}受到{1}点伤害,生命值变为{2}",
                    name,points,life));
        }else{
            //如果生命值小于或等于0,则玩家死亡
            //先输出受伤信息
            MyGame.print(
                string.Format("玩家{0}受到{1}点伤害,已经没有生命值",
                    name,points,life));
            //然后调用 BeingDead 方法
            BeingDead();
        }
    }
}

class Trap
{

    string name= "";
    int damage;

    //构造函数,用于在实例化陷阱对象时设置具体名称和伤害值
    public Trap(string trapName,int damageValue)
    {
        name=trapName;
        damage=damageValue;
    }

    //定义用于描述陷阱向玩家输出伤害的方法
    //方法的形参为 Player 类的对象
    public void HurtPlayer(Player p)
    {
        //调用 Player 类实参 p 的 BeingHurt 方法
        p.BeingHurt(damage);
    }
}

public class MyGame:MonoBehaviour
{
    void Start()
    {

    }

    void Update()
    {
```

        }
    }
////////代码结束////////

在以上程序代码中，出现了类的静态方法的调用"MyGame.print(string)"和对象方法的调用"p.BeingHurt(int)"。此外在定义 Player 类的 BeingHurt 方法、定义 Trap 类的构造函数和 HurtPlayer 方法时使用了访问修饰符 public，其中所涉及的"静态"的概念、访问修饰符的概念，以及方法调用的知识将会在后文详细介绍。

7.2.4 访问修饰符

在类体中，任何一个函数成员所封装的代码都可以通过同一个类中其他成员的名称来访问其他成员，其中既包括对数据成员的读写操作，也包括对函数成员的调用。而在很多情况下，由于不同类对象之间存在交互，需要在某个类的某个方法中调用另外一个类的某个字段或者某个方法（例如陷阱类的对象会对玩家类的对象造成伤害，需要在 Trap 类的 HurtPlayer 方法中调用 Player 类对象 p 的 BeingHurt 方法），这种交互在语法规则上是否被允许受到访问修饰符的限制。

访问修饰符是成员声明的可选部分，用于指明其他类如何访问该成员。

包含访问修饰符的字段声明语法为：

```
访问修饰符 数据类型 字段名称;
```

包含访问修饰符的方法定义语法为：

```
访问修饰符 返回值类型 方法名称(参数列表){
    方法体
}
```

C#的访问修饰符一共有 5 种，分别是 private（私有的），public（公有的），protect（受保护的），internal（内部的）和 protect internal（受保护内部的）。在这 5 种访问修饰符中，private 和 public 最为常用。

private 表示所修饰的成员只能够在本类的范围内被访问，并且 private 是成员的默认访问修饰符。也就是说，如果在声明一个类的成员时没有使用访问修饰符，则表示这些成员的访问修饰符是 private。之所以有这样的规则，是因为"封装性"是面向对象思想的三大特点之一，封装性要求在类的设计中尽量隐藏类的数据成员和类功能的实现细节，只通过必要的公开函数成员将类的功能提供给类体之外的程序代码使用。

public 则表示所修饰的成员是公开的，可以在类体之外的程序代码中直接访问本类中用 public 修饰的成员。

例如在例 7-3 中，为了能够在 Trap 类中调用 Player 类对象 p 的 BeingHurt 方法，在定义 Player 类的 BeingHurt 方法时使用了访问修饰符 public。形象化的表述为，public 修饰符使 Player 类的 BeingHurt 方法暴露在外，从而使之可以被 Trap 类所访问。同样的道理，public 修饰符使 Trap 类的构造函数和 HurtPlayer 方法暴露在外，从而使它们可以在 Trap 类之外的程序代码位置被调用。

protect、internal 和 protect internal 这 3 个访问修饰符的具体含义和用法将会在后文介绍。

7.2.5 定义类的属性

1. 为什么需要属性

属性是面向对象思想中类向其外部提供字段访问的一种手段，由于封装性的要求，字段一般都是私有的。也就是说字段只能够在类内部自由访问，一旦外部有访问字段的需求，则不建议用 public 修饰符将字段设置为公有的,而是通过添加与字段对应的属性来满足外部访问的需求。

例如在本章的 Player 类和 Trap 类的设计中,Player 类的 name 字段初始化为空字符串,而且 Player 类没有设计构造函数来为该类对象的 name 字段设置具体值,因此在使用 Player 类实例化出具体对象之后,势必需要访问这些对象的 name 字段来设置具体玩家名称,此时就需要为 Player 类设计一个可以为字段 name 赋值的属性。

2. 如何设计属性

作为类的函数成员,属性是一种具有 set 访问器和 get 访问器的特殊方法。其中,set 访问器用于对属性赋值(也就是写操作),get 访问器用于获取属性的值(也就是读操作)。属性的语法结构如下:

```
Public 返回值类型 属性名称{
    set{
        写操作代码(包含value关键字及赋值语句)
    }
    get{
        读操作代码(包含return语句)
    }
}
```

其中要注意以下几点。

第一,"返回值类型"应该与属性所对应的字段的数据类型一致。

第二,"属性名称"的命名规则要求以大写字母开头,并且其名称一般与对应字段的名称一致。

第三,在 set 访问器中用关键字 value 表示写操作所传入的值,要在 set 访问器中给属性所对应的字段赋值。

第四,get 访问器读操作代码的所有分支一定要包含 return 语句,return 语句所返回值的类型一定要与对应字段的数据类型一致。

第五,根据设计需要,属性可以只包含 set 访问器和 get 访问器中的一个。

依照上述规则,可以为 Player 类的 name 字段设计一个最简版本的属性 Name,代码如下:

```
public string Name{
    set{
        name=value;
    }
}
```

由于只考虑 Player 类的 name 字段从外部写入数据的需求,因此属性 Name 只包含 set 访问器。又由于是最简版本,因此 set 访问器只是简单将传入值 value 直接赋给 name 字段。

3. 属性成员存在的意义

那么在 C#的类中使用属性成员的意义到底是什么呢?如果只是简单地提供一个对字段进行读写操作的通道,则根本不需要使用"属性"这个机制,而直接将字段的访问修饰符设置为 public 就可以了。除了充分体现封装性思想,属性的一个重要作用是提供了对数据的访问进行必要限制的手段,例如在 Player 类的设计中,玩家的名称并不是设置成什么内容都合适,而应当依照一定的规则进行限定。那么这种限定功能在什么地方实现呢?显然 Name 属性的 set 访问器是一个合适的地方,开发者可以在 set 访问器代码中对 value 的值进行检查,并根据检查的不同结果采取不同措施。例如对玩家名称的规定是:如果传入的值是 null 或者全部为空格,则将 name 设置为"anonymous"(匿名)。所以应该这样设计 Name 属性的 set 访问器:

```
set{
    if(value==null||value.Trim()== ""){
```

```
            //如果传入值value为null或者全是空格
            //则将字段name的值设为"anonymous"
            name= "anonymous";
        }else{
            //其他情况下,可以直接用传入值设置name字段
            name=value;
        }
    }
}
```

另外,充分考虑到使用 Player 类和 Trap 类时,很可能经常需要读取这两个类对象的名称,因此应该给 Player 类的 Name 属性增加一个 get 访问器,同时也应该给 Trap 类设计一个包含 get 访问器的 Name 属性。具体代码如例 7-4 所示。

例 7-4 为 MyGame.cs 脚本中的 Player 类和 Trap 类设计 Name 属性

```
////////代码开始////////
using System.Collections;
using System.Collections.Generic;
using UnityEngine;

class Player
{
    string name= "";
    //Name 属性,用于设置和读取 name 字段的值
    public string Name{
        set{
            if(value==null||value.Trim()== ""){
                //如果传入值value为null或者全是空格
                //则将字段name的值设为"匿名"
                name= "匿名";
            }else{
                //其他情况下,可以直接用传入值设置name字段
                name=value;
            }
        }
        get{
            return name;
        }
    }

    int maxLife=100;
    int life=100;

    //定义用于描述玩家死亡行为的方法
    void BeingDead()
    {
        //使用My Game组件的print方法输出信息
```

```
            MyGame.print(string.Format("玩家{0}死亡",name));
        }

        //定义用于描述玩家受到伤害行为的方法
        //为了能够在陷阱类中调用该方法,使用了public访问修饰符
        public void BeingHurt(int points)
        {
            life-=points;
            if(life>0){
                //如果生命值仍然大于0
                //则输出受伤信息
                MyGame.print(
                    string.Format("玩家{0}受到{1}点伤害,生命值变为{2}",
                        name,points,life));
            }else{
                //如果生命值小于或等于0,则玩家死亡
                //先输出受伤信息
                MyGame.print(
                    string.Format("玩家{0}受到{1}点伤害,已经没有生命值",
                        name,points,life));
                //调用BeingDead方法
                BeingDead();
            }
        }
    }

    class Trap
    {
        string name= "";
        //Name属性,用于读取name字段的值
        public string Name{
            get{
                return name;
            }
        }

        int damage;

        //构造函数,用于在实例化陷阱对象时设置具体名称和伤害值
        Trap(string trapName,int damageValue)
        {
            name=trapName;
            damage=damageValue;
        }
```

```
        //定义用于描述陷阱向玩家输出伤害的方法
        //方法的形参为 Player 类的对象
        void HurtPlayer(Player p)
        {
            //调用 Player 类实参 p 的 BeingHurt 方法
            p.BeingHurt(damage);
        }
    }

    public class MyGame:MonoBehaviour
    {
        void Start()
        {

        }

        void Update()
        {

        }
    }
    ////////代码结束////////
```

7.3 对象的使用

完成类的设计,仅仅只是完成了利用面向对象思想设计程序的第一步——构造出对象的蓝本,接下来要基于类实例化出具体的对象解决实际问题,这就是对象的使用。

仍然以玩家和陷阱为案例,现在的需求如下:模拟这样一个游戏场景,有两个玩家分别叫作"小明"和"小红",并且有 3 个陷阱分别叫"陷阱 1""陷阱 2"和"陷阱 3",其中"陷阱 1"的伤害值为 50,"陷阱 2"和"陷阱 3"的伤害值均为 110,玩家"小明"先后触碰到了"陷阱 1"和"陷阱 2",玩家"小红"触碰到了"陷阱 3"。

7.3.1 用于存储对象的变量:声明、实例化和赋值

要在程序中实例化并使用一个对象,必须在内存中为对象准备一个存储空间。具体操作是声明一个用于存储对象的变量,它的语法规则跟声明一个普通变量是完全一致的,即:

```
类名称 变量名称;
```

由此可知,类就是数据类型的一种,并且 C#中的类属于引用类型,也就是说类的变量(存储对象的变量)可以赋值为 null,即表示暂时不将一个对象实体赋值给该变量。当真正需要使用一个对象变量时,必须先用一个真正的对象实体给这个变量赋值,然后才能通过这个变量访问对象本身或者访问对象的公开成员。那么如何才能获得对象的实体呢?当然是通过实例化来获得。在 C#中,实例化一个对象的语法规则如下:

```
new 类名称(构造函数实参列表);
```

通过上述语句,C#会调用类的构造函数并生成一个类的实例,一般会将实例化的语句和变量声明的

语句放在一起构成一个声明并初始化变量的语句：

```
类名称 变量名称=new 类名称(构造函数实参列表);
```

其中，"类名称(构造函数实参列表)"相当于对类的构造函数的调用。如果这个类定义了一个构造函数，则可以根据构造函数的形参在这个实例化语句中的"构造函数实参列表"位置列出对应的实参。由于函数是可以重载的，一个类的构造函数可能会有多个版本，所以只要列出的实参符合其中的一个版本，这个实例化语句就是正确的。当然，一个类也可以不定义任何构造函数。这种情况下，编译器会给这个类添加一个公开的并且没有形参也没有任何具体代码的构造函数。此时对象的实例化语句"构造函数实参列表"位置留空即可。

基于上述规则，在 MyGame.cs 脚本的 Start 方法中，可以这样来创建玩家对象"小明"和"小红"：

```
Player playerXiaoming=new Player();
Player playerXiaohong=new Player();
```

注意，如果在设计 Player 类时没有定义构造函数，那么上述代码中两个 Player 类对象的 name 字段都是空字符串。这是因为 name 字段在 Player 类的定义中初始化为空字符串。下一个小节将会介绍给 name 字段赋值的方法。

同样地，可以这样来创建 3 个陷阱对象：

```
Trap trap1=new Trap("陷阱1" ,50);
Trap trap2=new Trap("陷阱2" ,110);
Trap trap3=new Trap("陷阱3" ,110);
```

由于 Trap 类中定义了构造函数，因此在实例化 Trap 类对象的语句中可以直接通过实参传入 name 字段和 damage 字段应赋的值。

7.3.2 访问对象的数据成员

由于对象是从类实例化而来的，因此对象的数据成员当然包括字段和常量。并且如果类中定义了属性，那么对象也会具有相同的属性。虽然属性是函数成员，但其作用是提供访问字段数据的通道。因此在 C#中访问属性和访问数据成员的语法规则是完全一致的。我们所说的访问对象的数据成员往往包含对字段、常量和属性的访问，其语法如下：

```
对象名称.成员名称;
```

当然，访问数据成员的目的要么是读取其值，要么是写入新的值，就跟访问变量或者数组的元素一样。因此在实际程序代码中，对象的数据成员（以及属性）一般会放在表达式中或者赋值符号的左侧。注意，常量和没有 set 访问器的属性是不可以赋值的。

另外需要特别注意的是，只有在类的声明中使用了 public 修饰符的成员，才可以从外部进行访问。例如直接给 Player 类对象 playerXiaoming 的 name 字段赋值会导致编译错误，正确的做法是通过 public 属性 Name 来传入"小明"这个称谓：

```
//错误，字段name是私有的，不能直接访问
playerXiaoming.name="小明";
//正确，属性Name是公开的，并且有set访问器，可以赋值
playerXiaoming.Name="小明";
```

7.3.3 调用对象的方法

1. 非公开方法和公开方法

只有在定义时使用了 public 访问修饰符的成员才可以从类体的外部进行调用，因此根据是否使用

public 访问修饰符可以将类的方法分为非公开方法和公开方法两种。非公开方法只能在类体的其他方法中被调用，一般用于向公开方法提供内部功能，例如 Player 类的 BeingDead 方法便是如此。而公开方法则可以在类体之外的程序代码中被调用，体现的是对象的行为，因此我们所说的调用对象的方法指的是调用该对象的公开方法。

2. 调用对象公开方法的语法规则

调用对象的公开方法与访问对象的数据成员类似，需要在对象名称和方法名称之间使用点号，而实参列表和返回值的处理则与一般的方法调用一致。如果方法的返回值类型为 void，则一般的调用语法如下：

```
对象名称.方法名称(实参列表);
```

而如果方法的返回值不为 void，则应根据具体需要将调用语句放在表达式中，以便其返回值能够发挥作用。

3. 调用对象方法的示例

本节案例的需求描述中提到：玩家"小明"先后触碰到了"陷阱 1"和"陷阱 2"，玩家"小红"触碰到了"陷阱 3"。而我们在设计陷阱类 Trap 时，设计了公开方法 HurtPlayer。该方法接收一个 Player 型参数，其功能是使传入的 Player 型对象受到陷阱的伤害。因此在 MyGame 脚本的 Start 方法中，我们可以在声明并实例化两个玩家和 3 个陷阱对象后，调用陷阱对象的公开方法 HurtPlayer，实现陷阱对象对玩家对象的伤害输出。具体代码如下：

```
//玩家"小明"触碰到了"陷阱 1"
trap1.HurtPlayer(playerXiaoming);
//玩家"小明"触碰到了"陷阱 2"
trap2.HurtPlayer(playerXiaoming);
//玩家"小红"触碰到了"陷阱 3"
trap3.HurtPlayer(playerXiaohong);
```

案例完整的代码如例 7-5 所示。

例 7-5 在 MyGame.cs 脚本中实例化 Player 类和 Trap 类对象并实现对象之间的交互

```
////////代码开始////////
using System.Collections;
using System.Collections.Generic;
using UnityEngine;

class Player
{
    string name= "";
    //Name 属性，用于设置和读取 name 字段的值
    public string Name{
        set{
            if(value==null||value.Trim()== ""){
                //如果传入值 value 为 null 或者全是空格
                //则将字段 name 的值设为"匿名"
                name= "匿名";
            }else{
                //其他情况下，可以直接用传入值设置 name 字段
                name=value;
```

```
        }
    }
    get{
        return name;
    }
}

int maxLife=100;
int life=100;

//定义用于描述玩家死亡行为的方法
void BeingDead()
{
    //使用My Game组件的print方法输出信息
    MyGame.print(string.Format("玩家{0}死亡",name));
}

//定义用于描述玩家受到伤害行为的方法
//为了能够在陷阱类中调用该方法,使用public访问修饰符
public void BeingHurt(int points)
{
    life-=points;
    if(life>0){
        //如果生命值仍然大于0
        //则输出受伤信息
        MyGame.print(
            string.Format("玩家{0}受到{1}点伤害,生命值变为{2}",
            name,points,life));
    }else{
        //如果生命值小于或等于0,则玩家死亡
        //先输出受伤信息
        MyGame.print(
            string.Format("玩家{0}受到{1}点伤害,已经没有生命值",
                name,points,life));
        //调用BeingDead方法
        BeingDead();
    }
    }
}

class Trap
{
    string name= "";
    //Name属性,用于读取name字段的值
    public string Name{
```

```csharp
            get{
                return name;
            }
        }

        int damage;

        //构造函数,用于在实例化陷阱对象时设置具体名称和伤害值
        public Trap(string trapName,int damageValue)
        {
            name=trapName;
            damage=damageValue;
        }

        //定义用于描述陷阱向玩家输出伤害的方法
        //方法的形参为Player类的对象
        public void HurtPlayer(Player p)
        {
            //调用Player类实参p的BeingHurt方法
            p.BeingHurt(damage);
        }
}

public class MyGame:MonoBehaviour
{
    void Start()
    {
        //创建两个玩家对象,并设置玩家名称
        Player playerXiaoming=new Player();
        playerXiaoming.Name= "小明";
        Player playerXiaohong=new Player();
        playerXiaohong.Name= "小红";
        //创建3个陷阱对象
        Trap trap1=new Trap("陷阱1",50);
        Trap trap2=new Trap("陷阱2",110);
        Trap trap3=new Trap("陷阱3",110);
        //玩家对象和陷阱对象之间的交互
        //玩家"小明"触碰到了"陷阱1"
        trap1.HurtPlayer(playerXiaoming);
        //玩家"小明"触碰到了"陷阱2"
        trap2.HurtPlayer(playerXiaoming);
        //玩家"小红"触碰到了"陷阱3"
        trap3.HurtPlayer(playerXiaohong);
    }
```

```
    void Update()
    {

    }
}
/////////代码结束/////////
```

在完成脚本 MyGame.cs 的代码编写并保存后,返回 Unity 界面,在确保场景的自建对象中只有 MyGame 处于激活状态后保存场景,然后运行场景,在 Console 窗口可以看到运行结果,如图 7-5 所示。

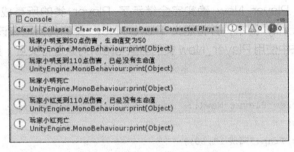

图 7-5 例 7-5 的运行结果

7.4 继承和多态

试想这样一种情况,在玩家和陷阱的案例中出现了新的需求:要求设计两种新的陷阱,一种除了会减少玩家的生命值以外,还会减少玩家的生命值上限;另一种不会减少玩家的生命值,但是会降低玩家的移动速度。

按照读者现在所掌握的知识,一个可选的解决方案是:对于玩家新增加的速度及速度减少的功能,在原有的 Player 类代码中进行修改;对于新的陷阱,增加两个全新的陷阱类,根据新的需求设计新类的字段、方法等成员。这个方案有如下缺点:新旧 3 种陷阱在功能上有重合,导致功能重合部分的程序代码在每个类中都要去实现,这就降低了开发效率。

而如果使用继承的思路,可以用这样的方案:基于已有的 Player 类设计一个继承自 Player 类的新类,并且基于已有的 Trap 类设计两个继承自 Trap 类的新类,新类将继承原有类已有的一切成员,在此基础上可以根据新需求增加新的成员或者改变已有的成员。使用继承的方案所带来的好处是十分明显的,被继承类已有的一切功能都不需要另起炉灶,直接通过继承就能够在新类中实现(继承性的体现)。同时,新类与被继承的类在用法上保持一致,但在功能上各有各的特点(多态性的体现),开发效率相较于非继承的方案有明显的优势。

扫码观看
微课视频

7.4.1 类的继承

1. 派生类和基类的概念,以及定义派生类的基本语法

如果类 B 是继承自类 A 的,则 B 是 A 的"派生类",A 则被称为 B 的"基类"。在 C# 中,派生类会继承基类的所有成员,并且一个派生类只能够有一个基类。定义一个派生类的方法是在定义该类时在类名之后添加"基类规格说明"。基类规格说明由一个英文的冒号加上基类的名称构成。定义一个派生类的基本语法结构如下:

```
class 类名称:基类名称{
```

```
    类体程序代码
}
```

其中，在类体程序代码中可以定义派生类自己的新成员，从而实现新功能。

以新的玩家类为例，假设新类的名称为 Player_New。由于它继承自 Player 类，因此定义这个类的最基本代码如下：

```
class Player_New:Player{
}
```

此时，类体程序代码暂时留空，Player_New 类暂时没有新的功能，但是它已经完全继承了 Player 类的所有成员（也就是所有功能）。

为了验证上述新类 Player_New 确实完全继承了 Player 类的所有成员，可以创建一个名为 MyGame2.cs 的新的 Unity 脚本，并将定义 Player_New 类的代码写在该脚本中，然后在脚本类 MyGame2 的 Start 方法中使用 Player_New 类的对象与陷阱对象进行交互。具体代码如下：

```
void Start()
{
    Player_New ps=new Player_New();
    ps.Name= "新用户";
    Trap trap1=new Trap("陷阱1",60);
    trap1.HurtPlayer(ps);
```

完整代码如例 7-6 所示。

例 7-6 使用继承自 Player 类的新类 Player_New 的对象与陷阱对象进行交互

```
/////////代码开始/////////
using System.Collections;
using System.Collections.Generic;
using UnityEngine;

class Player_New:Player
{
}

public class MyGame2:MonoBehaviour
{

    void Start()
    {
        Player_New ps=new Player_New();
        ps.Name= "小新";
        Trap trap1=new Trap("陷阱1",60);
        trap1.HurtPlayer(ps);
        trap1.HurtPlayer(ps);
    }

    void Update()
    {
```

        }
}
/////////代码结束/////////

在完成脚本 MyGame2.cs 的代码编写并保存后，返回 Unity 界面，在场景中新建一个空对象并命名为 MyGame2，然后将脚本 MyGame2.cs 加载到 MyGame2 对象上并将其他自建对象设置为非激活状态，保存并运行场景即可在 Console 窗口看到图 7-6 所示的运行结果。可以发现 Player_New 类的功能在现阶段与其基类完全一致，验证了派生类完全继承基类的所有功能。

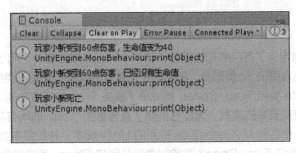

图 7-6　例 7-6 的运行结果

2. 派生类的构造函数

在 C#中定义派生类构造函数的语法为：

```
public 类名(参数列表):base(实参列表){
    方法体程序代码
}
```

其含义为，派生类的构造函数需要先调用基类的构造函数，然后再执行派生类构造函数的方法体程序代码。其中的":base(实参列表)"可以省略，省略后代码的含义为：派生类的构造函数将会先隐式调用基类的无参构造函数，然后再执行派生类构造函数的方法体程序代码。在 C#中，如果不给派生类定义任何构造函数，则编译器会为其添加一个无参构造函数并且不包含":base(实参列表)"部分。这种情况下就要求基类必须具有一个无参构造函数。

上述规定会导致如下情况：因为 Trap 类定义了具有两个参数的构造函数并且没有显式地定义无参构造函数，所以编译器不会为 Trap 类生成无参构造函数，即 Trap 类没有无参构造函数；在定义两个新的陷阱类时，如果不为它们定义构造函数，就会导致编译器为它们创建的无参构造函数试图隐式调用基类的无参构造函数，而基类 Trap 又没有无参构造函数，从而会导致语法错误。

为了避免上述语法错误，在基类定义了有参数构造函数的情况下，如果不打算给派生类定义有参构造函数，则应该保证基类同时显式定义一个无参构造函数，否则应该按照语法规则为派生类添加构造函数。

以两个新的陷阱类为例，假设它们的名称分别为 Trap_MaxLife 和 Trap_Speed，则定义这两个继承自 Trap 类的派生类的代码如下：

```
class Trap_MaxLife:Trap
{
    public Trap_MaxLife(string trapName,
                        int damageValue):
        base(trapName,damageValue)
    {
```

```
        }
    }

    class Trap_Speed:Trap
    {
        public Trap_Speed(string trapName,
                          int damageValue):
            base(trapName,damageValue)
        {
        }
    }
```

其中,两个派生类均定义了各自的构造函数,这两个构造函数都有一个用于接收陷阱名称的 string 型形参和一个用于接收伤害值的 int 型形参,并将两个形参作为实参传递给基类的构造函数。

此时,Trap_MaxLife 类和 Trap_Speed 类继承了基类 Trap 的所有功能。由于它们的类体中除了构造函数之外暂时没有定义更多的成员,因此它们除了具有基类 Trap 的所有功能之外暂时还不具有别的功能。现在可以创建一个名为 MyGame3.cs 的新的 Unity 脚本,并在脚本类 MyGame3 的 Start 方法中用 Trap_MaxLife 类和 Trap_Speed 类的对象来分别与 Player 类的对象和 Player_New 类的对象进行交互,验证两个新的陷阱类从基类继承的功能,具体代码如例 7-7 所示。

例 7-7 使用两种派生自 Trap 对象的新对象与基类及派生类玩家对象交互

```
/////////代码开始/////////
using System.Collections;
using System.Collections.Generic;
using UnityEngine;

class Trap_MaxLife:Trap
{
    public Trap_MaxLife(string trapName,
                        int damageValue):
        base(trapName,damageValue)
    {
    }
}
class Trap_Speed:Trap
{
    public Trap_Speed(string trapName,
                      int damageValue):
        base(trapName,damageValue)
    {
    }
}

public class MyGame3:MonoBehaviour
{
```

```csharp
void Start()
{
    //创建Player类对象，并设置玩家名称
    Player playerBase=new Player();
    playerBase.Name= "基类玩家对象";
    //创建Player_New类对象，并设置玩家名称
    Player_New playerNew=new Player_New();
    playerNew.Name= "派生类玩家对象";
    //创建Trap_MaxLife类对象并设置名称和伤害值
    Trap_MaxLife trapMaxLife=
        new Trap_MaxLife("会伤害最大生命值的陷阱",20);
    //创建Trap_Speed类对象并设置名称和伤害值
    Trap_Speed trapSpeed=
        new Trap_Speed("会伤害移动速度的陷阱",0);
    //Trap_MaxLife类对象和Player类对象之间的交互
    trapMaxLife.HurtPlayer(playerBase);
    //Trap_Speed类对象和Player_New类对象之间的交互
    trapSpeed.HurtPlayer(playerNew);
}

void Update()
{

}
}
/////////代码结束/////////
```

在完成脚本 MyGame3.cs 的代码编写并保存后，返回 Unity 界面，在场景中新建一个空对象并命名为 MyGame3，然后将脚本 MyGame3.cs 加载到 MyGame3 对象上并将其他自建对象设置为非激活状态，保持并运行场景即可在 Console 窗口看到图 7-7 所示的运行结果。可以发现，Trap_MaxLife 类和 Trap_Speed 类的功能在现阶段与其基类 Trap 完全一致。这进一步验证了派生类完全继承基类的所有功能。

图 7-7　例 7-7 的运行结果

3. 在派生类中增加新的功能

在派生类的类体中增加新的成员（包括数据成员和函数成员）可以使派生类相较于基类增加新的功能。对于 Player_New 类，为了使其具有速度特性，应该为其定义 int 型字段 speed 和属性 Speed，

其中字段 speed 用于存储速度值，属性 Speed 则对外提供设置字段 speed 值的通道；此外，为了使 Player_New 类的速度值和最大生命值能够受到陷阱的影响，应该定义方法 BeingHurtSpeed 和 BeingHurtMaxLife。具体代码（在 MyGame2.cs 脚本中）如下：

```csharp
class Player_New:Player
{
    int speed = 0;
    public int Speed {
        set {
            speed = value;
        }
    }

    public void BeingHurtSpeed(int points){
        speed -= points;
        if (speed < 0) {
            speed = 0;
        }
        MyGame2.print (
         string.Format ("玩家{0}的速度下降了{1}点，变为{2}",
         name, points, speed));
    }
    public void BeingHurtMaxLife(int points){
        maxlife -= points;
        if (maxlife < 0) {
            maxlife = 0;
        }
        MyGame2.print (
         string.Format ("玩家{0}的最大生命值下降了{1}点，变为{2}",
         name, points, maxlife));
    }
}
```

对于 Trap_Speed 类，由于它的对象只作用于玩家对象的速度，因此应该增加降低玩家速度的 HurtPlayer 方法。在该方法中调用 Player_New 类对象的 BeingHurtSpeed 方法并将继承自 Trap 类的伤害值字段 damage 作为实参。最终 Trap_Speed 类的具体代码（在 MyGame3.cs 脚本中）如下：

```csharp
class Trap_Speed:Trap
{
    public Trap_Speed (string trapName,
        int damageValue) :
        base (trapName, damageValue)
    {
    }

    public void HurtPlayer (Player_New p)
    {
```

```
            p.BeingHurtSpeed (damage);
    }
}
```

对于 Trap_MaxLife 类，由于它的对象能够同时减少玩家对象的生命值和最大生命值，因此应该增加降低玩家生命值和最大生命值的 HurtPlayer 方法。在该方法中先调用 Player_New 类对象继承自 Player 类的 BeingHurt 方法，再调用 Player_New 类对象的 BeingHurtMaxLife 方法。两个方法调用的实参同为继承自 Trap 类的伤害值字段 damage，最终 Trap_MaxLife 类的具体代码（在 MyGame3.cs 脚本中）如下：

```
public void HurtPlayer(Player_New p){
    p.BeingHurt (damage);
    p.BeingHurtMaxLife (damage);
}
```

4. 访问修饰符 protected

访问修饰符 protected 的作用是，使基类的成员可以被派生类直接访问的同时不能被其他外部类直接访问。

在 Player_New 类的新增代码中需要访问继承自基类 Player 的两个字段：用于存储玩家名称的 name 和用于存储最大生命值的 maxlife。而在 Player 类的定义中，这两个字段没有设置访问修饰符。也就是说，它们被设置成了默认的 private。这意味着这两个字段在 Player 类的类体之外是无法被访问的。这样的设置显然不符合现在的需求。为了能够在 Player_New 类中成功访问字段 name 和 maxlife，需要到脚本 MyGame.cs 中为 Player 类的字段 name 和 maxlife 添加访问修饰符 protected。

同样的道理，还需要到脚本 MyGame.cs 中为 Trap 类的字段 damage 添加访问修饰符 protected。

在完成以上工作后，可以在脚本 MyGame3.cs 中的 Start 方法里验证 Trap_Speed 类对象、Trap_MaxLife 类对象和 Player_New 类对象之间交互的效果。完整案例代码如例 7-8 所示。

例 7-8 Trap_Speed 类对象、Trap_MaxLife 类对象和 Player_New 类对象之间交互的效果

在脚本 MyGame.cs 中，为 Player 类的字段 name 和 maxlife，以及 Trap 类的字段 damage 添加访问修饰符 protected。

脚本 MyGame2.cs 代码：

```
/////////代码开始/////////
using System.Collections;
using System.Collections.Generic;
using UnityEngine;

class Player_New:Player
{
    int speed=0;

    public int Speed{
        set{
            speed=value;
        }
    }

    public void BeingHurtSpeed(int points)
```

```csharp
    {
        speed-=points;
        if(speed<0){
            speed=0;
        }
        MyGame2.print(
            string.Format("玩家{0}的速度下降了{1}点,变为{2}",
                name,points,speed));
    }

    public void BeingHurtMaxLife(int points)
    {
        maxLife-=points;
        if(maxLife<0){
            maxLife=0;
        }
        MyGame2.print(
            string.Format("玩家{0}的最大生命值下降了{1}点,变为{2}",
                name,points,maxLife));
    }
}
public class MyGame2:MonoBehaviour
{
    void Start()
    {
    }

    void Update()
    {

    }
}
/////////代码结束/////////
```

脚本 MyGame3.cs 代码:
```csharp
/////////代码开始/////////
using System.Collections;
using System.Collections.Generic;
using UnityEngine;

class Trap_MaxLife:Trap
{
    public Trap_MaxLife(string trapName,
                        int damageValue):
        base(trapName,damageValue)
```

```csharp
        {
        }

        public void HurtPlayer(Player_New p)
        {
            p.BeingHurt(damage);//调用Player_New类继承自基类Playe的BeingHurt方法对玩家生命值造成伤害
            p.BeingHurtMaxLife(damage);
        }
    }

    class Trap_Speed:Trap
    {
        public Trap_Speed(string trapName,
                    int damageValue):
            base(trapName,damageValue)
        {
        }

        public void HurtPlayer(Player_New p)
        {
            p.BeingHurtSpeed(damage);
        }
    }

    public class MyGame3:MonoBehaviour
    {
        void Start()
        {
            //创建Player_Speed类对象,并设置玩家名称
            Player_New playerNew=new Player_New();
            playerNew.Name= "Player_New 类玩家对象";
            playerNew.Speed=100;
            //创建Trap类对象并设置名称和伤害值
            Trap trap=
                new Trap("Trap 类陷阱对象",30);
            //创建Trap_Speed类对象并设置名称和伤害值
            Trap_Speed trapSpeed=
                new Trap_Speed("Trap_Speed 类陷阱对象",20);
            //创建Trap_MaxLife类对象并设置名称和伤害值
            Trap_MaxLife trapMaxLife=
                new Trap_MaxLife("Trap_MaxLife 类陷阱对象",10);
            //对象之间的交互
            trap.HurtPlayer(playerNew);
```

```
            trapSpeed.HurtPlayer(playerNew);
            trapMaxLife.HurtPlayer(playerNew);
    }

    void Update()
    {

    }
}
////////代码结束////////
```

在完成各脚本的代码修改和编写并保存后，返回 Unity 界面，确保自建对象中只有 MyGame3 处于激活状态，保存并运行场景即可在 Console 窗口看到图 7-8 所示的运行结果。可以看到 Player_New、Trap_Speed 和 Trap_MaxLife 这 3 个类都已经实现需求描述的功能。

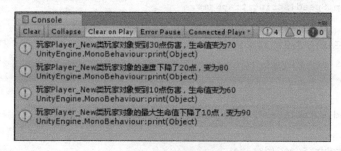

图 7-8 例 7-8 的运行结果

7.4.2 成员隐藏

扫码观看
微课视频

1. 什么是成员隐藏

成员隐藏是指在派生类中通过声明跟基类成员同名的成员来屏蔽基类成员。如果要屏蔽的是方法成员，则还要求形参列表一致。

2. 成员隐藏的作用

当继承自基类的成员对派生类不适用，需要对成员的实现细节进行修改甚至推翻重建的时候，可以使用成员隐藏来达到此目的。

3. 成员隐藏不影响派生类的基类部分

派生类可以视为由基类部分和派生后增加的部分组成，当在派生类中隐藏基类成员时，其基类部分被隐藏的成员不受影响。假设基类 A 有一个无参方法 SayHello，它的功能为在 Console 窗口输出信息"Hello"，而其派生类 B 中也声明了无参方法 SayHello 并且其功能为在 Console 窗口输出信息"你好"，则派生类 B 的 SayHello 方法屏蔽了基类的 SayHello 方法。此时如果有一个类 B 的对象 objb，则"objb.SayHello( )"输出的信息是"你好"。通过强制转换可以获得对象 objb 的基类部分 obja，具体操作如下：

```
A obja=(A)objb;
```

此时"obja.SayHello( )"输出的信息是"Hello"。

4. base 关键字

在派生类中，base 关键字代表基类部分，通过 base 关键字可以访问基类成员，包括访问被隐藏的成员。当然，这些可以被访问的成员在基类中定义时应该使用 protected 或者 public 修饰符。

5. 成员隐藏案例

为了查看玩家类的状态，需要在基类 Player 中增加一个名为 ShowInfo 的公开方法，用于在 Unity 的 Console 窗口输出玩家对象的名称和生命值。这个方法没有形参并且返回值类型为 void。对于派生类 Player_New 来说，继承自 Player 类的 ShowInfo 方法并不适用，因为对于 Player_New 类的对象而言，它们的移动速度和生命值上限会受到陷阱的影响，也需要在 Unity 的 Console 窗口输出。此时，我们可以采用成员隐藏来为 Player_New 类定义一个新的 ShowInfo 方法。这个新的 ShowInfo 方法也没有形参，因此它可以起到隐藏基类的 ShowInfo 方法的作用。当我们调用 Player_New 类对象的 ShowInfo 方法时，基类的 ShowInfo 方法不会起作用。但是当我们将 Player_New 类对象强制转换而获得其基类部分并调用基类对象的 ShowInfo 方法时，起作用的就是基类的 ShowInfo 方法。

例 7-9 为基类 Player 定义 ShowInfo 方法并在派生类 Player_New 中隐藏基类的 ShowInfo 方法

在脚本 MyGame.cs 中，为 Player 类增加 ShowInfo 方法的具体代码如下：

```
/////////代码开始/////////
public void ShowInfo(){
    MyGame.print(
    string.Format("玩家{0}当前生命值为{1}",
        name,life));
}
/////////代码结束/////////
```

在脚本 MyGame2.cs 中，为 Player_New 类增加 ShowInfo 方法的具体代码如下。注意这个方法的名称和参数列表与基类 Player 的 ShowInfo 方法是完全一样的，因此能起到隐藏基类成员的作用。

```
/////////代码开始/////////
public void ShowInfo(){
    MyGame2.print(
    string.Format("玩家{0}当前生命值为{1},速度值为{2},最大生命值为{3}",
        name,life,speed,maxLife));
}
/////////代码结束/////////
```

在脚本 MyGame.cs 中，要将 Player 类的 life 字段的访问修饰符设置为 protected，因为在派生类 Player_New 的 ShowInfo 方法中需要访问基类 Player 的 life 字段：

```
/////////代码开始/////////
protected int life=100;
/////////代码结束/////////
```

在脚本 MyGame3.cs 中，在 MyGame3 类的 Start 方法中分别调用 Player 类对象和 Player_New 类对象的 ShowInfo 方法以对比不同的效果。具体代码如下：

```
/////////代码开始/////////
void Start()
{
    //创建基类玩家对象
    Player p1=new Player();
    p1.Name= "基类玩家";
    //创建派生类玩家对象
    Player_New p2=new Player_New();
```

```
        p2.Name= "派生类玩家";
        //创建一个 Trap 类陷阱对象
        Trap t=new Trap("陷阱1",25);
        //在 p1 与陷阱交互前后分别调用它的 ShowInfo 方法
        p1.ShowInfo();
        t.HurtPlayer(p1);
        p1.ShowInfo();
        //在 p2 与陷阱交互前后分别调用它的 ShowInfo 方法
        p2.ShowInfo();
        t.HurtPlayer(p2);
        p2.ShowInfo();
        //测试 p2 基类部分的 ShowInfo 方法
        Player p3=(Player)p2;
        p3.ShowInfo();
    }
////////代码结束////////
```

在完成各脚本的代码修改和编写并保存后，返回 Unity 界面，确保自建对象中只有 MyGame3 处于激活状态，保存并运行场景即可在 Console 窗口看到图 7-9 所示的运行结果。可以看到，由于 Player_New 类屏蔽了其基类 Player 类的 ShowInfo 方法，所以调用 Player 类对象 p1 和 Player_New 类对象 p2 的 ShowInfo 方法时，在 Console 窗口输出的内容所包含的信息是完全不一样的。p1 的 ShowInfo 方法只能输出生命值；p2 的 ShowInfo 方法则能够输出生命值、速度值和最大生命值；关于通过对 p2 强制转换获得的基类对象 p3，其 ShowInfo 方法所包含的信息则与基类对象 p1 的 ShowInfo 方法一致，只能输出生命值。

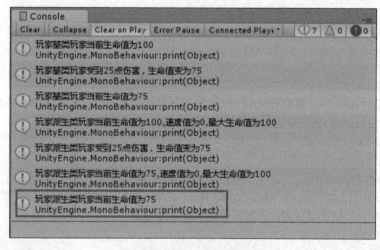

图 7-9　例 7-9 的运行结果

7.4.3　方法重写

1. 方法重写的语法及其作用

当基类中有个用 virtual 关键字修饰的方法时，可以在派生类中声明一个参数列表相同的同名方法并且用 override 关键字修饰。此时我们说派生类"重写"了该方法。例如：

扫码观看
微课视频

```
class A{
    virtual public int Func(int a,int b){
        return a+b;
    }
}
class B:A{
    override public int Func(int a,int b){
        return a-b;
    }
}
```

在以上代码中，继承自类 A 的类 B 重写了 Func 方法，将原先的参数相加功能重写成了相减。在基类中使用 virtual 修饰的方法称为虚方法，在派生类中使用 override 修饰的方法称为重写方法。

通过方法重写，派生类从基类继承的方法被完全覆盖，此时如果试图调用派生类基类部分的虚方法，会发现真正被调用的是重写方法。以本小节中的基类 A 和派生类 B 的对象为例，来看方法重写的作用：

```
A obja=new A();
B objb=new B();
//objc 是 objb 的基类部分
A objc=(A)objb;
//如果调用 obja 的 Func 方法，则 ra 的值为 2+1 的结果 3
int ra=obja.Func(2,1);
//而因为类 B 的方法 Func 被重写
//即便 objc 是 objb 的基类部分，此时 rc 的值仍将为 2-1 的结果 1
int rc=objc.Func(2,1);
```

方法重写的这一特性，不仅使派生类在同一个方法中具备与基类不同的行为，而且允许其他类通过与派生类的基类部分交互来获得派生类的交互效果，从而实现程序代码的可扩展性。具体实现方法见以下案例。

2. 方法重写的案例

本案例定义了一个可以拾取道具的新玩家类和一个道具基类，在新玩家类中设计了与道具基类交互的方法，在道具基类中则设计了影响玩家类属性的虚方法供派生类重写；在此基础上，定义了 3 种不同的道具基类的派生类，在每种派生类中通过方法重写使每种道具影响玩家类对象的不同属性。

案例实现的具体思路如下。

第一步，从 Player_New 类派生一个新玩家类 Player_Item，在该类中增加对生命值、速度值和最大生命值进行读写的属性，以便在不同的道具类中有选择地设置这些属性。

第二步，定义道具基类 Item，为其设计一个 TakeEffect 方法。该方法为虚方法并且以 Player_Item 类对象为形参供派生类重写，派生类可以在重写该方法时通过传入的形参根据道具类型设置玩家对象的不同属性。

第三步，为 Player_Item 类设计一个 GetItem 方法，以道具基类 Item 类的对象为形参，在方法体中调用道具对象的虚方法 TakeEffect 并以 this 关键字为实参。在一个类的方法中，this 关键字表示基于该类所生成的对象。当一个对象包含 this 关键字的方法被调用时，该方法中的 this 关键字即代表该对象本身。

第四步，以 Item 为基类派生不同的道具类，在每个道具类中重写 TakeEffect 方法，在该方法中根据道具的作用，设置传入形参（也就是拾取到该道具的 Player_Item 类对象）的属性值。

第五步，在 Unity 脚本的 Start 方法中，声明并初始化 Player_Item 类对象和各种道具类对象，使用玩家对象的 GetItem 方法与每种道具对象进行交互，验证其功能。

完整代码如例 7-10 所示。

例 7-10 设计道具类 Item 并利用方法重写派生多种不同的道具类

在脚本 MyGame.cs 中，为 Player 类的 BeingDead 方法添加 protected 修饰符，如下所示：

```
////////代码开始////////
//定义用于描述玩家死亡行为的方法
protected void BeingDead()
{
    //使用 My Game 组件的 print 方法输出信息
    MyGame.print(string.Format("玩家{0}死亡",name));
}
////////代码结束////////
```

在脚本 MyGame2.cs 中，为 Player_New 类的 speed 字段添加 protected 修饰符，如下所示：

```
////////代码开始////////
protected int speed=0;
////////代码结束////////
```

创建新脚本 MyGame4.cs，定义新玩家类 Player_Item 类、道具类的基类 Item 及其派生类 Item_Life、Item_Speed 和 Item_MaxlifeAndLife，并在脚本的 Start 方法中添加验证各种道具功能的代码：

```
////////代码开始////////
using System.Collections;
using System.Collections.Generic;
using UnityEngine;

//可与道具类交互的玩家类
class Player_Item:Player_New
{
    /// <summary>
    /// 获取或者设置生命值 life
    /// </summary>
    /// <value>生命值 life.</value>
    public int Life{
        get{
            return life;
        }

        set{
            if(value>maxLife){
                //生命值不能大于最大生命值
                life=MaxLife;
            }else if(value<=0){
                //如果生命值被设为小于或等于0
                //则玩家对象死亡
```

```csharp
                life=0;
                BeingDead();
            }else{
                life=value;
            }
        }
    }

    /// <summary>
    /// 获取或者设置速度值 speed
    /// </summary>
    /// <value>速度值.</value>
    public int Speed{
        get{
            return speed;
        }

        set{
            if(value<=0){
                //如果速度值被设为小于或等于0
                //则速度为0
                speed=0;
            }else{
                speed=value;
            }
        }
    }

    /// <summary>
    /// 获取或者设置最大生命值 maxLife
    /// </summary>
    /// <value>最大生命值.</value>
    public int MaxLife{
        get{
            return maxLife;
        }

        set{
            if(value<=0){
                //如果最大生命值被设为小于或等于0
                //则需要同步将属性Life设为0
                maxLife=0;
                Life=0;
            }else if(value<life){
                //如果最大生命值被设为小于或等于生命值
```

```csharp
                    //则需要同步将生命值设为相同的值
                    maxLife=value;
                    Life=value;
                }else{
                    maxLife=value;
                }
            }
        }

        /// <summary>
        /// 初始化<see cref="Player_Item"/>的一个实例
        /// </summary>
        /// <param name="name">名称.</param>
        /// <param name="maxlife">最大生命值.</param>
        /// <param name="life">生命值.</param>
        /// <param name="speed">速度.</param>
        public Player_Item(string name,int maxlife,int life,int speed):base()
        {
            Name=name;
            MaxLife=maxLife;
            Life=life;
            Speed=speed;
        }


        /// <summary>
        /// 与道具类交互的方法,无论获得何种道具都可以调用此方法
        /// </summary>
        /// <param name="item">Item.</param>
        public void GetItem(Item item)
        {
            MyGame4.print(
                string.Format("玩家"{0}"获得道具"{1}",效果为: {2}",
                    Name,item.Name,item.TakeEffect(this)));
        }
    }

    //道具类的基类
    class Item
    {
        string name;
        protected int effectPoints;

        public string Name{
            get{
                return name;
```

```csharp
        }
    }

    public Item(string name,int points)
    {
        this.name=name;
        effectPoints=points;
    }

    virtual public string TakeEffect(Player_Item player)
    {
        return"无任何效果";
    }
}

//增加生命值的道具类
class Item_Life:Item
{
    public Item_Life(string name,int points):base(name,points)
    {
    }

    /// <summary>
    /// 重写继承自基类的虚方法TakeEffect
    /// 在该方法中影响玩家对象的生命值
    /// </summary>
    /// <returns>The effect.</returns>
    /// <param name="player">Player.</param>
    public override string TakeEffect(Player_Item player)
    {
        player.Life+=effectPoints;
        return string.Format("生命值增加{0}点",effectPoints);
    }
}

class Item_Speed:Item
{
    public Item_Speed(string name,int points):base(name,points)
    {
    }

    /// <summary>
    /// 重写继承自基类的虚方法TakeEffect
    /// 在该方法中影响玩家对象的速度值
```

```csharp
        /// </summary>
        /// <returns>The effect.</returns>
        /// <param name="player">Player.</param>
        public override string TakeEffect(Player_Item player)
        {
            //增加速度值
            player.Speed+=effectPoints;
            return string.Format("速度值增加{0}点",effectPoints);
        }
}

class Item_MaxlifeAndLife:Item
{
    public Item_MaxlifeAndLife(string name,int points):base(name,points)
    {
    }

    /// <summary>
    /// 重写继承自基类的虚方法TakeEffect
    /// 在该方法中影响玩家对象的最大生命值和生命值
    /// </summary>
    /// <returns>The effect.</returns>
    /// <param name="player">Player.</param>
    public override string TakeEffect(Player_Item player)
    {
        //增加最大生命值
        player.MaxLife+=effectPoints;
        //让生命值全满
        player.Life=player.MaxLife;
        return string.Format("最大生命值增加{0}点并且生命值全满",effectPoints);
    }
}

public class MyGame4:MonoBehaviour
{

    void Start()
    {
        //玩家对象
        Player_Item p=new Player_Item("小明",100,60,50);
        p.ShowInfo();
        //验证第一种道具
        Item t1=new Item("空瓶子",10);
        //对于玩家对象来说，只需用同一个方法即可获得不同道具的不同功能
```

```
            p.GetItem(t1);
            p.ShowInfo();
            //验证第二种道具
            Item_Life t2=new Item_Life("牛奶",20);
            //对于玩家对象来说,只需用同一个方法即可获得不同道具的不同功能
            p.GetItem(t2);
            p.ShowInfo();
            //验证第三种道具
            Item_Speed t3=new Item_Speed("咖啡",5);
            //对于玩家对象来说,只需用同一个方法即可获得不同道具的不同功能
            p.GetItem(t3);
            p.ShowInfo();
            //验证第四种道具
            Item_MaxlifeAndLife t4=new Item_MaxlifeAndLife("西红柿炒鸡蛋",30);
            //对于玩家对象来说,只需用同一个方法即可获得不同道具的不同功能
            p.GetItem(t4);
            p.ShowInfo();
        }

        void Update()
        {

        }
    }
/////////代码结束/////////
```

在完成各脚本的代码修改和编写并保存后,返回 Unity 界面,创建一个空对象并更名为 MyGame4,将脚本 MyGame4.cs 加载到 MyGame4 对象上,并确保场景的自建对象中只有 MyGame4 处于激活状态,保存场景后运行场景即可在 Console 窗口看到图 7-10 所示的运行结果。从运行结果中可以看到,玩家对象统一用一个 GetItem 方法就能够顺利使不同道具类的对象进行交互。这证明了合理利用方法重写可以有效实现 C#代码的可扩展性。

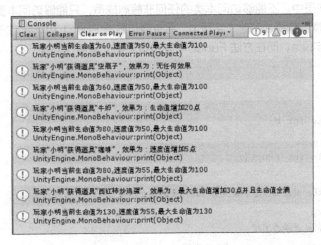

图 7-10 例 7-10 的运行结果

7.4.4 静态成员和静态类

1. static 关键字

在定义类的成员或者在定义一个类时,可以使用 static 关键字进行修饰,从而得到类的静态成员或者静态类。静态成员和静态类是两个不同的概念,普通的类既可以有非静态成员也可以有静态成员,而静态类的所有成员都必须是静态的。

2. 静态成员的定义及其使用方法

(1)定义一个静态成员的语法。

当定义一个类时,使用 static 关键字修饰的成员是静态成员。但并不是所有种类的成员都能够设置为静态的,例如,数据成员中的常量和函数成员中的索引器都不能够设置为静态的。

(2)访问类静态成员的语法。

在类体内部,静态成员的访问方法与普通成员一样,但是在类体外使用类的静态成员则需要通过类名来访问,而不能通过对象来访问。例如一个类 A 具有静态的 int 型字段 d 和静态方法 Func:

```
class A{
    public static int d;
    public static void Func(){
    }
}
```

则在类体之外需要这样来访问它们:

```
//访问类A的静态字段d,需要通过类名来访问
A.d=10;//写
int b=A.d+3;//读
//调用类A的静态方法,也需要通过类名来访问
A.Func();
//声明一个类A的对象
A obja=new A();
//语法错误:试图通过对象访问静态成员
//obja.Func();
```

(3)在静态函数成员中不能够访问非静态成员。

在类的静态函数成员中,不能够访问本类的任何非静态成员,只能够访问本类中的其他静态成员。例如一个类 B 具有非静态字段 a 和静态字段 b,另有静态方法 Func1 和非静态方法 Func2,则在方法 Func1 中不能够访问字段 a,而在方法 Func2 中则没有限制。具体代码如下:

```
class B
{
    int a=1;
    public static int b;

    public static int Func1()
    {
        //语法错误:试图在静态方法成员中访问非静态字段a
        //b=a+2;
        //没问题,b是静态字段
        return b*10;
```

```
    }

    public int Func2()
    {
        //在非静态方法中可以访问任何种类的成员，包括静态成员
        b=a+2;
        return b*10;
    }
}
```

（4）静态成员的应用案例。

静态成员中的静态字段常用来记录一个类的对象所共有的特性，而静态方法则常用于描述该类对象所共有的行为。在本案例中，设计一个用于记录参赛者姓名和得分的类，并设计两个用于存储最高得分记录的静态字段，以及一个用于供外部获取最高得分记录的静态方法。

例 7-11 静态成员的应用案例——最高得分纪录

创建新脚本 Example7_11.cs，在脚本编辑器中打开该脚本并输入如下代码：

```
////////代码开始////////
using System.Collections;
using System.Collections.Generic;
using UnityEngine;

class Contestant
{
    //用一个静态字段记录历史最高得分
    static float topRecord=0;
    //用一个静态字段记录历史最高得分者的姓名
    static string topRecordSetter= "";
    //记录对象得分的字段
    float score;
    //记录对象姓名的字段
    public string name;

    //供外部访问对象得分的非静态属性（函数成员）
    public float Score{
        get{
            return score;
        }

        set{
            score=value;
            //在非静态函数成员中可以访问静态成员
            //如果得分高于最高纪录，则更新历史最高纪录
            if(value>topRecord){
                topRecord=value;
                topRecordSetter=name;
```

```csharp
            }
        }
    }

    //静态方法，用于获取历史最高纪录
    //由于历史最高记录包括得分和姓名，因此通过输出参数来获取
    public static void GetTopRedord(out float score,out string name)
    {
        //在静态方法中只能访问静态成员
        score=topRecord;
        name=topRecordSetter;
    }
}

public class Example7_11:MonoBehaviour
{
    void Start()
    {
        //验证Contestant类的静态成员的作用
        //生成3个对象，分别设置不同的姓名和得分
        Contestant c1=new Contestant();
        c1.name= "小明";
        c1.Score=81.7f;
        Contestant c2=new Contestant();
        c2.name= "小红";
        c2.Score=99.1f;
        Contestant c3=new Contestant();
        c3.name= "小丽";
        c3.Score=60.5f;
        //通过Contestant类的静态方法获得最高得分纪录
        float bestScore=0;
        string bestName= "";
        Contestant.GetTopRedord(out bestScore,out bestName);
        //在Console窗口输出最高得分纪录
        print(string.Format("最高得分纪录为{0}分，由{1}获得"
            ,bestScore,bestName));
    }

    void Update()
    {

    }
}
///////代码结束///////
```

在完成 Example7_11.cs 脚本的代码修改和编写并保存后，返回 Unity 界面，创建一个空对象并更名为 Example7_11，将脚本 Example7_11.cs 加载到 Example7_11 对象上，并确保场景的自建对象中只有 Example7_11 处于激活状态，保存场景后运行场景即可在 Console 窗口看到图 7-11 所示的运行结果。

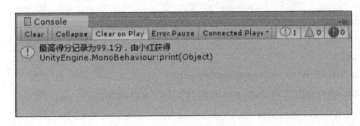

图 7-11　例 7-11 的运行结果

3. 静态类的定义及其使用方法

静态类就是在定义时使用 static 修饰符修饰的类，静态类有如下特性。

特性一：静态类的所有方法都是静态的。
特性二：静态类可以有静态的构造函数。
特性三：静态类没有派生类，也就是说静态类不能够被继承。

静态类往往用于设计工具类。

例 7-12　设计一个用于处理 int 型数组的静态类

作为工具类，以静态方法的方式提供计算数组元素之和、获取最大元素值和最小元素值等功能。创建新脚本 Example7_12.cs，在脚本编辑器中打开该脚本并输入如下代码：

```csharp
////////代码开始////////
using System.Collections;
using System.Collections.Generic;
using UnityEngine;

static class ArrayUtility
{

    /// <summary>
    /// 用于计算多个int型数组元素之和的方法
    /// </summary>
    /// <returns>元素之和.</returns>
    /// <param name="arrays">可传入多个数组.</param>
    public static int ArraySum(params int[][] arrays)
    {
        int sum=0;
        if(arrays!=null&&arrays.Length>0){
            //遍历传入的每个数组
            for(int i=0;i<arrays.Length;i++){
                //遍历第i个数组的元素
                for(int j=0;j<arrays[i].Length;j++){
                    //arrays[i]表示传入的第i个数组参数
```

```csharp
                    //arrays[i][j]表示传入的第i个数组参数的第j个元素
                    sum+=arrays[i][j];
                }
            }
        }
        return sum;
    }

    public static void GetMaxAndMinElement(
        out int max,out int min,params int[][] arrays)
    {
        max=0;
        min=0;
        if(arrays!=null&&arrays.Length>0){
            //重写初始化最大最小元素值
            max=arrays[0][0];
            min=arrays[0][0];
            //遍历传入的每个数组
            for(int i=0;i<arrays.Length;i++){
                //遍历第i个数组的元素
                for(int j=0;j<arrays[i].Length;j++){
                    //arrays[i]表示传入的第i个数组参数
                    //arrays[i][j]表示传入的第i个数组参数的第j个元素
                    if(max<arrays[i][j]){
                        max=arrays[i][j];
                    }
                    if(min>arrays[i][j]){
                        min=arrays[i][j];
                    }
                }
            }
        }
    }
}

public class Example7_12:MonoBehaviour
{

    void Start()
    {
        int[] a1= {1,2,3,1,2,3};
        int[] a2= {0,1,2,2,1,0};
        print("数组元素之和: " +ArrayUtility.ArraySum(a1,a2));
        int maxE=0;
        int minE=0;
```

```
        ArrayUtility.GetMaxAndMinElement(
            out maxE,
            out minE,
            a1,a2,new int[]{10,30,20,-2});
        print("最大元素值: " +maxE);
        print("最小元素值: " +minE);
    }

    void Update()
    {

    }
}
/////////代码结束/////////
```

在完成 Example7_12.cs 脚本的代码编写并保存后,返回 Unity 界面,创建一个空对象并更名为 Example7_12,将脚本 Example7_12.cs 加载到 Example7_12 对象上,并确保场景的自建对象中只有 Example7_12 处于激活状态,保存场景后运行场景即可在 Console 窗口看到图 7-12 所示的运行结果。

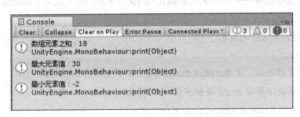

图 7-12 例 7-12 的运行结果

7.4.5 扩展方法

1. 扩展方法的概念及其作用

扩展方法是基于类 A 的一个公开成员,利用一个新的静态类 B 为类 A 增加新方法成员的一种设计手段。通常情况下,如果希望给一个类添加新的方法成员,最直接的手段是在该类的类体中定义新的方法成员,或者以该类为基类派生新的类并在派生类中增加新的方法成员。但有些情况下希望增加新方法的类的代码是不允许修改、无法派生甚至无法查看的,此时利用扩展方法的手段仍然能够给这样的类增加新方法成员。

2. 扩展方法的语法

将希望增加新方法的类 A 称为"被扩展类",将实施扩展方法的静态类 B 称为"扩展类",扩展方法的语法规则如下。

第一,扩展方法必须定义在作为扩展类的静态类中,并且方法本身必须是静态的。

第二,扩展方法的第一个参数必须以 this 关键字修饰并且数据类型为被扩展类,参数的具体语法形式为:

```
this 被扩展类类名 参数名
```

第三,实现扩展方法后,可以通过被扩展类的对象调用扩展方法,就像调用该类自己的其他方法一样:

被扩展类对象名.扩展方法名(参数列表)

其中,参数列表中的实参对应扩展方法第一个参数之后的其他形参。

3. 扩展方法案例

下面用一个简单案例解释上述语法规则。假设类 A 有公开数据成员 a 和公开方法 Func1,其中 Func1 方法的功能为返回 a 的 10 倍的值,具体代码如下:

```
class A{
    public int a;
    public int Func1(){
        return a*10;
    }
}
```

此时如果希望通过扩展方法的手段为类 A 增加一个方法 Func2(该方法有一个 int 型参数 b,并且该方法的功能为将字段 a 的值变为原来的 b 倍),然后将变化后的字段的 10 倍作为返回值返回,则设计步骤如下。

步骤一,定义一个静态类。

步骤二,在静态类中定义静态方法 Func2,并且 Func2 的第一个形参是包含 this 关键字且数据类型为 A 的参数。

步骤三,在 Func2 的方法体中利用传入参数的字段 a 和方法 Func1 实现其功能。具体设计代码如下:

```
//必须是静态类,但具体的类名并无限制
static class ExtendA{
    //扩展的方法必须是静态的,方法名根据需求设置
    //该方法的第一个参数必须以 this 关键字修饰且数据类型为 A
    static int Func2(this A obja,int b){
        obja.a*=b;
        return obja.Func1();
    }
}
```

在这样的设计之下,类 A 的对象就具备了 Func2 方法,并且该方法具有一个 int 型形参 b。可以这样调用该方法:

```
A obja=new A();
obja.a=1;
//以下语句调用 obja 对象的 Func2 方法
//传入的实参 10 对应形参 b
//以下语句执行完毕后,obja 的字段 a 将变为 10
//而变量 c 的值则将为 100
int c=obja.Func2(10);
```

案例完整代码如例 7-13 所示。

例 7-13　展方法的简单案例

创建名为 Example7_13.cs 的 Unity 脚本并在脚本编辑器中打开,输入以下代码:

```
////////代码开始////////
using System.Collections;
using System.Collections.Generic;
```

```
using UnityEngine;

class A
{
    public int a;

    public int Func1()
    {
        return a*10;
    }
}

//必须是静态类,但具体的类名并无限制
static class ExtendA
{
    //扩展的方法必须是静态的,方法名根据需求设置
    //该方法的第一个参数必须由 this 关键字修饰且数据类型为 A
    static public int Func2(this A obja,int b)
    {
        obja.a*=b;
        return obja.Func1();
    }
}

public class Example7_13:MonoBehaviour
{
    void Start()
    {
        A obja=new A();
        obja.a=1;
        //以下语句调用 obja 对象的 Func2 方法
        //传入的实参 10 对应形参 b
        //以下语句执行完毕后,obja 的字段 a 将变为 10
        //而变量 c 的值则将为 100
        int c=obja.Func2(10);
        //输出信息以验证上述推断
        print(obja.a);
        print(c);
    }

    void Update()
    {
```

```
        }
    }
////////代码结束////////
```

在完成 Example7_13.cs 脚本的代码编写并保存后，返回 Unity 界面，创建一个空对象并更名为 Example7_13，将脚本 Example7_13.cs 加载到 Example7_13 对象上，并确保场景的自建对象中只有 Example7_13 处于激活状态，保存场景后运行场景即可在 Console 窗口看到图 7-13 所示的运行结果，该结果验证了 Func2 方法的功能。

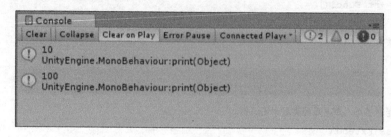

图 7-13　例 7-13 的运行结果

扫码观看
微课视频

7.4.6　接口

1. 接口的作用

我们已经知道在类的继承中使用方法重写，可以很好地实现程序的扩展，例如方法重写使我们能够让玩家对象用同一个方法来使用不同类别的道具对象。然而，基于类的继承的方法重写有这样一个问题：在派生类的定义中，对基类虚方法的重写是非强制性的，也就是说派生类可以不重写基类的虚方法，这样就容易导致设计的结果偏离原定的设计意图，特别是在团队合作的情景中。以前面讲解的道具功能设计为例，假设设计师 A 负责道具和玩家的交互功能，他设计了道具基类并在该类中定义了虚方法 TakeEffect，规定该方法用于实现道具对玩家的具体影响，然后交由设计师 B 设计一种可以给玩家对象增加生命值的道具类。设计师 B 很清楚自己所设计的增加生命值的道具类应该派生自道具基类，但由于 C#的语法机制中没有对基类虚方法进行重写的强制性，所以设计师 B 可能会根据自己的理解定义另外一个方法 IncreaseLife 来实现道具对玩家的具体影响。而设计师 A 对此很可能一无所知。于是设计师 A 会发现设计师 B 所设计的增加生命值的道具类并没有发挥作用，因为在设计师 A 所设计的交互代码中，无论什么道具对象，都是通过对象基类部分的 TakeEffect 方法来发挥作用的。可偏偏现在设计师 B 所设计的道具类中没有重写这个方法，偏离设计意图的情况就这样发生了。

所幸 C#还提供了另外一种可以提高程序可扩展性的手段，那就是本小节要介绍的接口。利用接口，可以从语法上强制规定类中必须定义的成员。

2. 基于接口的设计思路

以道具类的设计为例，现在设计师 A 可以定义一个道具接口（而不是道具类的基类），在道具接口中定义方法 TakeEffect。但由于接口不是类，因此设计师 A 只需要规定好 TakeEffect 方法的返回值和参数列表而不需要方法体。此时设计师 B 要设计增加生命值的道具类时不再由道具基类供他继承，而是换成了接口，他的任务是在增加生命值的道具类中"实现"道具的接口，而实现接口的语法跟继承基类的语法是极其相似的（后面马上会详细介绍）。但现在如果设计师 B 不在他设计的类里定义 TakeEffect 方法，则会导致语法错误。这是因为在语法上，C#规定实现接口的类必须实现接口的所有成员，这样一来就可以避免偏离设计意图的情况发生了。

3. 接口的定义及实现的具体语法规则

定义一个接口的具体语法规则为：

```
//接口名称应该以大写字母 I 开头
interface 接口名称{
    //在接口中不能声明任何数据成员，
    //只能声明 4 种非静态的函数成员
    //属性、方法、事件、索引器

    //声明属性的语法示例，至少包含一种访问器
    返回值类型 属性名称{
        get;
        set;
    }

    //声明方法的语法示例，没有方法体，以分号结束
    返回值类型 方法名称(参数列表);

    //应该注意，接口的任何成员都不能使用修饰符
    //但所有成员默认都是公开的
}
```

在定义类时实现接口的语法规则为：

```
//如果派生自基类，则接口名必须放在基类名后面，用逗号分隔
//派生类只能有一个基类，但一个类可以同时实现多个接口
class 类名:基类名,接口名1,...,接口名N{
    //每个接口的成员都必须实现
    //实现接口的成员都必须用 public 修饰符

    //实现接口的属性示例
    public 返回值类型 属性名{
        //根据接口的规定实现访问器
        get{
            //实现 get 访问器的代码
        }
        set{
            //实现 set 访问器的代码
        }
    }

    //实现接口的方法示例
    public 返回值类型 方法名（参数列表）{
        //方法体
    }
}
```

4. 接口的应用示例

以道具类的设计为例，在现有的 Player_Item 类的基础上派生一个新的玩家类 PlayerItem，在这个新类中增加一个公开方法，用于实现道具接口与玩家的交互。同时定义道具接口 IItem，在接口中声明用于实现道具对玩家对象产生影响的方法。在此基础上，可以设计两个新的道具类 ItemLife 和 ItemMaxLife，在这两个类中实现 IItem 接口。具体代码如例 7-14 所示。

例 7-14　利用接口设计道具类

创建新脚本 MyGame5.cs，在脚本编辑器中打开该脚本并输入以下代码：

```csharp
////////代码开始////////
using System.Collections;
using System.Collections.Generic;
using UnityEngine;

/// <summary>
/// 新玩家类，通过道具接口与道具对象交互.
/// </summary>
class PlayerItem:Player_Item
{

    public PlayerItem(string name,int maxlife,
                    int life,int speed):
        base(name,maxlife,life,speed)
    {
    }


    /// <summary>
    /// 与道具接口交互的方法，无论获得何种道具都可以调用此方法.
    /// </summary>
    /// <param name="item">道具接口.</param>
    public void GetItem(IItem item)
    {

        //只要实现了IItem接口的类都具有Name属性和TakeEffect方法
        MyGame5.print(
            string.Format("玩家"{0}"获得道具"{1}"，效果为: {2}",
                Name,item.Name,item.TakeEffect(this)));
    }
}

/// <summary>
/// 道具接口.
/// </summary>
interface IItem
{
    /// <summary>
```

```
    /// 用于获取名称的属性.
    /// </summary>
    /// <value>道具名称.</value>
    string Name{
        get;
    }

    /// <summary>
    /// 用于初始化道具的方法.
    /// </summary>
    /// <param name="name">道具名称.</param>
    /// <param name="points">作用点数.</param>
    void Initialize(string name,int points);

    /// <summary>
    /// 用于实现对玩家对象产生影响的方法.
    /// </summary>
    /// <returns>产生具体影响的文字信息.</returns>
    /// <param name="player">玩家对象.</param>
    string TakeEffect(PlayerItem player);
}

class ItemLife:IItem
{
    string name;
    int effectPoints;

    /// <summary>
    /// 根据接口的规定，实现获取名称的属性.
    /// </summary>
    /// <value>道具名称.</value>
    public string Name{
        get{
            return name;
        }
    }

    /// <summary>
    /// 根据接口的规定，实现用于初始化道具的方法.
    /// </summary>
    /// <param name="name">道具名称.</param>
    /// <param name="points">作用点数.</param>
    public void Initialize(string name,int points)
    {
```

```csharp
            this.name=name;
            effectPoints=points;
        }


        /// <summary>
        /// 根据接口的规定,实现对玩家对象产生影响的方法.
        /// </summary>
        /// <returns>产生具体影响的文字信息.</returns>
        /// <param name="player">玩家对象.</param>
        public string TakeEffect(PlayerItem player)
        {
            player.Life+=effectPoints;
            return string.Format("生命值增加{0}点",effectPoints);
        }


        /// <summary>
        /// 为了方便使用,定义<see cref="ItemLife"/>类的构造函数.
        /// </summary>
        /// <param name="name">名称.</param>
        /// <param name="points">作用点数.</param>
        public ItemLife(string name,int points)
        {
            //调用实现接口规定的初始化方法
            Initialize(name,points);
        }
    }

    class ItemMaxLife:IItem
    {
        string name;
        int effectPoints;


        /// <summary>
        /// 根据接口的规定,实现获取名称的属性.
        /// </summary>
        /// <value>道具名称.</value>
        public string Name{
            get{
                return name;
            }
        }


        /// <summary>
        /// 根据接口的规定,实现用于初始化道具的方法.
        /// </summary>
```

```csharp
/// <param name="name">道具名称.</param>
/// <param name="points">作用点数.</param>
public void Initialize(string name,int points)
{
    this.name=name;
    effectPoints=points;
}

/// <summary>
/// 根据接口的规定，实现对玩家对象产生影响的方法.
/// </summary>
/// <returns>产生具体影响的文字信息.</returns>
/// <param name="player">玩家对象.</param>
public string TakeEffect(PlayerItem player)
{
    player.MaxLife+=effectPoints;
    player.Life=player.MaxLife;
    return string.Format(
        "最大生命值增加{0}点，并且生命值全满",
        effectPoints
    );
}

/// <summary>
/// 为了方便使用，定义<see cref="ItemMaxLife"/>类的构造函数.
/// </summary>
/// <param name="name">名称.</param>
/// <param name="points">作用点数.</param>
public ItemMaxLife(string name,int points)
{
    //调用实现接口规定的初始化方法
    Initialize(name,points);
}
}

public class MyGame5:MonoBehaviour
{
    //Use this for initialization
    void Start()
    {
        //玩家对象
        PlayerItem p=new PlayerItem("小明",100,60,50);
        p.ShowInfo();
        //验证第一种道具
```

```
        ItemLife t1=new ItemLife("血瓶",20);
        //对于玩家对象来说,只需用同一个方法即可获得不同道具的不同功能
        p.GetItem(t1);
        p.ShowInfo();
        //验证第二种道具
        ItemMaxLife t2=new ItemMaxLife("生命之书",10);
        //对于玩家对象来说,只需用同一个方法即可获得不同道具的不同功能
        p.GetItem(t2);
        p.ShowInfo();
    }

    //Update is called once per frame
    void Update()
    {

    }
}
/////////代码结束/////////
```

在完成脚本 MyGame5.cs 的代码编写并保存后,返回 Unity 界面,创建一个空对象并更名为 MyGame5,将脚本 MyGame5.cs 加载到 MyGame5 对象上,并确保场景的自建对象中只有 MyGame5 处于激活状态,保存场景后运行场景即可在 Console 窗口看到图 7-14 所示的运行结果。从结果中可以看到基于接口的设计思路也可以有效实现 C#代码的扩展。

图 7-14 例 7-14 的运行结果

5. 接口实现的一些特殊情况

（1）实现具有重复成员的多个接口。

由于一个类可以实现多个接口,因此有可能出现两个或多个接口中具有相同名称、参数列表和返回值类型的方法成员的情况。此时可以在类中定义一个方法成员来同时实现不同接口所包含的重复成员。

例 7-15 实现具有重复成员的多个接口的案例

创建新脚本 Example7_15.cs,在脚本编辑器中打开该脚本并输入以下代码:

```
/////////代码开始/////////
using System.Collections;
using System.Collections.Generic;
```

```csharp
using UnityEngine;

interface IMyItf1
{
    //两个接口重复的方法成员
    //注意,对于不同方法的参数列表
    //只要参数的数据类型和排列顺序一致
    //无论参数名称是否相同,都认为参数列表是相同的
    int Func(int a,float b);
}

interface IMyItf2
{
    //两个接口重复的方法成员
    //注意,对于不同方法的参数列表
    //只要参数的数据类型和排列顺序一致
    //无论参数名称是否相同,都认为参数列表是相同的
    int Func(int c,float d);
}

class MyClass12:IMyItf1,IMyItf2
{
    //该方法同时实现两个接口的重复方法成员Func
    public int Func(int i,float j)
    {
        return i*2+ (int)j;
    }
}

public class Example7_15:MonoBehaviour
{
    void Start()
    {
        MyClass12 obj12=new MyClass12();
        //无论通过哪个接口来访问Func方法,效果都是一样的
        //利用as关键字获取对象obj12的IMyItf1接口
        IMyItf1 imitf1=obj12 as IMyItf1;
        if(imitf1!=null){
            //通过IMyItf1接口访问Func方法
            print(imitf1.Func(1,2.1f));
        }
        //利用as关键字获取对象obj12的IMyItf2接口
        IMyItf2 imitf2=obj12 as IMyItf2;
        if(imitf2!=null){
```

```
        //通过IMyItf2接口访问Func方法
        print(imitf2.Func(1,2.1f));
    }
}

    void Update()
    {
        
    }
}
/////////代码结束/////////
```

在完成脚本 Example7_15.cs 的代码编写并保存后,返回 Unity 界面,创建一个空对象并更名为 Example7_15,将脚本 Example7_15.cs 加载到 Example7_15 对象上,并确保场景的自建对象中只有 Example7_15 处于激活状态,保存场景后运行场景即可在 Console 窗口看到图 7-15 所示的运行结果。从运行结果中可以看到对于具有重复方法的两个接口,如果在类中用同一个方法实现两个接口的重复方法,则无论通过这两个接口中的哪一个来访问该方法,得到的结果都是相同的。这是因为两个接口的重复方法对应的是类中的同一个方法。

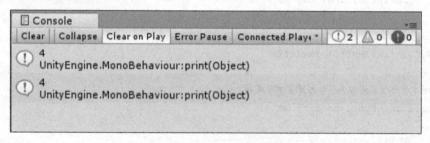

图 7-15 例 7-15 的运行结果

(2) 显式接口成员实现。

在实现具有重复成员的多个接口时,可以使用显式接口成员实现的方式,分别为每个接口实现各自的重复成员。具体方法是在类中使用限定接口名称来定义对应的成员。以方法的定义为例,其语法为:

```
//不能使用任何修饰符,因为这种实现方式的成员只能通过接口访问
返回值类型 接口名称.方法名称(参数列表){
    //方法体
    //针对不同接口实现不同功能
}
```

具体案例如例 7-16 所示。

例 7-16 显式接口成员实现的案例

创建新脚本 Example7_16.cs,在脚本编辑器中打开该脚本并输入以下代码:

```
/////////代码开始/////////
using System.Collections;
using System.Collections.Generic;
using UnityEngine;

interface IMyItf3
```

```csharp
{
    //两个接口重复的方法成员
    string Func();
}

interface IMyItf4
{
    //两个接口重复的方法成员
    string Func();
}

class MyClass34:IMyItf3,IMyItf4
{
    //显式接口成员实现,实现 IMyItf3 接口的 Func 方法
    //不能使用任何修饰符,因为这种实现方式的成员只能通过接口访问
    string IMyItf3.Func()
    {
        return"实现接口 IMyItf3 的 Func 方法";
    }

    //显式接口成员实现,实现 IMyItf4 接口的 Func 方法
    //不能使用任何修饰符,因为这种实现方式的成员只能通过接口访问
    string IMyItf4.Func()
    {
        return"实现接口 IMyItf4 的 Func 方法";
    }
}

public class Example7_16:MonoBehaviour
{

    void Start()
    {
        MyClass34 obj34=new MyClass34();
        //语法错误,显式接口成员实现的方法不能通过对象来访问
        //print(obj34.Func());
        //通过不同的接口访问 Func 方法,得到不同的结果
        //虽然两个 Func 方法的名称、参数列表和返回值都是一致的
        //但是通过显式接口成员实现的方式分别为两个接口实现的 Func 方法功能不一样
        IMyItf3 imitf3=obj34 as IMyItf3;
        if(imitf3!=null){
            print(imitf3.Func());
        }
        IMyItf4 imitf4=obj34 as IMyItf4;
        if(imitf4!=null){
```

```
            print(imitf4.Func());
        }
    }

    void Update()
    {

    }
}
/////////代码结束/////////
```

在完成脚本 Example7_16.cs 的代码编写并保存后，返回 Unity 界面，创建一个空对象并更名为 Example7_16，将脚本 Example7_16.cs 加载到 Example7_16 对象上，并确保场景的自建对象中只有 Example7_16 处于激活状态，保存场景后运行场景即可在 Console 窗口看到图 7-16 所示的运行结果。从运行结果中可以看到对于具有重复方法的两个接口，如果在类中用显式接口成员实现的方式分别实现两个接口的重复方法，则这两个方法将无法通过类的对象来访问，而需要通过接口访问，并且每个接口对应的方法是不一样的。

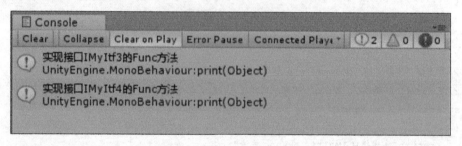

图 7-16　例 7-16 的运行结果

（3）从基类继承的成员用于实现接口。

如果一个类派生自基类的同时又实现了某个接口，而基类的某个公开成员与接口中的某个成员匹配，则可以将继承而来的该成员视为接口的实现，不需要在派生类中再次实现该成员。

例 7-17　从基类继承的成员用于实现接口的案例

创建新脚本 Example7_17.cs，在脚本编辑器中打开该脚本并输入以下代码：

```
/////////代码开始/////////
using System.Collections;
using System.Collections.Generic;
using UnityEngine;

interface IMyItf5
{
    //接口中声明的成员
    string Func();
}

class MyBaseClass
{
```

```csharp
        //基类中定义的公开方法成员
        //刚好与接口 IMyItf5 的 Func 方法成员匹配
        //而事实上,它与接口 IMyItf5 并无直接关系
        public string Func()
        {
            return"基类中定义的 Func 方法";
        }
}


/// <summary>
///MyClass5 类继承自 MyBaseClass 并实现了 IMyItf5 接口.
/// </summary>
class MyClass5:MyBaseClass,IMyItf5
{
    //由于继承了基类的 Func 方法
    //该方法与接口 IMyItf5 的 Func 方法匹配
    //因此在 MyClass5 类中可以不再实现 Func 方法
}


public class Example7_17:MonoBehaviour
{

    void Start()
    {
        MyClass5 obj5=new MyClass5();
        //通过 obj5 对象的 IMyItg5 接口访问 Func 方法
        //该方法实际上是继承自基类的 Func 方法
        IMyItf5 imitf5=obj5 as IMyItf5;
        if(imitf5!=null){
            print(imitf5.Func());
        }

    }

    void Update()
    {

    }
}
/////////代码结束/////////
```

在完成脚本 Example7_17.cs 的代码编写并保存后,返回 Unity 界面,创建一个空对象并更名为 Example7_17,将脚本 Example7_17.cs 加载到 Example7_17 对象上,并确保场景的自建对象中只有 Example7_17 处于激活状态,保存场景后运行场景即可在 Console 窗口看到图 7-17 所示的运行结果。从运行结果中可以看到从基类继承的成员确实可以用于实现接口。

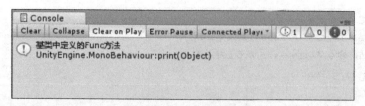

图 7-17　例 7-17 的运行结果

7.5　命名空间

当开发者试图在同一个 Unity 项目的不同脚本中定义同名的类时，会发生语法错误。错误信息指出命名空间"global::"已经包含了这个类的定义，那么错误信息中提及的"namespace"（命名空间）的含义是什么呢？在代码复用（将一个项目的脚本用到另一个项目中）的情况下，开发者应该如何解决类的同名冲突呢？这就需要我们来了解和使用命名空间。

7.5.1　命名空间及其作用

命名空间是在 C#中对类进行分类组织的一种方式，开发者可以利用命名空间对自己开发的 C#类进行分类。C#的语法规定了在同一个命名空间中不能有同名的类，但是在不同命名空间中则可以有同名的类。由于命名空间的存在，来自不同开发者和不同项目的程序能够归并到同一个项目中一起工作，从而保证了代码的可重用性。

7.5.2　命名空间的定义

1. 全局命名空间和自定义的命名空间

每一个 Unity 项目都具有一个默认命名空间，这就是本节开头提到的全局命名空间"global::"。开发者每次在项目中新创建一个 Unity C#脚本，都是在这个全局命名空间中增加一个新的脚本类。而开发者在任意一个脚本的类体之外定义的每一个类也都属于全局命名空间的类。因此如果在某个项目的某个脚本中定义过一个类，就不能再在这个项目中定义同名的类。无论定义的地方是在同一个脚本中，还是不同的脚本中，都不行，除非把同名的类定义在不同的命名空间中。开发者可以在脚本的类体之外定义一个命名空间，就相当于在全局命名空间中开辟出一个新的独立空间。此外，在命名空间中可以嵌套命名空间，相当于在一个命名空间内部再开辟另一个独立空间。还可以在同一个脚本文件或者不同的脚本文件中定义相同的命名空间。在同一个项目的不同位置定义的同名命名空间都表示同一个命名空间。

命名空间之间，以及命名空间与脚本之间的关系如图 7-18 所示。其中，命名空间用实线框表示，脚本则用虚线框表示。从图 7-18 中可以看出，自定义的命名空间必须在脚本中定义并且一定被包含在全局命名空间之内；一个脚本可以定义多个不同命名空间；同一个命名空间可以分别在不同的脚本中定义，但都表示同一个命名空间；命名空间之内可以嵌套命名空间。

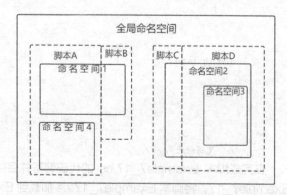

图 7-18　命名空间之间，以及命名空间与脚本之间的关系

2. 定义命名空间的语法

命名空间要定义在类体之外。定义命名空间的语法如下：

```
//定义一个命名空间
namespace 命名空间名称{
    //在命名空间之内定义类

    //如果有需要，可以在命名空间内嵌套新的命名空间
    namespace 命名空间名称{
        //在命名空间之内定义类
    }
}
```

7.5.3 使用定义在命名空间中的类

扫码观看
微课视频

1. 命名空间中的类

在脚本中定义命名空间之后，就可以在同一个项目中使用同名的类了，只要保证同名类不在同一个命名空间中即可。在嵌套的命名空间的不同层级中，也可以定义同名的类。

那么，为什么在使用命名空间之后就可以出现同名的类了呢？原因是不同命名空间中的类都有一个唯一的名称，即"完全限定名称"，编译器由此可以区分不同命名空间中的同名类。

一个类的完全限定名称的格式为"global::命名空间名.类名"。如果某个类定义在嵌套命名空间（例如两层嵌套）中，则它的完全限定名称的格式为"global::外层命名空间名.内层命名空间名.类名"，多层嵌套的情况以此类推。其中，"global::"即表示全局命名空间。

假设一个类 A 定义在命名空间 NS1 中，那么这个类的完全限定名称为"global::NS1.A"；如果全局命名空间中也定义了一个名为 A 的类，那么这个类的完全限定名称为"global::A"。这两个类 A 的完全限定名称是不一样的，因此它们在同一个项目中可以共存。

2. 同一个命名空间中不能够出现同名的类

从完全限定名的格式中可以看出，如果在同一个命名空间内出现同名的类，那么这两个类的完全限定名称就会完全相同，从而导致无法区别彼此。因此要注意同一个命名空间中不能够出现同名的类。

3. 使用定义在命名空间中的类

如果类名在同一个项目中没有重复，那么在命名空间中可以直接通过类名使用当前命名空间和外层命名空间（存在命名空间嵌套的情况下）中定义的类。其他情况下，则应该使用类的完全限定名称。当然，在大部分情况下，完全限定名称中的"global::"是可以省略的，除非使用类的位置中刚好有一个类的名称与全局命名空间中的另一个类同名。此时为了区别这两个同名类，应该在完全限定名称中使用"global::"。

以下是使用定义在命名空间中的类的案例：

```
//定义在全局命名空间中的类
//完全限定名称为global::MyClass1
class MyClass1{
    //在该类中用到了 global::NS1.MyClass1 类
    //使用完全限定名称可以区别同名的类
    //由于没有歧义，"global::"可以省略
    NS1.MyClass1 obj;
}
namespace NS1{
```

```csharp
//定义在命名空间 NS1 中的类
//完全限定名称为 global::NS1.MyClass1
class MyClass1{
    //使用在同一个命名空间中的类
    //在外层命名空间没有同名类的情况下，可以不使用完全限定名称
    MyClass2 obj;
}

//定义在命名空间 NS1 中的类
class MyClass2{
    //使用上层命名空间中与本层命名空间有同名情况的类时
    //要使用完全限定名称
    //如果是全局命名空间中的同名类，则"global::"不能省略
    global::MyClass1 obj1;
    //使用同一个命名空间中的类时，可以直接使用类名
    //这里的 MyClass1 表示的是 global::NS1.MyClass1
    MyClass1 obj2;
}
```

4. using 指令

在编写 Unity C#代码时，要用到很多系统和开发环境提供给开发者使用的类，它们都被组织在不同的命名空间之内，并且可能会有嵌套命名空间的情况。而 Unity 项目中创建的脚本往往是定义在全局命名空间中的，要使用这些类就必须使用完全限定名称。这将会导致代码中出现很多冗长的类名，而 using 指令可以帮助开发者避免这种冗长的类名。

using 指令的语法如下：

```
using 命名空间名称;//没有嵌套的情况
using 外层命名空间名称.内层命名空间名称;//多层命名空间以此类推
```

using 指令的作用是，让脚本中的代码可以直接以类名来使用 using 语句所指定命名空间中定义的类，而不需要使用冗长的完全限定名称。例如 Unity 脚本中常用到的 GameObject、Transform、Mathf 等类都是定义在命名空间 UnityEngine 中的，在脚本的开头添加指令"using UnityEngine;"后，在整个脚本中就可以直接通过类名使用命名空间 UnityEngine 中定义的所有类了。

此外，using 指令还可用于给命名空间或者命名空间中的某个类起别名。其语法为：

```
//针对命名空间
using 别名=命名空间名;
//多层命名空间以此类推
using 别名=外层命名空间名称.内层命名空间名称;
//针对类名
using 别名=命名空间名.类;
```

当通过 using 指令起了别名之后，在程序代码中可以用别名替代对应的命名空间名称或者类名。

使用 using 指令要注意以下几点。

第一点，using 指令必须放在脚本文件的顶端，放在任何类的定义之前。

第二点，using 指令对整个脚本文件有效。

7.6 重新认识 Unity C#脚本

在掌握对象、类、继承、命名空间等面向对象的相关知识后，读者可以重新认识 Unity C#脚本。

7.6.1 Unity C#脚本默认创建的类及其对象

以例 1-4 中的脚本为例：

```
using System.Collections;
using System.Collections.Generic;
using UnityEngine;
public class SelfIntroduction:MonoBehaviour{

    [SerializeField]string myname;
    [SerializeField]int age;
    [SerializeField]string hometown;

    void Start(){
        print("老师好！我名叫"+myname);
        print ("今年"+age+"岁了");
        print("我来自"+hometown);
    }

    void Update(){

    }
}
```

以上脚本中的程序代码定义了一个名为 SelfIntroduction 且继承自 MonoBehaviour 类的类。这个类具有 3 个字段，分别为 string 型的 myname、int 型的 age 和 string 型的 hometown。同时，这个类有两个方法分别为 Start 方法和 Update 方法。其中，Start 方法利用 print 语句将 3 个字段中的值以特定的格式输出到 Unity 的 Console 窗口，而 Update 方法中则还没有具体的程序代码。

那么 Self Introduction 类的对象又体现在哪里呢？它由于继承自 MonoBehaviour 类，因此具备了成为 Unity 场景中对象组件的能力。当开发者将脚本 SelfIntroduction.cs 拖拽到场景中的对象上释放从而构造出 Self Introduction 组件时，这个新的组件就是 SelfIntroduction 类的一个对象，并且通过拖拽释放脚本可以在多个不同对象或者同一个对象上创建出多个同类组件，每个组件都是一个 SelfIntroduction 类的对象，如图 7-19 所示。

7.6.2 Start 方法和 Update 方法的作用

Start 方法和 Update 方法均继承自 MonoBehavior 类，并且这两个方法在派生的 SelfIntroduction 类中重新定义（即隐藏了基类 MonoBehavior 中的 Start 方法和 Update 方法）。在 Unity 的运行机制中，每个脚本类中的 Start 方法会在第一个场景图像帧被渲染之前获得一次调用，而 Update 方法则在场景图像的每一帧被渲染之前都会获得一次调用。

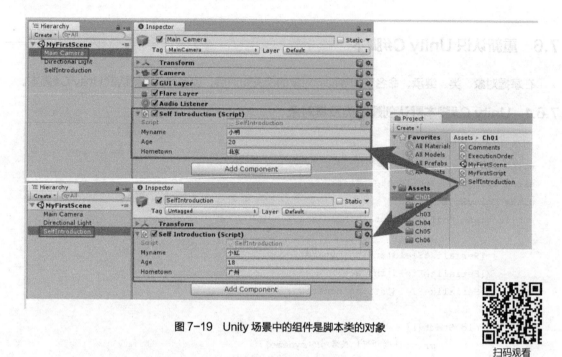

图7-19 Unity场景中的组件是脚本类的对象

7.6.3 Unity C#脚本默认创建的类可以放在命名空间中

在不使用自定义命名空间的时候，Unity C#脚本类是默认创建在项目的全局空间中的，因此会造成同名的脚本文件不能导入同一个项目中使用，使用自定义命名空间可以解决这个问题。开发者可以将Unity C#脚本类的代码放在自定义的命名空间中，用这样的方式把同名的脚本类分隔在不同命名空间中。在代码中需要用到命名空间中的脚本类时，以包含命名空间的完整类名（即完全限定名称，"global::"可以省略）的形式来使用即可。

7.7 本章小结

本章向读者阐述了面向对象编程思想中的基本概念（包括对象和类的概念，以及它们的作用），在此基础上介绍了类的继承、成员隐藏、方法重写、静态成员和静态类、方法扩展和接口。对于这一系列的概念，在阐述它们的定义的基础上，尽量通俗地解释了与之对应的设计思路和实现方法。最后还介绍了命名空间，并从面向对象的角度重新解析了Unity C#脚本。

7.8 习题

1. 以下关于类和对象的说法，错误的是（ ）。
   A. 如果"学生"是一个类，则班上具体的同学（例如小明）就是对象
   B. 类可以看成对多个具体对象的抽象，抽象出它们共有的属性和行为，从而可以作为一类对象的蓝本
   C. 如果"狗"是一个类，则"公狗""母狗"都是对象
   D. 一个具体对象是类的实例化，从一个类中可以实例化出无数个相互独立的对象

2. 以下 Unity C#脚本的 Start 方法中出现了（　　）对象。

```
void Start(){
    Stu s1=new Stu();
    Stu[]sa=new Stu[2];
    Stu[0]=s1;
    Stu[1]=new Stu();
}
class Stu{
    public string name;
    public int age;
    public void AttendClasses(Course co){
    }
}
```

  A. 1个　　　　　B. 2个　　　　　C. 3个　　　　　D. 4个

3. 关于以下程序片段的说法中，错误的是（　　）。

```
public class A{
    public float pro1=6.0f;
    public void Func1(){
    }
    public void Func2(){
    }
}
public class B:A{
    public int pro2=6;
    void Func3(){
    }
}
```

  A. 类 A 具有一个字段和两个方法
  B. 类 B 只具有一个字段和一个方法
  C. 类 A 是类 B 的基类
  D. 类 B 是类 A 的派生类

4. 以下关于继承的说法错误的是（　　）。
  A. 派生类继承基类的所有属性和行为
  B. 派生类可以增加基类所没有的属性
  C. 派生类可以增加基类所没有的行为
  D. 派生类不能重新定义基类已经存在的行为

5. 关于 Unity 的 C#脚本，以下说法错误的是（　　）。
  A. 一个脚本定义了一个 class，也就是一个类
  B. 默认情况下，脚本中定义的类的基类是 MonoBehaviour 类
  C. 脚本中的 Start 方法和 Update 方法都是从 MonoBehaviour 类继承来的
  D. 脚本中常用的 print 语句是一个实例方法，也是从 MonoBehaviour 类继承来的

第8章
面向对象进阶

学习目标

- 理解泛型的作用并掌握如何定义和使用泛型类和泛型方法。
- 熟悉泛型列表和泛型字典的用法。
- 理解委托的本质并掌握基于事件的发布者—订阅者设计模式的用法。
- 了解 C#和 Unity C#脚本中常用的特性。

学习导航

本章介绍 Unity C#脚本中常用的面向对象编程进阶知识,引导读者认识泛型和集合,掌握泛型类和泛型方法的定义及使用方法,熟悉泛型列表和泛型字典的用法,理解委托的作用并掌握基于事件的发布者—订阅者设计模式的用法,了解 Unity 脚本程序中常用的特性。本章学习内容在全书知识体系中的位置如图 8-1 所示。

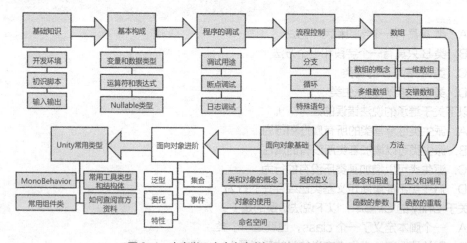

图 8-1 本章学习内容在全书知识体系中的位置

知识框架

本章知识重点是 Unity C#脚本中涉及的泛型、列表和字典的使用,以及基于委托的事件的实现原理及其应用。本章的学习内容和知识框架如图 8-2 所示。

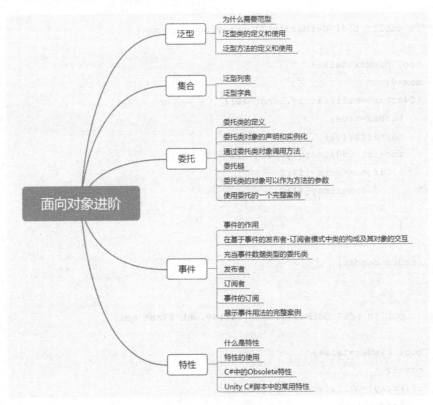

图 8-2　面向对象进阶

准备工作

在正式开始学习本章内容之前，为了方便在学习过程中练习、验证案例，需要读者先打开之前创建过的名为 LearningUnityScripts 的 Unity 项目。在 Project 窗口的文件路径 Assets 下创建出新文件夹并命名为 Ch08，然后在 Unity 菜单中选择"File → New Scene"选项新建一个场景。按组合键 Ctrl+S 将新场景以 Ch08 的名称保存到文件夹 Ch08 中。此后本章中各案例需要创建的脚本文件均保存到文件夹 Ch08 中，需要运行的脚本均加载到场景 Ch08 中的对象上。

8.1　泛型

在学习类的方法时，我们都知道方法的定义和调用都具有参数列表，参数是数据进入方法体的桥梁，只有数据才能充当方法的参数。而实际上，C#还提供了一种可以将数据类型当成参数来传递的机制，这种机制就是泛型。

8.1.1　泛型的作用

思考这么一种情况，假如需要设计一个用于处理数值类型数组的类，其中包含求数组元素最大值的方法。根据以往的知识，需要为每种数值类型分别设计一个求数组元素最大值的方法。假设要求能够对 int、float 和 double 型的数组都提供这样的方法，那么这个类应该这么设计：

```csharp
public class MyArrayUtility
{
    static public bool GetMax(int[] array,out int max)
    {
        bool hasMax=false;
        max=0;
        if(array!=null&&array.Length>0){
            hasMax=true;
            max=array[0];
            for(int i=0;i<array.Length;i++){
                if(max<array[i]){
                    max=array[i];
                }
            }
        }
        return hasMax;
    }

    static public bool GetMax(float[] array,out float max)
    {
        bool hasMax=false;
        max=0;
        if(array!=null&&array.Length>0){
            hasMax=true;
            max=array[0];
            for(int i=0;i<array.Length;i++){
                if(max<array[i]){
                    max=array[i];
                }
            }
        }
        return hasMax;
    }

    static public bool GetMax(double[] array,out double max)
    {
        bool hasMax=false;
        max=0;
        if(array!=null&&array.Length>0){
            max=array[0];
            for(int i=0;i<array.Length;i++){
                if(max<array[i]){
                    max=array[i];
                }
            }
```

```
            }
            return hasMax;
        }
    }
```

上述代码通过重载设计了 3 个版本的 GetMax 方法。从方法体中的代码来看，3 个版本的 GetMax 方法的实现过程是完全一样的，唯一区别只在于数组元素及输出结果的数据类型。在这种情况下，仅仅是数据类型不同导致的几乎完全一样的代码重复了 3 次。显然在代码重用性上有值得改进的地方，然而如果没有泛型机制，这个问题就是无解的。那么，泛型是怎么解决这个问题的呢？接下来将详细介绍泛型的相关内容。

8.1.2 泛型类的定义和使用

1. 泛型类的定义

开发者可以在定义类时使用泛型，即定义泛型类，通过将数据类型视为参数，使类中的同一个方法可以处理多种不同的数据类型。定义泛型类的语法如下：

```
class 类名<T> where 类型参数的约束{
    //类体
    //在类体中，T 作为数据类型来使用
}
```

其中，"类名<T>"就表示一个泛型类，T 称为类型参数，是数据类型的占位符，在类体中作为数据类型使用。当然，泛型类的类型参数允许有多个，例如当具有两个类型参数时，泛型类可以这样定义：

```
class 类名<T,U> where T 的约束 where U 的约束{
    //类体
    //在类体中，T 和 U 作为数据类型来使用
}
```

由于不同数据类型可进行的具体操作有很大差距，因此需要在定义泛型类时对类型参数进行约束。约束的表示形式及含义如表 8-1 所示。

表 8-1　C#泛型的参数类型约束

表示形式	含义	示例
T:class	➢ 要求类型 T 必须是引用类型 ➢ 如果一个类型参数 T 没有指定约束，则 T 会被默认为 System.Object 类或者其派生类	class MyClass<T> where T:class class MyClass<T>
T:struct	➢ 要求类型 T 必须是值类型 ➢ 由于 C#的所有值类型都具有一个公共的无参构造函数，因此在类体中可以使用"new T( )"来获得类型 T 的实例	class MyClass<T> where T:struct
T:new( )	要求类型 T 必须具有公共无参构造函数	class MyClass<T> where T:new( )
T:基类名称	要求类型 T 必须是基类本身，或者是继承自基类的派生类	class MyClass<T> where T:Stream
T:接口名称	要求类型 T 必须是接口本身，或者是实现了该接口的类	class MyClass<T> where T:IComparable
T:U	➢ 当存在多个类型参数时，可以用这种形式，此时 U 是另外一个类型参数	class MyClass<T,U> where T:new( )where U:T

续表

表示形式	含义	示例
T:U	➤ 要求类型 T 必须是类型 U，或者派生自类型 U	
组合约束	➤ 如果存在多个类型参数，每个参数的约束都必须有自己的 where 关键字 ➤ 对同一个类型参数的约束，class 和 struct 不能同时存在 ➤ class 要放在最前面 ➤ new( )要放在最后面 ➤ 基类名称要在接口名称之前	class MyClass<T,U> where T:new( ) where U:struct class MyClass<T> where class,Stream,IComparable,new( )

2. 泛型类的使用

在定义泛型类之后即可使用该类，在声明泛型类的对象时需要将类型参数替换为实际的数据类型。例如泛型类 MyClass<T>有一个静态方法 T Func(T value)，那么在调用该方法处理 int 型数据时，要写为 MyClass<int>.Func(a)，其中 a 是一个 int 型变量或者常量，并且返回值将会为 int 型；处理 float 型数据时，则应该写为 MyClass<float>.Func(b)，其中 b 是一个 float 型变量或者常量，并且返回值将会为 float 型。

3. 对泛型类的正确理解

读者请注意这样一个事实：严格来说，泛型类本身并不算一个类，只有在使用过程中用具体数据类型替换类型参数时才真正确定了一个类，同一个泛型类在使用不同数据类型时本质上是两个不同的类。例如 MyClass<int>和 MyClass<float>虽然都是由 MyClass<T>所定义的，但在本质上是两个不同的类。

4. 泛型类的定义和使用案例

下面就以用于处理数值类型数组的泛型类 MyArrayUtility<T>为例，介绍泛型类的定义和使用方法。特别应该注意的是，在 Unity C#脚本中定义泛型类，需要引入 System 命名空间。

例 8-1 处理数值类型数组的泛型类 MyArrayUtility<T>的定义和使用

创建 Unity C#新脚本文件并命名为 Example08_1.cs，打开该脚本编写代码如下：

```csharp
////////代码开始////////
using System.Collections;
using System.Collections.Generic;
using UnityEngine;

//引入 System 命名空间
using System;

//定义泛型类
//参数 T 必须是实现了 IComparable 接口的数值类型
//解释：由于不是所有的数值类型都能够使用
//比较操作符来比较大小，因此需要限
//定实现了 IComparable 接口的数值类型
public class MyArrayUtility<T> where T:struct,IComparable
{
    /// <summary>
```

```csharp
/// 获取数值最大元素值的方法.
/// 考虑到 array 可能是 null, 或者长度为 0
/// 因此只有返回值为 true 时, max 才是最大值
/// </summary>
/// <returns><c>true</c>, 只有返回值为 true 时, max 才有效, <c>false</c> 数组为空或者长度为 0, max 无效.</returns>
/// <param name="array">数组.</param>
/// <param name="max">最大值.</param>
static public bool GetMax(T[] array,out T max)
{
    bool hasMax=false;
    //数值类型具有公共无参构造函数
    //因此可以用 new 关键字实例化一个值
    max=new T();
    if(array!=null&&array.Length>0){
        hasMax=true;
        max=array[0];
        for(int i=0;i<array.Length;i++){
            //利用 IComparable 接口的 CompareTo 进行大小比较
            //max.CompareTo(array[i])<0 表示 max 的值小于 array[i]
            if(max.CompareTo(array[i])<0){
                max=array[i];
            }
        }
    }
    return hasMax;
}
}

public class Example08_1:MonoBehaviour
{

    void Start()
    {
        int imax=0;
        if(MyArrayUtility<int>.GetMax(
            new int[]{1,2,3,4,5,4,3,2,1},
            out imax)){
            //会被执行
            print("最大值为" +imax);
        }
        if(MyArrayUtility<int>.GetMax(
            new int[0],
            out imax)){
            //不会被执行, 因为数组长度为 0
```

```
                    //导致MyArrayUtility<int>方法的返回值为false
                    print("最大值为" +imax);
            }
            float fmax=0;
            if(MyArrayUtility<float>.GetMax(
                    new float[] {1.2f,3.4f,5.4f,3.2f,1f},
                    out fmax)){
                //会被执行
                print("最大值为" +fmax);
            }
            double dmax=0;
            if(MyArrayUtility<double>.GetMax(
                    new double[] {2.2,3.8,4.47,3.2,1},
                    out dmax)){
                //会被执行
                print("最大值为" +dmax);
            }
        }

        void Update()
        {

        }
    }
    ////////代码结束////////
```

在完成代码的编写后保存脚本，返回 Unity 界面后在场景中创建新的空对象并更名为 Example08_1，然后将脚本 Example08_1.cs 加载到 Example08_1 对象上，在确保场景中其他自建对象都处于非激活状态之后即可保存并运行场景，可以在 Console 窗口看到运行结果如图 8-3 所示。从运行结果中可见，使用泛型后，虽然只定义了一个方法，但却可以将其用于不同的数据类型，并且能够得到正确的结果。

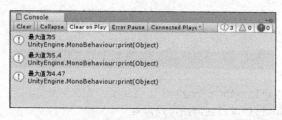

图 8-3　例 8-1 的运行结果

8.1.3　泛型方法的定义和使用

1. 泛型方法的定义

C#的语法允许直接在方法的定义中使用泛型，即定义泛型方法。定义泛型方法的语法如下：

```
访问修饰符 返回值 方法名<T>(包含类型 T 的参数列表) where 类型参数的约束{
    //方法体
```

}
```

其中，类型参数的约束和泛型类是一致的，并且也允许有多个类型参数。

**2. 泛型方法的调用**

在调用泛型方法时，同样需要将类型参数替换为具体的类型名称，例如在调用泛型方法 Func<T>(T value)时，如果用于处理 string 型数据，则应该写为 Func<string>(s)，其中 s 是一个 string 型的值。

**3. 泛型方法的应用案例**

仍然以 MyArrayUtility 类为例，但不将其定义为泛型类，而是在这个类中定义一个泛型方法来替代原先极其相似的 3 个方法，然后在脚本类的 Start 方法中使用这个泛型方法求多种类型数组的最大元素值。

**例 8-2　在处理数值类型数组的 MyArrayUtility 类中定义泛型方法并使用**

创建一个 Unity C#新脚本并命名为 Example08_2.cs，打开该脚本后编写本案例代码。需要注意的是，本案例中泛型方法的类型参数 T 的类型约束与例 8-1 略有不同。这次将 T 约束为实现了 IComparable 接口并具有无参构造函数的类型，当然这样仍涵盖了常用的数值类型。此外 GetMax<T>方法的具体功能跟原先的 GetMax 方法也略有不同，GetMax<T>的返回值不是 bool 值，而是最大元素值对应的索引值。当然，如果传入的数组是 null 或者长度为 0，则其返回值将会是-1。具体代码如下：

```
////////代码开始////////
using System.Collections;
using System.Collections.Generic;
using UnityEngine;

//引入System命名空间
using System;

public class Example08_2:MonoBehaviour
{

    /// <summary>
    /// 定义一个泛型方法
    /// 用于获取数组中的最大元素值及该值最接近0的索引值
    /// </summary>
    /// <returns>最大元素值最接近0的索引值,如果数组为空或者长度为0,则返回-1.</returns>
    /// <param name="array">数组.</param>
    /// <param name="max">最大元素值.</param>
    ///<typeparam name="T">实现了IComparable接口并具有无参构造函数的类型.</typeparam>
    static public int GetMax<T> (T[] array,out T max) where T:ICompara ble,new()
    {
        int maxIndex= -1;
        max=new T();
        if(array!=null&&array.Length>0){
            max=array[0];
            for(int i=0;i<array.Length;i++){
                if(max.CompareTo(array[i])<0){
                    max=array[i];
```
```

```
                maxIndex=i;
            }
        }
    }
    return maxIndex;
}

void Start()
{
    //使用泛型方法 int GetMax<T> (T[]array,out T max)
    //求不同类型数组的最大元素值及索引值
    //int 型
    int imax=0;
    int indx=GetMax<int> (
                new int[]{1,2,3,3},
                out imax);
    if(indx> -1){
        print(string.Format(
            "最大元素值为: {0}, 对应索引值为: {1}",
            imax,indx));
    }
    //float 型,传入数组为空的情况
    float fmax=0;
    indx=GetMax<float> (null,out fmax);
    if(indx> -1){
        //不会被执行,因为数组为空,返回结果为-1
        print(string.Format(
            "最大元素值为: {0}, 对应索引值为: {1}",
            fmax,indx));
    }
    //double 型
    double dmax=0;
    indx=GetMax<double> (
        new double[]{1.01,2.98,3.21,3.13,3.21},
        out dmax);
    if(indx> -1){
        print(string.Format(
            "最大元素值为: {0}, 对应索引值为: {1}",
            dmax,indx));
    }
}

void Update()
{
```

```
        }
    }
/////////代码结束/////////
```

在完成代码编写后保存脚本，返回 Unity 界面后创建新的空对象并更名为 Example08_2，将 Example08_2.cs 脚本加载到 Example08_2 对象上，然后将场景中其他自创对象设置为非激活状态，保存场景后运行即可在 Console 窗口看到图 8-4 所示的运行结果。从运行结果中可见，在普通类中定义泛型方法，同样能够实现用一个方法处理多种数据类型的目标。

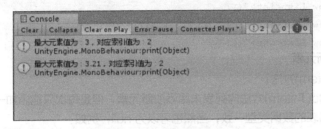

图 8-4 例 8-2 的运行结果

8.2 集合

当开发者需要在代码中管理多个同类型对象时，往往想到的是利用数组来组织这些同类型对象。但由于数组在初始化之后长度就固定了，因此当对象的数量会发生动态变化时，使用数组就变得不方便。所幸，C#还提供了更多用于组织和管理多个同类型对象的数据结构，其中就包含本节将要详细介绍的泛型列表（List<T>）和字典列表（Dictionary<TKey,TValue>）。这些数据结构统称为"集合"，它们可以容纳的对象数量是可以动态变化的。除此之外，它们还有很多可以带来便利的强大功能。

8.2.1 泛型列表

1. 概述

List<T>称为泛型列表。其中的 T 是列表中存储的数据类型，即长度可动态变化的数组。它可以随时向列表中添加新元素，可以像遍历数组那样遍历列表中的元素，也可以随时从列表中移除指定的元素。本小节只介绍 List<T>较为基本和常用的功能，如果读者希望更加深入地了解 List<T>，可查阅微软公司官网关于 C#的 List<T>类的文档。

2. 列表的声明和初始化

要想在 Unity C#脚本中使用泛型列表，首先要确保在脚本开头添加了引入命名空间 System.Collections 和 System.Collections.Generic 的 using 语句，然后在需要使用泛型列表的位置声明和初始化泛型列表。声明和初始化 List<T>的最基本语法如下：

```
//声明并初始化一个空的列表
//注意赋值语句左右两侧尖括号内的数据类型要一致
List<数据类型> 列表名称=new List<数据类型>();
```

如果希望在初始化时就在列表中放入具体的元素，可以用存储了元素的数组作为构造函数的实参，具体如下：

```
//基于数组初始化一个列表
//注意数组的数据类型要与列表的数据类型一致
List<数据类型> 列表名称=new List<数据类型>(数组名称);
```

此外，还可以用一个已经存储数据的列表来初始化另一个列表，就像这样：

```
//基于已有的列表初始化另一个列表
//注意已有列表的数据类型要与新列表的数据类型一致
List<数据类型> 新列表名称=new List<数据类型>(已有列表名称);
```

事实上，只要实现了接口 IEnumerable<T>的类的对象都可以用于初始化泛型列表。C# 的数组和 List<T>类都实现了 IEnumerable<T>接口，因此数组和 List<T>类的对象都可以用于初始化列表。

下面可以看一下列表声明和初始化的示例，例如要声明并初始化 int 型列表，则可以这样写：

```
List<int> il1=new List<int> ();
List<int> il2=new List<int> (new int[2]{1,2});
List<int> il3=new List<int> (il2);
```

3. 向列表中添加新元素

（1）void Add(T item)方法。

可以通过 void Add(T item)方法向列表末尾添加新元素，但是每次只能添加一个元素，并且所添加元素的数据类型要与列表的数据类型一致，当然也可以为 null，例如：

```
List<int>il1=new List<int> ();
//将int型常量1添加到int型列表il1中
il1.Add(1);
```

（2）void AddRange(System.Collections.Generic.IEnumerable<T> collection)方法。

如果希望一次性向列表末尾添加多个元素，则可以通过 AddRange 方法来实现。AddRange 方法只有一个参数，并且实参必须为实现了 IEnumerable<T>接口的对象，这当然也包含数组和列表对象，例如：

```
List<int> il1=new List<int> ();
List<int> il2=new List<int> ();
//向int型列表添加一个int型数组中的所有元素
il1.AddRange(new int[2]{1,2});
//将il1列表中的所有元素添加到列表il2中
il2.AddRange(il1);
```

（3）void Insert(int index,T item)方法。

如果希望向列表中的指定位置添加一个元素，则可以调用列表元素的 void Insert(int index,T item)方法来实现。其中，参数 index 是插入位置的索引值；item 是需要添加的元素值，可以为 null。在调用该方法后，原先索引值为 index 的元素及其后续元素的索引值会分别增加 1。调用该方法时，参数 index 的值应该大于或等于 0 并小于列表对象的 Count 属性值（表示列表中现有的元素个数）。示例代码如下：

```
List<int>il2=new List<int> (new int[5]{1,2,3,4,5});
//向il2列表中索引值1的位置插入元素6
il2.Insert(1,6);
//此时il2中的元素变为{1,6,2,3,4,5}
```

（4）void InsertRange(int index,System.Collections.Generic.IEnumerable<T> collection)方法。

如果希望一次性向列表中的指定位置添加多个元素，则可以通过 InsertRange 方法来实现。该方法只有一个参数，并且实参必须为实现了 IEnumerable<T>接口的对象，这当然也包含数组和列表对象，例如：

```
List<int> il1=new List<int> (new int[2]{0,6});
List<int> il2=new List<int> (new int[5]{1,2,3,4,5});
//向il1列表索引值为1的位置插入il2列表中的所有元素
il1.InsertRange(1,il2);
//此时il1中的元素应为{0,1,2,6,3,4,5,6}
```

4. 遍历列表中的所有元素

可以像遍历数组一样使用 for 循环通过索引值来遍历列表。不过与数组不同的是，列表中元素的个数要通过列表对象的 Count 属性获得。例如遍历一个存储 float 型列表的 for 循环应该这样写：

```
List<float> fl=new List<float> (
    new float[5]{2.34f,5.17f,9.88f,7.56f,0.21f});
//通过索引值在 for 循环中遍历列表
for(int i=0;i<fl.Count;i++){
    //访问索引值为 i 的列表元素
    fl[i] *=3f;
}
```

此外，还可以使用 foreach 语句遍历列表。foreach 语句是专门用于遍历集合（包括数组）的循环语句，其语法如下：

```
foreach(var 被遍历到的元素名 in 集合名){
    //循环体，通过"被遍历到的元素名"访问元素
}
```

例如用 foreach 语句遍历一个 string 型的列表，应该这样写：

```
List<string> sl=new List<string> (
    new string[3]{"你","好","! "});
string hello= "";
//在 foreach 循环语句中遍历列表
foreach(var str in sl){
    //访问遍历到的列表元素 str
    hello+=str;
}
```

5. 移除列表中的元素

（1）bool Remove(T item)方法。

如果需要移除的元素值是确定的，则可以调用列表对象的 bool Remove(T item)方法，通过传入元素值实现列表元素的移除；如果需要删除的元素值在列表中有多个，则该方法只删除其中索引值最小的元素。如果成功删除元素，则返回值为 true；如果传入的参数值并没有包含在列表中，则返回值为 false。参数 item 的值可以为 null。示例代码如下：

```
List<string> sl=new List<string> (
    new string[5]{ "你","好","好","! ","好" });
//移除列表 sl 中的一个值为"好"的元素
bool done=sl.Remove("好");
//此时 done 的值为 true
//sl 的元素变为{ "你","好","! ","好" }
```

（2）void RemoveAt(int index)方法。

如果需要移除的元素的索引值是确定的，则可以调用列表对象的 void RemoveAt(int index)方法，通过传入索引值来实现列表元素的移除。注意索引值应该大于等于 0 并且小于列表对象 Count 属性的值。

（3）void RemoveRange(int index,int count)方法。

如果需要一次性移除索引值相连的若干个元素，则可以调用列表对象的 void RemoveRange(int index,int count)方法来实现。两个参数的含义是从索引值为 index 的元素开始移除 count 个元素。注意索引值 index 和 count 都应该大于 0，并且 index 和 count 应该在合理范围之内，不能超出列表所包

含的元素数量。示例代码如下：

```
List<string>sl=new List<string> (
    new string[5]{ "你","好","好","! ","好" });
//移除列表 sl 中从索引值为 2 开始的 3 个元素
sl.RemoveRange(2,3);
//sl 的元素变为{ "你","好"}
```

（4）移除列表元素要注意索引值的动态变化。

由于移除列表元素会导致元素索引值发生变化，因此在遍历过程中移除列表元素的操作很容易出错，应尽量避免，尤其不应该在 foreach 语句中移除列表中的元素。唯一安全的方式是用 for 循环从索引值最大的元素开始向索引值为 0 的元素遍历时，结合 RemoveAt 方法移除符合移除条件的元素，因为在这种方式中移除操作不会影响还没遍历到的元素的索引。示例代码如下：

```
List<string> sl=new List<string> (
    new string[5]{ "你","好","好","! ","好" });
//遍历列表 sl，将所有值为"好"的元素移除
//应该从最大索引值向 0 遍历
for(int i=sl.Count-1;i>=0;i--){
    if(sl[i] == "好"){
        sl.RemoveAt(i);
    }
}
//sl 的元素变为{ "你", "! "}
```

（5）void Clear( )方法。

利用 Clear 方法可以一次性清空列表对象中的所有元素。

6. 定位元素和获取元素值

（1）bool Contains(T item)方法。

可调用列表对象的 Contains 方法来确定列表中是否包含值为 item 的元素。参数 item 可以为 null。

（2）IndexOf 系列方法。

通过列表对象的 IndexOf 系列方法可以获取特定值的元素的索引值。该系列有 3 个重载的方法，可以在整个列表或者列表中某个范围之内获取特定值的元素的索引值，具体如表 8-2 所示。

表 8-2 列表的 IndexOf 系列方法的用法

方法声明	使用说明
public int IndexOf(T item);	➢ 从整个列表中查找值为 item 的元素的索引值 ➢ 如果有多个元素的值为 item，则返回的是索引值最小的那个元素 ➢ 如果列表中不包含值为 item 的元素，则返回-1
public int IndexOf(T item,int index);	➢ 从索引值为 index 的位置开始到列表末尾的范围内，查找值为 item 的元素的索引值 ➢ index 的值应大于等于 0 并小于列表长度值 ➢ 如果范围中有多个元素的值为 item，则返回的是索引值最小的那个元素 ➢ 如果范围中不包含值为 item 的元素，则返回-1
public int IndexOf(T item,int index,int count);	➢ 从索引值为 index 的位置开始的 count 个元素的范围内，查找值为 item 的元素的索引值 ➢ index 和 count 的取值应在合理范围之内，不能超出列表所包含的元素数量

方法声明	使用说明
public int IndexOf(T item,int index,int count);	➢ 如果范围中有多个元素的值为 item，则返回的是索引值最小的那个元素 ➢ 如果范围中不包含值为 item 的元素，则返回-1

（3）CopyTo 系列方法。

通过元素的索引值可以直接获取列表中对应元素的值，这跟数组的操作是一致的。但是如果希望从列表中批量复制元素值到数组中，则需要借助于 CopyTo 系列方法。该系列方法有 3 个重载的版本，具体如表 8-3 所示。

表 8-3　列表的 CopyTo 系列方法的用法

方法声明	使用说明
public void CopyTo (T[ ] array);	➢ 将列表中的所有元素按顺序复制到一维数组 array 中 ➢ 如果 array 的长度大于或等于列表中元素的个数，则元素值会按顺序从 array 数组索引值为 0 的位置开始依次放置 ➢ 如果 array 为 null 或者复制元素的数量超出了数组能够容纳的数量，则会出错
public void CopyTo (T[ ] array,int arrayIndex);	➢ 将列表中的所有元素按顺序复制到一维数组 array 中 ➢ 元素值会按顺序从 array 数组索引值为 arrayIndex 的位置开始依次放置 ➢ 如果 array 为 null，或者 arrayIndex 超出数组的容量范围，或者复制元素的数量超出了数组能够容纳的数量，都会出错
public void CopyTo (int index,T[ ] array,int arrayIndex,int count);	➢ 将列表从索引值为 index 的位置开始的 count 个元素范围内的元素，按顺序复制到 array 数组中 ➢ 元素值会按顺序从 array 数组索引值为 arrayIndex 的位置开始依次放置 ➢ 如果 index 的值超出列表的容量范围，或者 arrayIndex 的值超出数组 array 的容量范围，或者 array 为 null，又或者复制元素的数量超出了数组能够容纳的数量，都会出错

7. 元素排序的常用方法

（1）void Sort( )方法。

如果列表中的元素是可以进行比较运算的，则可以利用 void Sort( )方法对列表中的元素进行正序排列。在常用的数据类型中，数值类型、char 类型和 string 类型都是可以进行比较运算的。实事上，只要是实现了命名空间 System 下的 IComparable 接口或者 IComparable<T> 接口的类的对象，都可以用接口规定的方法进行比较运算。利用 Sort 方法正排序的示例如下：

```
List<char>cl=new List<char> (
                new char[5]{ 'C', 'G', 'H', 'A', 'B' });
//利用 Sort 方法对列表 cl 中的元素进行排序
cl.Sort();
//cl 中的元素变为{ 'A','B','C','G','H'}
```

（2）void Reverse( )方法。

将列表中元素的顺序倒置。如果列表中的元素是可以进行比较运算的，则可以先使用 void Sort( )方法将列表中的元素进行正序排列，再利用 void Reverse( )方法对列表中的元素顺序倒置，从而实现元素的倒序排列。在常用的数据类型中，数值类型、char 类型和 string 类型都是可以进行比较运算的。实事上，只要是实现了命名空间 System 下的 IComparable 接口或者 IComparable<T> 接口的类的对象，都可以用接口规定的方法进行比较运算。利用 Reverse 方法倒排序的示例如下：

```
List<char>cl=new List<char> (
                new char[5]{ 'C', 'G', 'H', 'A', 'B' });
//利用Reverse方法对列表cl中的元素进行排序
cl.Reverse();
//cl中的元素变为{ 'H','G','C','B','A' }
```

8.2.2 泛型字典

1. 概述

Dictionary<TKey,TValue>称为泛型字典，是存储"键值对"的集合。什么是键值对呢？所谓值就是数据，而键则是对应数据的标识，即在集合中查找数据的依据。字典集合中的元素都是由这样成对的键和值构成的，字典集合中的数据可以根据键来获取。同一个字典中，每个键值对元素中的键都是独一无二的，并且不可以为 null；值可以相同，并且如果值的类型为引用类型，则可以为 null。本小节只介绍 Dictionary<TKey,TValue>较为基本和常用的功能，如果读者希望更加深入地了解 Dictionary<TKey,TValue>，可查阅微软公司官网关于 C#的 Dictionary<TKey,TValue>类的文档。

2. 字典的声明和初始化

要想在 Unity C#脚本中使用泛型字典，首先要确保在脚本开头添加了引入命名空间 System.Collections 和 System.Collections.Generic 的 using 语句，然后在需要使用泛型字典的位置声明和初始化泛型字典。声明和初始化 Dictionary<TKey,TValue>的最基本语法如下：

```
//声明并初始化一个空的字典
//注意赋值语句左右两侧尖括号内的数据类型要一致
Dictionary<键的数据类型,值的数据类型> 字典名称=
    new Dictionary<键的数据类型,值的数据类型>();
```

也可以用一个已经存储有数据的字典来初始化另一个字典。当然，这两个字典的键值对数据类型要一致，就像这样：

```
//基于已有的字典初始化另一个字典
//注意已有字典的键值对数据类型要与新字典的键值对数据类型一致
Dictionary<键的数据类型,值的数据类型> 字典名称=
    new Dictionary<键的数据类型,值的数据类型>(已有的字典名称);
```

事实上，Dictionary<TKey,TValue>的构造函数有很多个版本，希望了解更多的读者可以查阅官方资料。

下面可以看一下字典声明和初始化的示例，例如要声明并初始化一个键为 string 型而值为 float 型的字典用于存储某一门课程的成绩，则可以这样写：

```
//声明并初始化一个键为string类型，值为float类型的字典
Dictionary<string,float>scoresOfMath=
    new Dictionary<string,float> ();
//用字典scoresOfMath来初始化同类型的另一个字典
Dictionary<string,float>scoresOfcChinese=
    new Dictionary<string,float> (scoresOfMath);
```

3. 向字典中添加新元素

（1）void Add(TKey key,TValue value)方法。

可以通过字典对象的 Add 方法向字典中添加键值对。Add 方法的第一个参数是键，第二个参数是值。在添加时要注意，键和值的数据类型要与集合在定义和初始化时选择的数据类型一致。此外，由于

字典中的键具有唯一性，所以如果新添加的键值对中的键已经存在，则会导致逻辑错误。仍然以存储课程成绩的字典 scoresOfMath 为例，添加键值对的示例代码如下：

```
//用 Add 方法向字典中添加键值对
scoresOfMath.Add("小明",89);
scoresOfMath.Add("小红",98);
//字典中的键"小明"已经存在，会在程序运行到此处时发生逻辑错误
//scoresOfMath.Add("小明",60);
```

（2）bool ContainsKey(TKey key)方法。

为了避免运行错误，在向字典添加键值对之前，可以利用字典对象的 ContainsKey 方法判断希望添加的键值对中的键是否已经存在。如果存在，则该方法的返回值为 true，否则为 false。结合 if 语句选择输出提示信息或者写入。仍然以存储课程成绩的字典 scoresOfMath 为例，示例代码如下：

```
//先调用字典的 ContainsKey 确定键是否已经存在
//再选择输出提示信息或者写入
string keyStr="小明";
float value=60;
if(scoresOfMath.ContainsKey(keyStr)){
    print(string.Format(
        "键：{0}已经存在，无法添加新键值对{0}-{1}",
        keyStr,value));
}else{
    //键不存在的情况下，可以调用 Add 方法添加新键值对
    scoresOfMath.Add(keyStr,value);
}
```

4. 从字典中获取值和修改已有的值

（1）根据键获取并修改字典中的值。

在确定某个键存在于字典中的情况下，可以将键充当索引值来访问这个键所对应的数据值。其语法规则如下：

```
//根据键获取字典中的值
字典名称[键];
```

注意，这种访问值的方式必须在确保键已经存在于字典中的情况下才能使用，否则会发生逻辑错误。当然，可以结合 ContainsKey 方法来避免逻辑错误的发生。访问操作可以包含读和写。也就是说，可以像写入数组元素值一样更新键值对的值。仍然以存储课程成绩的字典 scoresOfMath 为例，示例代码如下：

```
//声明并初始化一个键为 string 类型，值为 float 类型的字典
Dictionary<string,float> scoresOfMath=
    new Dictionary<string,float> ();
//用 Add 方法向字典中添加键值对
scoresOfMath.Add("小明",89);
scoresOfMath.Add("小红",98);
//根据键获取和设置字典中的值
//获取"小红"的成绩
var scoreXH=scoresOfMath["小红"];
//逻辑错误，键"小花"在该字典中不存在
//scoreXH=scoresOfMath["小花"];
```

```
//可以利用 ContainsKey 方法来避免上述错误的发生
if(scoresOfMath.ContainsKey("小花")){
    scoreXH=scoresOfMath["小花"];
}else{
    print("字典中没有键:小花");
}
//除了读取值,还可以设置值
//将"小明"的成绩更改为 92
scoresOfMath["小明"]=92;
```

（2）bool TryGetValue(TKey key,out TValue value)方法。

从字典中获取数据的另一种方式是调用字典对象的 TryGetValue 方法，根据键来获取对应的值。参数 key 表示键，out 型参数 value 表示将会获取的值，两个参数的数据类型必须与字典创建时设置的数据类型一致。此外，参数 key 不可以为 null，否则会导致逻辑错误。TryGetValue 方法的返回值为 true 时，说明顺利获取了键为 key 的值，所获值存储在 out 型实参中；如果通过参数 key 传入的键在字典中不存在，则无法获取任何有效的值，TryGetValue 方法的返回值为 false。仍然以存储课程成绩的字典 scoresOfMath 为例，以学生姓名为 key，获取对应的成绩，示例代码如下：

```
//根据键,从字典中获取对应的值
string name="小红";
float mathScore=0;
//利用 TryGetValue 方法尝试从字典中获取键"小红"所对应的成绩
//如果成功,则方法返回值为 true
//获取的成绩值存储在 out 型实参 mathScore 变量中
if(scoresOfMath.TryGetValue(name,out mathScore)){
    //如果 TryGetValue 方法的返回值为 true
    //说明值已经顺利取到
    print(string.Format(
        "{0}的数学成绩为{1}",
        name,
        mathScore));
}
```

（3）bool ContainsValue(TValue value)方法。

开发者还可以使用 ContainsValue 方法来判断字典中是否存在某个值，表示值的参数 value 的数据类型必须与字典定义和初始化时的设置一致。例如想要知道字典 scoresOfMath 中的成绩是否有满分 100 的情况，可以这样书写代码：

```
//调用 ContainsValue 方法判断字典中是否存在某个值
//如果值存在,返回 true,否则返回 false
if(scoresOfMath.ContainsValue(100)){
    print("成绩中有满分");
}else{
    print("成绩中没有满分");
}
```

5. 遍历字典

一般使用 foreach 循环语句来遍历字典。其用法与遍历列表是基本一致的，不同的地方在于字典对象中所存储元素的数据类型为 KeyValuePair<TKey,TValue>，每个元素都具有 Key 属性和 Value 属性。其中，Key 属性中存储的是键，Value 属性中存储的是值。以存储课程成绩的字典 scoresOfMath 为例，遍历字典中所有元素的示例代码如下：

```
//使用 foreach 循环语句遍历字典
foreach(var pare in scoresOfMath){
    //其中 pare 是本次循环遍历到的字典中的元素
    //pare 的数据类型为 KeyValuePair<TKey,TValue>
    print(string.Format(
        "{0}的得分为{1}",
        //通过 Key 属性访问元素的键
        pare.Key,
        //通过 Value 属性访问元素的值
        pare.Value));
}
```

6. 移除字典中的元素

（1）bool Remove(TKey key)方法。

可使用 Remove 方法的重载版本 bool Remove(TKey key)来移除字典中的元素。如果字典中存在键为 key 的元素，则移除该元素并返回 true，否则返回 false。如果 key 的值为 null，则会导致逻辑错误。以存储课程成绩的字典 scoresOfMath 为例，移除字典中指定键值元素的示例代码如下：

```
//使用 bool Remove(TKey key)方法
//移除字典中键为 key 的元素
//注意参数 key 不可以为 null
if(scoresOfMath.Remove("小明")){
    print("成功移除小明的成绩记录");
}else{
    print("小明的成绩记录不存在");
}
```

（2）void Clear( )方法。

Clear 方法用于清空整个字典中的所有元素。

（3）Count 属性。

Count 属性是表示字典对象中元素个数的只读属性。必要时可以通过该属性来确定操作的效果，例如用 Clear 方法清空元素后，可以根据 Count 属性的值来确定清除的效果。示例代码如下：

```
//使用 Clear 方法清空字典 scoresOfMath 中的所有元素
scoresOfMath.Clear();
//通过字典的 Count 属性可以获得元素的个数
print("清空后字典中元素的个数为: "+scoresOfMath.Count);
```

8.3 委托

我们都知道类是一种引用型数据类型。我们定义了一个类，实际上就定义了一种新的数据类型。这种类型实例化得到的对象中既包含数据，也包含行为。而本节将要介绍的委托是 C# 中的一种特殊类，委托对象所引用的是方法。通过委托机制，开发者可以将一个或多个方法与一个委托对象进行关联，并通过委托对象来调用与之关联的所有方法。委托机制是事件机制的基础，理解委托机制有助于更好地理解后续的事件机制。

8.3.1 委托的定义

由于委托是一种特殊的类，因此在任何可以定义类的地方都可以定义委托，并且委托也可以使用和类一样的访问修饰符。定义一个委托的语法为：

```
delegate 访问修饰符 返回值类型 委托类的名称(被引用方法的参数列表);
```

由于委托对象引用的是方法，因此委托的定义包含了对能够与该委托的实例关联的方法的特征。这些特征包括：返回值类型、参数的数量、参数的数据类型和排列顺序。例如有这样一个委托：

```
delegate string Cook(string food,int num);
```

这个委托的名称为 Cook，它规定 Cook 类对象所能够关联的方法的返回值为 string，并且这些方法必须具有两个参数。其中，第一个参数为 string 类型，第二个参数为 int 类型。

8.3.2 委托对象的声明和实例化

和普通的类一样，要使用委托对象就需要声明和实例化。其语法与普通对象的声明和实例化完全一致，唯一特别的是在调用委托构造函数时需要用已有的方法名作为实参，从而实现方法与委托对象的关联。例如定义在脚本类体之外的这样一个委托：

```
delegate void Cook(string food,int num);
```

如果脚本类中已经定义了一个符合委托 Cook 规定的方法 Baker，那么在脚本的 Start 方法中可以这样声明和实例化 Cook 委托的一个对象：

```
Cook cook1=new Cook(Baker);
```

此时，我们说委托 Cook 的对象 cook1 引用了脚本类对象的 Baker 方法。事实上，直接将方法名称赋给委托对象也可以实现方法与委托对象的关联，其本质是将赋值号右侧的方法隐式转换为一个委托对象并赋给左侧的对象：

```
Cook cook2=Baker;
```

无论是对象的实例方法，还是类的静态方法，只要方法的返回值、参数个数、参数类型和顺序符合委托的规定，都可以通过 new 语句或者直接赋值将方法与委托对象关联。

8.3.3 通过委托对象调用方法

如果委托对象引用了一个方法，则可以直接通过委托对象来调用方法。假设 Baker 方法的定义如下：

```
void Baker(string food,int num){
    Print(string.Format("面点师烘焙了{0}个{1}",num,food));
}
```

则通过 cook1 对象和 cook2 对象可以分别调用 Baker 方法，其语法与调用普通方法的语法一致，例如：

```
cook1("吐司",3);
cook2("鸡肉汉堡",1);
```

以上语句执行后，Console 窗口将会出现"面点师烘焙了 3 个吐司"和"面点师烘焙了 1 个鸡肉汉堡"两条信息。

8.3.4 委托链

除了可以通过委托对象调用与之关联的方法，还可以通过同类型委托对象的加减法构建和修改委托链，从而可以通过单个委托对象一次性调用多个方法。

同一个委托的对象之间可以进行加法和减法运算，运算的结果仍然是委托对象。委托对象的加法和减法运算的本质是构建和修改委托链。例如下面的代码将会构建一个委托链 cook3：

```
Cook cook3=cook1+cook2;
cook3("菠萝包",5);
```

通过语句"cook3("菠萝包",5);"的执行，Console 窗口将会重复出现信息"面点师烘焙了 5 个菠萝包"两次。因为 cook1 和 cook2 分别引用 Baker 方法各一次，所以由 cook1 和 cook2 相加而得的 cook3 也引用 Baker 方法两次。

脚本中还定义了一个名为 CantoneseChef 的静态方法，并且该方法的返回值、参数都符合委托 Cook 的规定，如下：

```
static void CantoneseChef(string food,int num){
    print(string.Format("粤菜师傅烹饪了 {0}份{1}",num,food));
}
```

cook3 对象再进行一次减法运算和一次加法运算，如下：

```
cook3-=cook2;
cook3+=CantoneseChef;
```

通过 cook3 调用委托链中的方法，如下：

```
cook3("烧鹅",9);
```

Console 窗口中将会出现信息"面点师烘焙了 9 个烧鹅"和"粤菜师傅烹饪了 9 份烧鹅"各一次，这是因为减法导致对 Baker 方法的引用减少一次，加法又导致委托链中增加了一次对 CantoneseChef 方法的引用。

8.3.5 委托对象可以作为方法的参数

委托对象可以作为方法的参数，从而可以在方法体中通过委托的形参调用关联的方法。例如在脚本类中定义一个这样的方法：

```
void Pancake(Cook ck){
    ck("煎饼",1);
}
```

则可以在 Start 方法中，这样调用 Pancake 方法：

```
Pancake(cook3);
```

该语句执行后，Console 窗口中将会出现信息"面点师烘焙了 1 个煎饼"和"粤菜师傅烹饪了 1 份煎饼"各一次。

8.3.6 使用委托的一个完整案例

委托的使用流程可以归纳为以下步骤。

第一步，定义委托。
第二步，定义符合委托的方法。这些方法可以是实例方法和静态方法。
第三步，声明和初始化委托对象，使方法与委托对象关联。
第四步，如果有必要，则可以通过加减法构建委托链。
第五步，通过委托对象调用与之关联的方法。
第六步，如果有必要，则还可以将委托对象作为实参传递到方法体中，并在方法体中通过委托对象调用与之关联的方法。

下面通过一个案例来展示以上步骤,如例 8-3 所示。

例 8-3　委托的案例——各种语言版本的自我介绍

新建 Unity C#脚本并命名为 Example08_3.cs,打开该脚本编写代码如下:

```csharp
////////代码开始////////
using System.Collections;
using System.Collections.Generic;
using UnityEngine;

namespace MyDelegateExpSpace
{


    //1. 使用 delegate 关键字来定义一个委托类型
    //通过委托的定义规定:
    // (1)委托实例的返回值
    // (2)委托实例的参数数量、类型和顺序
    //注意:
    //委托类型就是引用方法的一种特殊类,委托对象通过实例化与具体的方法关联
    //只要一个方法的返回值、参数数量、参数类型和顺序符合委托类型的规定
    //那么这个方法就可以用于实例化委托对象,从而与之关联
    delegate void SelfIntroduction(string name,int age);

    public class Example08_3:MonoBehaviour
    {

        void Start()
        {

            //2. 委托对象的使用
            //(1)定义并实例化一个委托类 SelfIntroduction 的对象 si
            //对象 si 在实例化时将脚本组件 Example 08_3 的实例方法 ChineseSelfIntroduction
            //作为构造函数 SelfIntroduction 的实参
            //因此通过对象 si 可以调用脚本组件的 ChineseSelfIntroduction 方法
            SelfIntroduction si=new SelfIntroduction(
                            this.ChineseSelfIntroduction);
            //效果相当于直接调用 ChineseSelfIntroduction 方法
            si("小明",18);

            //3. 委托类的另外一种用法——委托链
            //声明委托 SelfIntroduction 的对象 siChain
            //初始化为 null 意味着还没有关联任何方法
            SelfIntroduction siChain=null;
            //事实上,方法名称可以直接赋给委托实例
            //而委托对象 siChain 可以通过加法运算构建委托链
            //将方法 MyDelegateExp.FrenchSI 通过加号添加到委托链 siChain 中
            siChain+=MyDelegateExp.FrenchSI;
```

```csharp
//具体某个对象的方法（也就是实例方法）也可以作为委托实例来使用
//例如MyDelegateExp类对象mde的EnglishSelfIntroduction方法
//也可以通过加法运算添加到委托链中
MyDelegateExp mde=new MyDelegateExp();
siChain+=mde.EnglishSelfIntroduction;
//当调用委托对象siChain时，关联到siChain的所有方法实例都会被调用
siChain("Sophia",19);
//利用减号可以从委托链中移除某个具体的委托对象
siChain-=MyDelegateExp.FrenchSI;

//4. 委托对象可以作为实参传递
//将委托对象siChain作为实参传递给SIUser方法
//由于siChain中只剩下一个委托实例mde.EnglishSelfIntroduction
//因此只剩下英语版自我介绍
SIUser(siChain);
}

//定义一个符合委托SelfIntroduction规定的方法
//这是一个脚本类中的方法
void ChineseSelfIntroduction(string name,int age)
{
    print(string.Format(
        "大家好！我名叫{0}，今年{1}岁。",
        name,
        age));
}

//定义一个具有SelfIntroduction类参数的方法
void SIUser(SelfIntroduction si)
{
    //调用传入的委托形参si
    si("Thomas",23);
}
}

class MyDelegateExp
{
    //再定义一个符合委托SelfIntroduction规定的方法
    //这是一个自定义类中的实例方法
    public void EnglishSelfIntroduction(string name,int age)
    {
        Example08_3.print(string.Format(
            "Hello everyone,my name is{0}.I'm{1}years old now.",
            name,
            age));
```

```
        }
        //再定义一个符合委托SelfIntroduction规定的方法
        //这是一个自定义类中的静态方法
        //无论方法名是什么,只要返回值类型、参数数量、参数类型和顺序符合委托类的规定
        //就可以作为委托类的实例
        public static void FrenchSI(string name,int age)
        {
            Example08_3.print(string.Format(
                "Bonjour,je m'appelle{0},j'ai{1}ans.",
                name,
                age));
        }
    }
}
/////////代码结束/////////
```

在完成代码的编写后,保存代码并返回 Unity 界面,在场景中创建新的空对象并更名为 Example08_3。将 Example08_3.cs 脚本加载到 Example08_3 对象上,在确保其他自建对象处于未激活状态的情况下保存并运行场景,即可在 Console 窗口看到图 8-5 所示的运行结果。

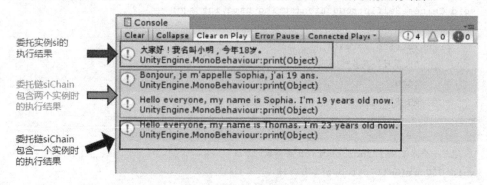

图 8-5 例 8-3 的运行结果

8.4 事件

事件是 C#中一种用于实现发布者—订阅者设计模式的机制。基于事件机制的发布者—订阅者模式有非常广泛的应用场合。

8.4.1 事件的作用

例如在一个角色扮演游戏中,主角的生命值会分别以文字和图形(血条)两种形式显示在界面上,主角的外观也会随生命值的变化而改变。在这个情景中,界面文字的变化、血条形态的变化,以及主角外观的变化显然是由不同类型的对象用不同的方法来控制的,但是又需要这三者能随时对主角的生命值变化作出反应。在这种情况下,主角、文字、血条和主角外观四者的关系很适合用基于事件的发布者—订阅者模式来描述。如图 8-6 所示,主角生命值变化是事件,主角对象就是事件的发布者,而文字控制对象、血条控制对象和主角外观控制对象都是事件的订阅者。只要主角生命值发生变化,就会触发事件,

从而导致事件的订阅者以订阅事件时约定的方式对事件的发生作出各自的反应：文字控制对象会改变文字的内容，血条控制对象会改变血条显示的长度，主角外观控制对象会更改角色外观。

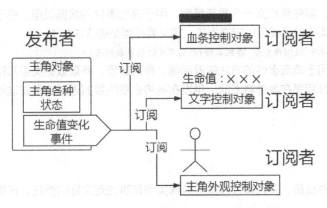

图 8-6　发布者—订阅者模式中各类对象的关系示例

8.4.2　基于事件的发布者-订阅者模式中的类的构成及其对象的交互

在发布者—订阅者模式的一个应用场合中，至少需要设计 3 种类，它们分别是充当事件数据类型的委托、发布者和订阅者，如图 8-7 所示。其中，充当事件数据类型的委托规定了响应事件的方法应具有的返回值类型、参数个数、参数类型和排列顺序；发布者则需要有一个公开的事件成员；该成员的数据类型应该为前面所述的委托，并且发布者应该包含触发事件的代码（通过调用事件成员来实现）；订阅者则需要具备用于响应事件的公开方法，该方法应该符合事件委托的要求，并且该方法可以是实例方法，也可以是静态方法。

在分别实例化发布者和订阅者的对象之后，需要使用"+="运算符对订阅者用于响应事件的方法与发布者对象的事件成员进行关联操作。这种操作即称为订阅。对应地，使用"-="运算符可以取消原有的订阅。

在完成事件的订阅后，当事件被触发时，订阅事件的方法将会全部被执行。

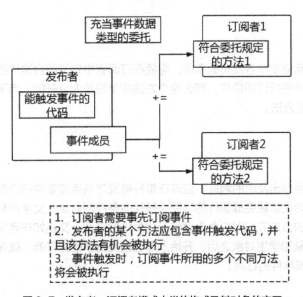

图 8-7　发布者—订阅者模式中类的构成及其对象的交互

8.4.3 充当事件数据类型的委托

要使用事件机制，首先要定义一个委托类型，用于充当事件的数据类型。由于委托本身也是一个类，因此在任何可以定义类的位置都可以定义委托。定义委托类型的语法如下：

```
delegate 访问修饰符 返回值类型 委托名称(被引用方法的参数列表);
```

这个委托定义了用于响应事件的方法的返回值、参数数量、参数数据类型和排列顺序。其中，参数列表所列参数的主要作用是在事件触发时，供发布者将必要的数据通过实参发送给订阅者在响应事件的方法中使用。

8.4.4 发布者

1. 事件成员

发布者要包含事件成员，并且事件成员的数据类型是事先定义好的委托。在类体中声明事件成员的语法规则如下：

```
public event 委托名 事件名称;
```

事件成员一般应该定义为公开的成员，这样才便于订阅者订阅事件。

2. 事件的触发

（1）事件触发的时机。

事件触发的时机要根据具体需求来把握。例如在角色扮演游戏的场合中，主角生命值发生变化的时候就是触发生命值变化事件的时机。又例如在老师和学生上课下课的场景中，下课时间到的时候就是触发下课事件的时机。

（2）事件触发的语法——通过委托调用订阅了事件的方法。

那么触发事件的代码应该怎么写呢？由于类的事件成员的数据类型是委托类型，因此触发事件的语法自然应该是通过委托调用对应方法的语法。其语法如下：

```
事件名称(实参列表);
```

其中，实参列表要根据委托在定义时的规定来排列，实参中存储的数据用于将必要信息由发布者传递给订阅者使用。

8.4.5 订阅者

为了让订阅者能够响应发布者发布的事件，需要在订阅者中定义符合事件委托规定的方法用于订阅事件。如果需要在类体外进行订阅操作，那么这个方法应当设置为公开的。用于相应事件的方法可以是实例方法，也可以是静态方法。

8.4.6 事件的订阅

1. 订阅事件的时机

为了确保能够对事件作出及时的响应，应该在事件触发之前完成事件的订阅操作。例如在角色扮演游戏中，应该在游戏初始化阶段完成事件的订阅，确保血条控制对象、文字控制对象和角色外观控制对象分别用各自响应事件的方法完成对主角生命值变化事件的订阅。又例如在老师和学生上课下课的场景中，应该在创建老师对象和学生对象之后、开始上课之前完成事件的订阅，确保所有学生对象用各自响应事件的方法完成对下课事件的订阅。

2. 订阅事件和取消订阅事件的语法

订阅事件需要使用"+="运算符，具体语法规则如下：

```
//使用订阅者对象的实例方法订阅事件
发布者对象名.事件名+=
    new 事件委托名称(订阅者对象名.实例方法名);
//使用订阅者的静态方法订阅事件
发布者对象名.事件名+=new 事件委托名称(订阅者类名.静态方法名);
```

订阅事件的操作本质上是根据方法名称创建委托的实例，并通过"+="运算符将委托实例与事件关联，从而完成一次订阅操作。但每次都使用 new 关键字的方式较为烦琐，C#语法允许在订阅事件时直接通过方法名来完成订阅操作，具体如下：

```
//使用订阅者对象的实例方法订阅事件
发布者对象名.事件名+=订阅者对象名.实例方法名;
//使用订阅者的静态方法订阅事件
发布者对象名.事件名+=订阅者类名.静态方法名;
```

与订阅操作相反的操作是取消订阅，取消订阅的操作需要使用"-="运算符，具体语法与订阅事件的操作完全相同。

需要特别注意的是，同一个方法可以多次订阅同一个事件。订阅的次数决定了事件触发时该方法被调用的次数，而每一次取消订阅的操作则会使对应的方法在事件触发后被调用的次数减少一次。

8.4.7 展示事件用法的完整案例

本小节将针对"下课时间到"的场景，展示事件的用法。在这个案例中，首先定义了事件委托；然后在发布者中以委托为数据类型定义事件成员，并确保该事件会在合适的时机被触发；在订阅者中，则依照委托的规定，定义用于响应事件的方法；当实例化发布者对象和订阅者对象后，根据实际需求完成订阅者对事件的订阅；最后就可以运行将会触发事件的代码，从而确保在事件触发时各订阅者的方法会被执行。

例 8-4　事件的用法案例——下课时间到

创建新的 Unity C#脚本并命名为 Example08_4.cs，打开脚本后编写代码如下：

```
////////代码开始////////
using System.Collections;
using System.Collections.Generic;
using UnityEngine;

//1. 定义与事件相关的委托类型声明
//规定用于响应事件发生的方法的返回值、参数数量、参数数据类型和排列顺序
delegate void ClassOverHandler(string whereToGo,string whatToDo);

//事件的发布者
class Teacher
{
    //上课持续时间
    float classDuration=0f;

    //2. 在发布者中定义事件
```

```csharp
        //事件是类的一种成员
        //定义一个事件要使用event关键字,并且事件的数据类型为委托类型
        public event ClassOverHandler ClassISOver;

        //3. 发布者要在合适的时机触发事件
        //开始上课的方法
        public void ClassBegins()
        {
            //开始上课计时,持续时间清零
            classDuration=0;
            Example08_4.print("开始上课");
            //每隔10分钟看一下时间
            while(classDuration<45f){
                classDuration+=10f;
                Example08_4.print(
                    string.Format("已经过去{0}分钟",classDuration));
                //如果已经超过45分钟,则应该下课
                if(classDuration>=45f){
                    Example08_4.print(
                        string.Format("已经超时{0}分钟,该下课了",classDuration-45f));
                    //触发下课事件
                    //事件的触发会导致订阅该事件的所有方法被调用
                    ClassISOver("办公室","批改作业");
                    return;
                }
            }
        }
    }

    //事件的订阅者
    class Student
    {
        string whereToGoAfterClass= "";
        string whatToDoAfterClass= "";
        //构造函数
        public Student(string whereTG,string whatTD)
        {
            whereToGoAfterClass=whereTG;
            whatToDoAfterClass=whatTD;
        }

        //4. 订阅者要具有可以响应下课事件的方法
        //该方法要符合事件所属委托的规定
        //这是实例方法,属于具体对象
        public void OnClassOver(string whereToGo,string whatToDo)
```

```csharp
    {
        Example08_4.print(
            string.Format("终于下课了，老师到{0}去{1}了，我到{2}去{3}吧",
                whereToGo,
                whatToDo,
                whereToGoAfterClass,
                whatToDoAfterClass));
    }

    //这是静态方法，属于类（代表所有对象）
    //该方法也符合事件所属委托的规定
    static public void OnClassOverMost(string whereToGo,string whatToDo)
    {
        Example08_4.print(
            string.Format("下课之后老师到{0}去{1}了，而大部分同学先回宿舍",
                whereToGo,
                whatToDo));
    }
}

public class Example08_4:MonoBehaviour
{

    void Start()
    {
        //声明并实例化一个发布者对象
        Teacher t1=new Teacher();
        //声明并实例化若干个订阅者对象
        Student stu1=new Student("食堂","吃饭");
        Student stu2=new Student("操场","打球");
        Student stu3=new Student("自习室","再学习一会儿");
        //5. 要让事件能够发挥作用，必须让订阅者事先订阅事件
        //订阅事件要使用"+="，具体形式有多种
        //(1)标准方式是通过new关键字创建事件委托的实例，并通过"+="运算符订阅事件
        //创建委托实例所依据的是用于响应事件的方法名称
        t1.ClassISOver+=new ClassOverHandler(stu1.OnClassOver);
        //(2)直接使用具体对象的实例方法订阅事件
        t1.ClassISOver+=stu2.OnClassOver;
        t1.ClassISOver+=stu3.OnClassOver;
        //(3)使用类的静态方法订阅事件
        t1.ClassISOver+=Student.OnClassOverMost;
        //(4)注意看，同一个方法可以多次订阅事件
        //订阅的次数决定了事件触发时该方法被调用的次数
        t1.ClassISOver+=stu1.OnClassOver;
        //(5)还可以使用匿名方法和Lambda表达式来订阅事件，但此处不做演示
```

```
            //感兴趣的读者可以查阅C#的官方文档
            //(6)用"-="可以取消订阅事件
            //每取消一次订阅,对应方法在事件触发时被调用的次数减少一次
            t1.ClassIsOver-=stu1.OnClassOver;

            //6. 要想让事件能够触发,必须有导致其触发的代码被执行
            //例如这里的老师开始上课,随后必然会导致下课事件的触发
            t1.ClassBegins();
        }

        void Update()
        {

        }
    }
/////////代码结束/////////
```

在完成代码的编写后,保存代码并返回 Unity 界面,在场景中创建新的空对象并更名为 Example08_4。将 Example08_4.cs 脚本加载到 Example08_4 对象上,在确保其他自建对象处于未激活状态的情况下保存并运行场景,即可在 Console 窗口看到图 8-8 所示的运行结果。

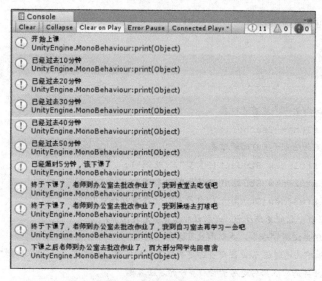

图 8-8 例 8-4 的运行结果

8.5 特性

读者学习完第 1 章时就已经了解到,如果在脚本类的字段声明前面加上[SerializeField],则无论该字段的访问修饰符是否为 public,当把该脚本加载到游戏对象上生成对应的脚本组件时,该字段都会以组件属性的方式显示在 Inspector 窗口。在 Inspector 窗口修改属性的值就等同于给组件对象对应的字段赋值。那么在脚本中,类似[SerializeField]这样的标签到底是什么呢?这种标签在 C#中称为特性。

8.5.1 什么是特性

在程序中,有关程序本身及其类型的数据被称为元数据,例如一个变量的数据类型就属于元数据,元数据描述的是程序本身的特征,与程序所解决的问题无关。而 C#中的特性就是用于保存程序结构信息的一种特殊的类,开发者通过在代码中使用特性来给程序中的各种结构(包括类、字段、方法等)添加元数据,从而使这些元素具备某种特殊的形式。

开发者可以根据需要自己定义特性并将其应用到脚本中。本节内容将只介绍 C#本身已定义的部分常用特性和 Unity 为开发者提供的部分常用特性。如果读者想了解更多关于特性的知识,可以查阅 C# 官方资料及 Unity 官方资料的相关内容。

8.5.2 特性的使用

应用到程序结构中的特性标签称为特性片段,特性片段被中括号所包围,其中包含特性的名称和特性的参数列表。其语法如下:

```
[特性的名称(参数列表)]
//随后是被特性修饰的语法结构
```

如果特性没有参数,则在特性片段中可以省略参数列表(包括小括号都可以省略),例如读者已经用过的[SerializeField]特性被用于修饰脚本类的字段时,可以这样写:

```
[SerializeField]
int num=0;
```

在使用特性时要注意以下几点。

第一点,同一个程序结构前面可以添加多个特性片段。

第二点,大多数特性只作用于紧随其后的非特性片段的结构。

第三点,不同的特性可能有不同的使用范围,有的特性只能用在特定的程序结构上。

例如在下面的代码中,两个特性片段仅作用于 count 字段,并且这两个特性片段都只能用于脚本类的字段:

```
[RangeAttribute(0,100)]
[SerializeField]
int   count=0;
float num=2.2f;
```

8.5.3 C#中的 Obsolete 特性

1. Obsolete 特性的作用

读者在脚本编辑器中编写 C#程序脚本时,常常可以体验到代码自动补全功能,即当输入某个对象的名称并加上点号时,界面上会弹出一个菜单列出该对象所有可用成员,通过按键盘的上下方向键就可以在菜单中选择自动补全的成员名称。读者如果使用的是 MonoDevelop 脚本编辑器,那么有时候会看到自动补全菜单中有些选项添加了删除线,如图 8-9 所示。

为什么会出现这种现象呢?这是因为这些程序元素在其程序源代码中的声明语句添加了 Obsolete 特性。Obsolete 特性的作用是将程序结构标注为过期的即不推荐再继续使用的。这种情况常出现在经历了多轮更新、升级的程序代码中。出于种种原因,一些老旧的代码逐渐被具有相同功能的新代码所替代。但基于兼容性的考虑,老旧代码可能不会被删除,而是添加了 Obsolete 特性用于提醒后来的开发者不要继续使用它们。

如果强行使用具有 Obsolete 特性的代码，有时会导致语法错误，或者编译时出现编号为 CS0618 的警告信息。这主要取决于 Obsolete 特性的具体用法。

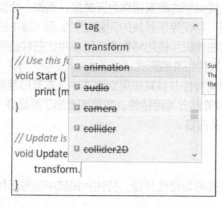

图 8-9　自动补全菜单中被加了删除线的选项示例

2. Obsolete 特性的用法

如果希望在自己编写的程序代码中使用 Obsolete 特性，则必须在脚本开头利用 using 语句引入 System 命名空间。在为程序的结构添加 Obsolete 特性时，在其特性片段的参数列表中可以使用两个参数。

Obsolete 特性的第一个参数是 string 型，用于在编译警告中添加提醒信息，例如：

```
[Obsolete("Use method MyFunc instead")]
public void Func(){
    //方法体代码
}
```

如果此时调用 Func 方法，则编译器编号为 CS0618 的警告信息会包含信息"Use method MyFunc instead"。

Obsolete 特性的第二个参数是 bool 值，其默认值为 false。如果该参数取值为 true，则该特性片段所修饰的程序结构将在语法规则上不允许使用，例如：

```
[Obsolete("Use method MyFunc instead",true)]
public void Func(){
    //方法体代码
}
```

如果此时调用 Func 方法，则会导致语法错误。

8.5.4　Unity C#脚本中的常用特性

1. 用于脚本类的特性

（1）RequireComponent 特性。

当某个脚本组件必须与特定组件加载在同一个游戏对象上才能够正常工作时，可以在脚本类上使用 RequireComponent 特性来指定与之共同工作的组件，从而能够在将脚本加载到游戏对象上时使指定组件同时被加载到游戏对象上。

例如以下代码：

```
[RequireComponent(typeof(Rigidbody))]
public class PlayerScript:MonoBehaviour
{
```

```
    //类体代码
}
```

在脚本类 PlayerScript 的定义之前添加 RequireComponent 特性片段,并通过其参数规定了脚本组件 PlayerScript 依赖于 Unity 的 Rigidbody 组件。此时如果将 PlayerScript.cs 脚本加载到某个还未具备 Rigidbody 组件的游戏对象上,则 Unity 将会自动在该游戏对象上添加 Rigidbody 组件。

(2) DisallowMultipleComponent 特性。

一般情况下,一个游戏对象上可以加载多个相同的脚本组件。如果在设计上不允许某个脚本有这种情况,则需要对该脚本类使用 DisallowMultipleComponent 特性。注意,如果对某个脚本类使用了该特性,则该脚本类的组件和它的派生类的组件都不能够同时加载到同一个游戏对象上。例如下面的情况:

```
//脚本 PlayerScript.cs 的代码
[DisallowMultipleComponent]
public class PlayerScript:MonoBehaviour
{
    //类体代码
}
//脚本 PlayerWithGun.cs 的代码
public class PlayerWithGun:PlayerScript
{
    //类体代码
}
```

脚本类 PlayerScript 使用了 DisallowMultipleComponent 特性,而 PlayerWithGun 派生自 PlayerScript 类,因此同一个游戏对象上最多只能加载一个 PlayerScript 组件或者 PlayerWithGun 组件,并且这两个组件也无法同时加载到同一个游戏对象上。

2. 用于脚本类字段的特性

(1) SerializeField 特性。

脚本类中使用了 SerializeField 特性的非公共非静态字段将会被 Unity 强制序列化,即将脚本加载到游戏对象上生成脚本组件时,被该特性修饰的字段会出现在 Inspector 窗口中并被赋予一个默认值。例如下面的情况:

```
public class PlayerScript:MonoBehaviour
{
    //类体代码
    [SerializeField]
    string name;
    int age;
}
```

脚本类 PlayerScript 的 name 字段使用了 SerializeField 特性,因此游戏对象上的 PlayerScript 组件中将会出现 Name 属性并且其默认值为空字符串。

(2) TextAreaAttribute 特性。

TextAreaAttribute 特性用于修饰脚本类的 string 型字段,从而使该字段对应的组件属性在 Inspector 窗口中以文本框的形式显示。该特性具有两个可选参数:第一个参数指定了文本框容纳文字的最小行数,如果输入文字内容的行数没有达到最小行数,则按最小行数来显示该文本框;第二个参数指定了文本框容纳文字的最大行数,如果输入文字内容的行数超过了最大行数,则文本框右侧会出现滚动条。例如下面的情况:

```csharp
public class PlayerScript:MonoBehaviour
{
    //类体代码
    string name;
    [SerializeField]
    //注意,名称以Attribute结尾的特性在使用时可以省略Attribute
    [TextArea(3,10)]
    string description;
    int age;
}
```

脚本组件的 Description 属性将会以最小行数为 3、最大行数为 10 的文本框的形式显示在 Inspector 窗口中。

（3）TooltipAttribute 特性。

TooltipAttribute 特性用于给脚本类字段在 Inspector 窗口中的对应属性添加提示信息。例如下面的情况：

```csharp
public class ExampleClass:MonoBehaviour{
    //注意,名称以Attribute结尾的特性在使用时可以省略Attribute
    [Tooltip("Health value between 0 and 100.")]
    public int health=0;
}
```

脚本组件的 Health 属性出现在 Inspector 窗口中时，如果将鼠标指针悬停在 Health 属性的名称上，鼠标指针所在位置会弹出一条内容为"Health value between 0 and 100."的提示信息。

（4）HeaderAttribute 特性。

HeaderAttribute 特性用于在脚本类字段在 Inspector 窗口中的对应属性上方添加标题。例如下面的情况：

```csharp
public class ExampleClass:MonoBehaviour{
    //注意,名称以Attribute结尾的特性在使用时可以省略Attribute
    [Header("Health Settings")]
    public int health=0;
    public int maxHealth=100;
    //注意,名称以Attribute结尾的特性在使用时可以省略Attribute
    [Header("Shield Settings")]
    public int shield=0;
    public int maxShield=0;
}
```

在 Inspector 窗口中，脚本组件 ExampleClass 的 Health 属性上方将会出现内容为"Health Settings"的标题，而 Shield 属性上方则会出现内容为"Shield Settings"的标题。

（5）HideInInspector 特性。

HideInInspector 特性用于在 Inspector 窗口隐藏字段所对应的组件属性（即使被修饰的字段为公开的）。例如下面的情况：

```csharp
public class PlayerScript:MonoBehaviour
{
    [HideInInspector]
    public string name;
```

}

Inspector 窗口将不会显示 PlayerScript 组件的 Name 属性。

（6）RangeAttribute 特性。

RangeAttribute 特性用于修饰脚本类中的 float 型或者 int 型字段，限定被修饰字段在 Inspector 窗口中对应的组件属性可以设置的数值范围。例如下面的情况：

```
public class ExampleClass:MonoBehaviour{
    //注意，名称以 Attribute 结尾的特性在使用时可以省略 Attribute
    [Range(0,100)]
    public int health=0;
}
```

脚本组件的 Health 属性出现在 Inspector 窗口中时，Health 属性将会以左右滑动条的形式出现，并且可设置的最小值为 0，最大值为 100。

8.6 本章小结

本章主要介绍了 C#作为面向对象语言的一些特殊机制，它们包括可将数据类型作为参数来使用的泛型机制，可以用来灵活管理数据的两种集合类型 List<T>和 Dictionary<TKey,TValue>，引用方法的引用类型——委托，可用于实现发布者—订阅者设计模式的事件机制，以及用于给程序添加元数据的特性机制。

通过本章的学习，读者可以对面向对象编程有更进一步的认识，能够更好、更灵活地使用 C#脚本语言来解决实际问题。

8.7 习题

1. 以下关于泛型的说法错误的是（　　）。
   A. 泛型机制使得数据类型可以作为参数传递，从而能够实现算法重用
   B. 一个泛型类可以有多个泛型参数
   C. 一个泛型方法的形参可以是任何数据类型的
   D. 在定义泛型类和泛型方法时，如果没有对类型参数进行约束，则参数会被默认为 System.Object 类或者其派生类

2. 以下关于 List<T>和 Dictionary<TKey,TValue>的说法，错误的是（　　）。
   A. List<T>是泛型列表，类型参数 T 表示存储在列表中的元素的数据类型
   B. Dictionary<TKey,TValue>是泛型字典，可通过索引值访问泛型字典中存储的数据
   C. 可调用泛型列表对象的 Sort 方法对存储在列表中的元素进行排序
   D. 泛型列表和泛型字典都可以使用 foreach 语句来遍历

3. 以下关于委托的说法，错误的是（　　）。
   A. 委托是一种特殊的引用类型，它们的对象引用的是方法而不是其他对象
   B. 要使用委托，必须实例化委托对象，实例化委托对象需要指定方法
   C. 实例化的委托对象能够调用对应的方法
   D. 一个委托对象只能够与一个方法关联

4. 以下关于 C#事件的说法，错误的是（　　）。
   A. 事件依赖于委托，要使用事件，首先要确定事件所依赖的委托

B. 事件是类的一种函数成员，其数据类型为委托

C. 可以利用"+="订阅事件，利用"-="取消订阅事件，事件对象放在运算符左侧，响应事件的方法名称或者委托放在运算符右侧

D. 事件会自动触发，不需要开发者干预

5. 以下关于 Unity C#脚本中常用特性的说法，错误的是（　　）。

A. 将特性名称放置在中括号内的语法结构称为特性片段，特性片段中的特性名称必须完整，没有可省略的部分

B. 使用了 SerializeField 特性的非公共、非静态字段将会被 Unity 强制序列化

C. RangeAttribute 特性用于限定被其修饰的 int 型或 float 型字段在 Inspector 窗口中对应的组件属性可以设置的数值范围

D. HideInInspector 特性用于在 Inspector 窗口隐藏字段所对应的组件属性

第9章
Unity中的常用类型

学习目标

- 熟悉 Unity C#脚本的基类 MonoBehaviour 的常用属性和方法及其作用。
- 理解 MonoBehaviour 类的事件方法和普通方法的区别。
- 熟悉 GameObject、Time 和 Input 这3个工具类的常用属性和方法。
- 熟悉 Mathf、Vector3 和 Quaternion 这3种结构体的常用属性和方法。
- 掌握组件类 Transform 和 RigidBody 在脚本中的用法。

学习导航

本章介绍 Unity 中的常用类型,引导读者熟悉 Unity C#脚本的基类 MonoBehaviour 的常用属性和方法及其作用,熟悉 GameObject、Time 和 Input 这3个工具类,以及 Mathf、Vector3 和 Quaternion 这3种结构体的常用属性和方法,并掌握组件类 Transform 和 RigidBody 在脚本中的用法。本章学习内容在全书知识体系中的位置如图 9-1 所示。

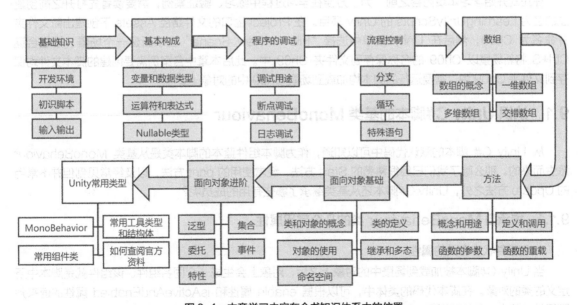

图 9-1 本章学习内容在全书知识体系中的位置

知识框架

本章知识重点是 Unity C#脚本中 MonoBehaviour 类、GameObject 类、Transform 类和 RigidBody 类的常用属性和常用方法。本章的学习内容和知识框架如图 9-2 所示。

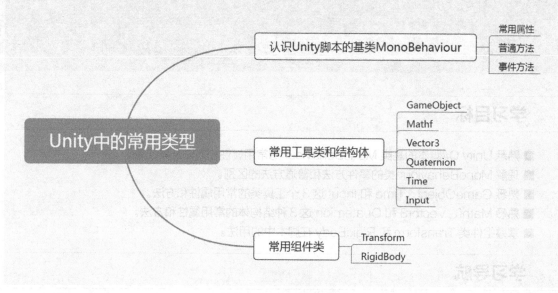

图 9-2 Unity 中的常用类型

准备工作

在正式开始学习本章内容之前，为了方便在学习过程中练习、验证案例，需要读者先打开之前创建过的名为 LearningUnityScripts 的 Unity 项目。在 Project 窗口的文件路径 Assets 下创建出新文件夹并命名为 Ch09，然后在 Unity 菜单中选择"File → New Scene"选项新建一个场景。按组合键 Ctrl+S 将新场景以 Ch09 的名称保存到文件夹 Ch09 中。此后本章中各案例需要创建的脚本文件均保存到文件夹 Ch09 中，需要运行的脚本均加载到场景 Ch09 中的对象上。

9.1 认识 Unity C#脚本的基类 MonoBehaviour

从 Unity C# 脚本的默认代码中可以知道，作为脚本组件蓝本的脚本类是从基类 MonoBehaviour 派生而来的。那么除了我们已经很熟悉的 Start 方法、经常使用的 print 方法，以及经常见到但并不常用的 Update 方法之外，Unity C#脚本还从基类继承了哪些有用的成员呢？

9.1.1 继承自 MonoBehaviour 类的几个常用属性

1. 与组件状态有关的属性

当 Unity C#脚本被加载到场景中的对象上之后，对象上会生成一个同名组件。该组件就是脚本中所定义的类的对象。在脚本代码的类体中，可以根据 enable 属性和 isActiveAndEnabled 属性的值来判断组件的状态，并且可以通过改变组件的 enable 属性值来控制组件的工作状态（工作或不工作）。具体作用如表 9-1 所示。值得注意的是，由于 enable 属性是可读可写的，因此它既可以用于判断组件的工作状态，也可以通过为其赋值来控制组件的工作状态。而由于 isActiveAndEnabled 属性是只可读的，因此它只能用于判断组件的工作状态。

表 9-1　Unity 脚本中与组件状态有关的属性

属性名称	数据类型	访问权限	作用
enable	bool	公开，可读可写	判断组件在 Unity 的 Inspector 窗口中是否被设置为激活状态（复选框是否被勾选）并设置状态
isActiveAndEnabled	bool	公开，只可读	判断组件是否处于工作状态

下面通过一个案例来说明 enable 属性和 isActiveAndEnabled 属性的使用。

例 9-1　组件工作状态的获取和改变

创建两个 Unity C#脚本 MyScript1.cs 和 MyScript2.cs，在脚本编辑器中打开 MyScript1.cs 脚本并输入以下代码：

```csharp
////////代码开始////////
using System.Collections;
using System.Collections.Generic;
using UnityEngine;

public class MyScript1:MonoBehaviour
{
    //用于存储MyScript2类对象的字段
    [SerializeField]MyScript2 ms;

    void Start()
    {
        if(!ms.isActiveAndEnabled){
            //如果ms对象（即My Script 2 组件）未被激活
            //则将其激活
            ms.enabled=true;
            print("已将组件 My Script 2 由非工作状态转换为工作状态");
        }else{
            print("组件 My Script 2 处于工作状态");
        }
    }

    void Update()
    {

    }
}
////////代码结束////////
```

完成 MyScript1.cs 脚本的代码输入后，保存脚本并返回 Unity 界面，在场景中创建一个新的空对象并更名为 Example9_1，然后分别将脚本 MyScript1.cs 和 MyScript2.cs 加载到 Example9_1 对象上，从而在该对象上创建出 My Script 1 组件和 My Script 2 组件。由于在 MyScript1.cs 脚本的 MyScript1 类中定义了用[SerializeField]修饰的 MyScript2 型字段 ms，因此在 Inspector 窗口可以看到 My Script 1 组件有一个名为 Ms 的属性。这个属性对应的就是 MyScript1 类的 ms 字段。确切地说，它是 MyScript1 类的对象（My Script 1（Script）组件）的 ms 字段。

为了验证 MyScript1.cs 脚本中代码的作用，需要将 Example9_1 对象的 My Script 2 组件赋给 My Script 1（Script）组件的 Ms 属性，可以通过拖拽的方式完成赋值操作。具体过程为，单击 Example9_1 对象使之处于被选择状态后，将 Example9_1 对象从 Hierarchy 窗口拖拽到 Inspector 窗口中 My Script 1（Script）组件的 Ms 属性上并释放鼠标。由于 Example9_1 对象具有 MyScript2（Script）类型的组件 My Script 2，因此该组件被赋给了 Ms 属性。具体操作如图 9-3 所示。

图 9-3　将 My Script 2 组件赋给 My Script 1 组件的 Ms 属性

可以分别在 My Script 2（Script）组件未被激活（不勾选）和已被激活（勾选）两种情况下运行场景，可以看到 Console 窗口中显示的不同结果，并且在 My Script 2（Script）组件未被激活的情况下运行场景后，My Script 2 组件会被激活，如图 9-4 所示。

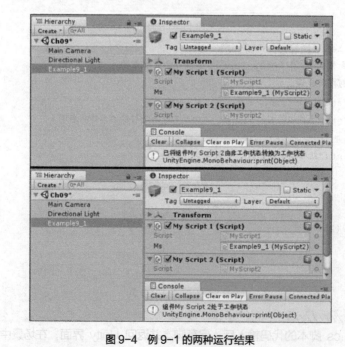

图 9-4　例 9-1 的两种运行结果

2. 与游戏对象及其他组件有关的属性

游戏对象是构成一个 Unity 场景的元素，场景中的游戏对象的名称及对象间的父子关系会在 Unity 界面的 Hierarchy 窗口中列出，而游戏对象的形象则在 Scene 窗口呈现。组件则是游戏对象的功能单元，一个游戏对象可能具有一个或多个组件，组件在 Unity 场景中不能够单独存在而必须挂载在某个游戏对象上，以 Unity 脚本为蓝本所创建的脚本组件也不例外。在 Unity C#脚本中定义的脚本类中，有几个继承自 MonoBehaviour 的属性是与脚本所挂载的游戏对象和该对象上的其他组件有关的，具体见表 9-2。

表 9-2 Unity 脚本中与脚本所挂载的游戏对象及该对象上的其他组件有关的属性

属性名称	数据类型	访问权限	作用
gameObject	GameObject	公开，只可读	脚本组件所挂载的游戏对象
name	string	公开，可读可写	脚本组件所挂载的游戏对象的名称，即在 Hierarchy 窗口所显示的名称，在脚本代码中可以通过 name 属性读取和修改游戏对象的名称
tag	string	公开，可读可写	脚本组件所挂载的游戏对象的标签，在 Inspector 窗口的 Tag 属性处可以设置游戏对象的标签，在脚本代码中可以通过 tag 属性读取和修改标签值
transform	Transform	公开，只可读	脚本组件所挂载的游戏对象的 Transform 组件

其中，GameObject 类和 Transform 类定义在命名空间 UnityEngine 中，是 Unity 开发环境中预先设计好的类，供开发者使用。GameObject 类的实例对象就是 Unity 场景中的游戏对象，而 Transform 类的实例对象则是游戏对象的 Transform 组件。Transform 组件是确定游戏对象在场景中的位置、朝向和大小比例的组件，每个游戏对象都具有 Transform 组件，在后文中会详细介绍 Transform 组件类的常用属性和方法。

名称和标签则是用于辨识和标记游戏对象的信息，在脚本中可以通过 name 属性获取和修改游戏对象的名称，还可以通过 tag 属性获取和修改游戏对象的标签，修改游戏对象的标签时给 tag 属性所赋的值必须在 Unity 的"Tag & Layers Manager"（标签和层管理器）中已经定义。我们在 Hierarchy 窗口中单击一个游戏物体使之处于被选中状态时，在 Inspector 窗口可以看到 Tag 属性。单击该属性的下拉菜单可以看到本项目的对象可选用的标签值，如图 9-5 所示。选择最后一个选项"Add Tag..."可以打开 Tags & Layers 窗口，在该窗口中可以给项目添加新的待选标签值，如图 9-6 所示。

图 9-5 Inspector 窗口中的 Tag 属性

图 9-6 为项目添加新的待选标签值

例 9-2 设计一个脚本用于获取和修改脚本组件所挂载对象的名称和标签

创建一个名为 Example9_2.cs 的新脚本，并在脚本编辑器中打开该脚本，输入以下代码：

```
////////代码开始////////
using System.Collections;
using System.Collections.Generic;
using UnityEngine;

public class Example9_2:MonoBehaviour
{
    //变量other是另外一个游戏对象上挂载的MyScript2脚本组件
    [SerializeField]MyScript2 other;

    void Start()
    {
        //更改当前脚本所挂载对象的名称和标签
        print(string.Format(
            "当前脚本所挂载对象的原名称为{0}，原标签为{1}",name,tag));
        name= "Example9_2";
        tag= "ExampleObject";
        print(string.Format(
            "当前脚本所挂载对象的名称已变为{0}，标签已变为{1}",name,tag));
        //获取当前脚本所挂载对象的位置
        print(string.Format(
            "当前脚本所挂载对象的位置为{0}",transform.position));

        //更改MyScript2脚本组件other所在游戏对象的名称和标签
        if(other!=null){
            print(string.Format(
                "other所挂载对象的原名称为{0}，原标签为{1}",other.name,other.tag));
            other.name= "MyScript2";
            other.tag= "ExampleObject";
            print(string.Format(
                "other所挂载对象的名称已变为{0}，标签已变为{1}",other.name,other.tag));
            //获取other所挂载对象的位置
```

```
            print(string.Format(
                "other 所挂载对象的位置为{0}",other.transform.position));
        }


        void Update()
        {

        }
    }
////////代码结束////////
```

在完成脚本 Example9_2.cs 的代码输入后保存文件,返回 Unity 界面后,在场景中创建一个空对象保持其默认名称 GameObject 不变,并将脚本 Example9_2.cs 加载到该对象上创建出其组件 Example9_2(Script)。另外再创建一个空对象也保持其默认名称 GameObject(1)不变,并将脚本 MyScript2.cs 加载到该对象上创建出其组件 My Script 2(Script),然后通过拖拽赋值的方式将 GameObject(1)对象的 My Script 2(Script)组件赋给 GameObject 对象 Example 9_2(Script)组件的 other 属性,如图 9-7 所示。

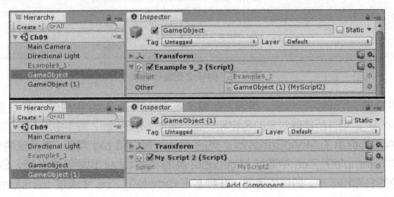

图 9-7　将两个脚本分别加载在不同的对象上

在 Hierarchy 窗口单击 GameObject(1)对象使之处于被选中状态后,在 Inspector 窗口修改该对象 Transform 组件 Position 属性的各分量值,使 GameObject(1)对象在场景中的位置与 GameObject 不一样,如图 9-8 所示。

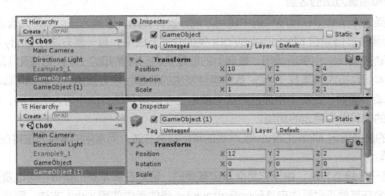

图 9-8　确保两个游戏对象的位置不一样

保存场景并运行,可以发现 Hierarchy 窗口中原来的 GameObject 对象名称变为了 Example9_2,GameObject(1)对象的名称则变为了 MyScript2。而在 Inspector 窗口中观察这两个游戏对象的标签可以发现,它们的标签由原先的 Untagged 变为了 ExampleObject,并且在 Console 窗口可以看到这两个对象在场景中的三维坐标位置,如图 9-9 所示。

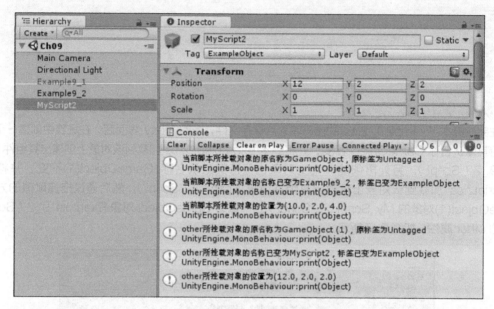

图 9-9 例 9-2 的运行结果

之所以有图 9-9 所示的运行效果,是因为在脚本 Example9_2.cs 中通过 name 属性和 tag 属性修改了 Example 9_2 组件所挂载对象的名称和标签。虽然 MyScript2 脚本中没有添加任何代码,但由于 MyScript2 类同样继承了 MonoBehaviour 类的 name 属性和 tag 属性,并且这两个属性都是公开的,因此在脚本 Example9_2.cs 中通过 MyScript2 类的字段 other 也能够修改 My Script 2(Script)组件所挂载对象的名称和标签。同样的道理,在脚本 Example9_2.cs 中通过 transform 属性和 other 的 transform 属性,可以分别获得 Example 9_2 组件所挂载对象和 My Script 2(Script)组件所挂载对象的位置信息。

9.1.2 继承自 MonoBehaviour 类的常用普通方法

1. 普通方法和系统方法的区别

众所周知,类的方法必须在程序代码中调用才能够发挥作用,这类方法可以称为普通方法。

在 Unity C#脚本类继承自 MonoBehaviour 类的众多方法中,有一些方法在 Unity 的运行机制中会在特定情况下自动被 Unity 引擎所调用,最典型的就是我们已经熟知的 Start 方法和 Update 方法。这些方法往往在脚本组件接收到某些 Unity 系统事件发生的消息后才会被执行,因此可以称为系统方法。开发者可以根据项目需要,在脚本中通过方法隐藏自己在这些系统方法中写入的代码,从而在特定事件发生时执行特定的代码发挥特定的功能。

本小节介绍的是继承自 MonoBehaviour 类的常用普通方法,而常用的事件方法将在下一小节中介绍。

2. print 方法

print 方法是一个静态方法。由于它是继承自基类的,因此在脚本类的类体中可以直接通过方法名来调用。而如果需要在其他不是派生自 MonoBehaviour 类的类中使用 print 方法,则需要使用"脚本类名.print"的方式,或者"MonoBehaviour.print"的方式。

print 方法的返回值类型是 void,其唯一的形参是 object 类型的。该方法的方法体内部会调用形参的 ToString 方法来获得字符串数据并显示在 Unity 的 Console 窗口。因此在调用 print 方法时,如果以 string 类型的值作为实参,在 Console 窗口显示的就是字符串的内容。而如果以数值类型的值作为实参,在 Console 窗口显示的就是具体的值。此外,如果以其他类型的值作为实参,往往在 Console 窗口中显示的是值的类型名称。

虽然在本书中,print 语句常用于在 Console 窗口显示程序的运行结果,但在实际项目中,它真正的用途是在 Console 窗口显示日志,便于开发者跟踪项目运行的状况,也可以用于日志调试工作。

3. 创建和销毁游戏对象的方法

在 Unity C#脚本中,可以使用静态方法 Instantiate 在场景中创建新游戏对象,使用静态方法 Destroy 销毁场景中的游戏对象。

(1) Instantiate 方法。

Instantiate 方法的返回值是所创建的新对象。该方法一共有 10 个重载的版本,其中有 5 个普通版本和与之对应的 5 个泛型版本。5 个普通版本的声明如下:

```
public static Object Instantiate(Object original);
public static Object Instantiate(Object original,Transform parent);
public static Object Instantiate(Object original,Transform parent,bool instantiateInWorldSpace);
public static Object Instantiate(Object original,Vector3 position,Quaternion rotation);
public static Object Instantiate(Object original,Vector3 position,Quaternion rotation,Transform parent);
```

5 个泛型版本的声明如下:

```
public static T Instantiate(T original);
public static T Instantiate(T original,Transform parent);
public static T Instantiate(T original,Transform parent,bool worldPositionStays);
public static T Instantiate(T original,Vector3 position,Quaternion rotation);
public static T Instantiate(T original,Vector3 position,Quaternion rotation,Transform parent);
```

各参数的具体说明如表 9-3 所示,表中所提及的"预制体"是指在 Untiy 中将场景某个对象(包括其所有组件)存储为资源而得到的文件。"父对象"是指 Unity 场景中游戏对象之间的一种关系,如果对象 A 被设置为对象 B 的父对象,则对象 B 的位置、朝向、大小比例的变化将会跟随对象 A 的变化而同步变化,一个对象最多有一个父对象,但可以有多个子对象。

表 9-3 Instantiate 方法各参数的使用说明

参数名称	使用说明
original	➤ 对于普通版本,该参数为项目中任何已存在的对象,包括场景中的游戏对象和组件,也包括项目中的预制体等资源 ➤ 对于泛型版本,该参数为 T 所指类型的对象 ➤ Instantiate 方法的具体功能就是以 original 参数所指的对象(或者组件所在对象)为蓝本,复制出新的对象并放置到场景中
position	所创建对象放置在场景中的位置
rotation	所创建对象放置在场景中的姿态

255

参数名称	使用说明
parent	所创建对象在场景中的父对象
instantiateIn WorldSpace	与 parent 参数结合使用。如果取 true，则根据蓝本对象 Transform 组件的位置属性值和姿态属性值，在世界坐标系中放置所创建的对象；如果取 false，则根据蓝本对象 Transform 组件的位置属性值和姿态属性值，以 parent 参数所指定的父对象的自身坐标系为参考系来放置所创建的对象。如果 parent 参数为 null，则仍然在世界坐标系中放置所创建的对象

（2）Destroy 方法。

Destroy 方法的声明如下：

```
public static void Destroy(Object obj,float t=0.0F);
```

其中，参数 obj 即为场景中已存在的需要被销毁的对象，而可选参数 t 则表示延迟时间（以秒为单位）。也就是说，Destroy 方法允许在被调用之后延迟指定的时间后才真正销毁对象。

（3）使用案例。

下面用一个简单案例演示 Instantiate 方法和 Destroy 方法的使用。

例 9-3　在 Unity 脚本中创建和销毁对象的方法示例

创建一个名为 Example9_3.cs 的新脚本，并在脚本中编写代码如下：

```
////////代码开始////////
using System.Collections;
using System.Collections.Generic;
using UnityEngine;

public class Example9_3:MonoBehaviour
{
    //充当新对象蓝本的对象，可以是场景中的对象，也可以是预制体等项目资源
    [SerializeField]GameObject obj;
    [SerializeField]Transform parent;
    //充当新对象蓝本的对象的某个组件，在此以 My Script 2 组件为例
    [SerializeField]MyScript2 ms;

    void Start()
    {
        if(obj!=null){
            //以 obj 对象为蓝本，创建一个新对象，并设置为 obj 的子对象
            //所创建的新对象在世界坐标系中的位置与 obj 对象的位置一致
            GameObject obj1=Instantiate(obj,parent,true);
            print(string.Format("新创建对象{0}的位置为: {1}，蓝本对象{2}的位置为: {3}",
                obj1.name,
                obj1.transform.position,
                obj.name,
                obj.transform.position));
            //如果传入 Instantiate 方法的第一个实参为组件类型
            //所创建的对象将会以该组件所挂载对象为蓝本
            //此时 Instantiate 方法的返回值将为所创建对象中与第一个实参同类型的组件
```

```
            //在这个语句中，将所创建对象放置在世界坐标系原点，姿态取默认值
            MyScript2 ms1=Instantiate(ms,Vector3.zero,Quaternion.identity);
            print(string.Format("新创建对象{0}的位置为: {1}，蓝本对象{2}的位置为: {3}",
                ms1.name,
                ms1.transform.position,
                ms.name,
                ms.transform.position));
            print(string.Format("新创建对象{0}的姿态为: {1}，蓝本对象{2}的姿态为: {3}",
                ms1.name,
                ms1.transform.rotation,
                ms.name,
                ms.transform.rotation));
            //销毁obj对象
            Destroy(obj);
        }
    }

    void Update()
    {

    }
}
/////////代码结束/////////
```

在完成代码编写后保存脚本，返回 Unity 界面，在场景中创建新的空对象并命名为 Example9_3，将脚本 Example9_3.cs 加载到 Example9_3 对象上创建出组件 Example 9_3（Script）。然后在 Hierarchy 窗口中再创建两个空对象并分别命名为 Parent 和 Child，将 Child 对象拖拽到 Parent 对象上使之成为 Parent 的子对象。选中 Example9_3 对象时，Inspector 窗口会显示 Example 9_3（Script）组件，用拖拽赋值的方式将 Child 对象赋给 Example 9_3（Script）组件的 Obj 属性，将 Parent 对象的 Transform 组件赋给 Example 9_3（Script）组件的 Parent 属性，将上一个案例中创建的 GameObject(1)对象的 My Script 2（Script）组件赋给 Example 9_3（Script）组件的 Ms 属性。设置结果如图 9-10 所示。

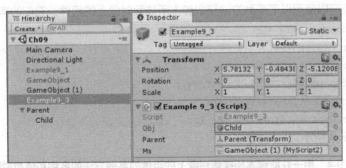

图 9-10　为验证例 9-3 在场景中进行的准备工作

保存场景后运行，可以看到被 Instantiate 方法创建出来的新对象 Child(Clone)和 GameObject(1)(Clone)，而运行之前创建的 Child 对象则已经被销毁。在 Console 窗口可以看到脚本所创建对象的

位置和姿态与蓝本对象之间的差异，如果此时选中 GameObject(1)(Clone)对象，则可以发现该对象与作为蓝本的 GameObject(1)对象一样也有一个 My Script 2 组件，如图 9-11 所示。

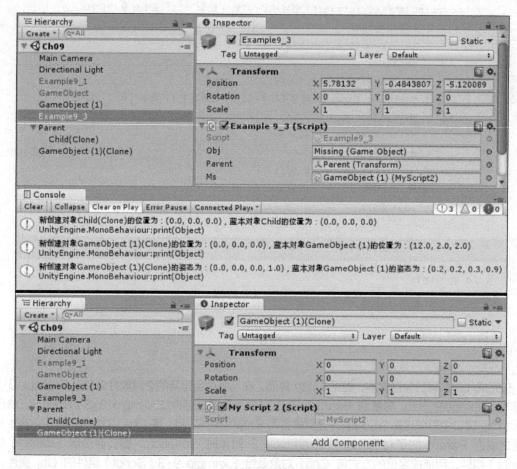

图 9-11　例 9-3 的运行效果

4. 获取游戏对象组件的方法

在 Unity 脚本中，除了通过在脚本类中定义字段然后给对应脚本组件的属性拖拽赋值的方式来获得游戏对象的组件，还可以使用以下系列方法获取脚本所挂载对象上的组件。它们的声明如下：

```
public T GetComponent<T> ();
public T[] GetComponents<T> ();
public T GetComponentInChildren<T> ();
public T[] GetComponentsInChildren<T> ();
public T GetComponentInParent<T> ();
public T[] GetComponentsInParent<T> ();
```

具体用法如表 9-4 所示。

表 9-4　用于获取脚本所挂载对象上的组件的系列方法的名称和使用说明

方法名称	使用说明
GetComponent<T>	获取脚本所挂载游戏对象的类型为 T 的组件对象，返回值为 T 类型的对象，如果没有符合的组件，则返回值为 null

续表

方法名称	使用说明
GetComponents<T>	获取脚本所挂载游戏对象的类型为 T 的组件对象数组,返回值为 T 类型的数组,如果没有符合的组件,则返回值为 null
GetComponentInChildren<T>	获取脚本所挂载游戏对象及其所有子对象(包括子对象的子对象)的类型为 T 的一个组件对象,以深度优先的方式搜索,找到第一个符合条件的组件后立即返回,如果没有符合条件的组件,则返回值为 null
GetComponentsInChildren<T>	获取脚本所挂载游戏对象及其所有子对象(包括子对象的子对象)的类型为 T 的所有组件对象,返回值为 T 类型的数组,如果没有符合的组件,则返回值为 null
GetComponentInParent<T>	获取脚本所挂载游戏对象及其所有父对象(包括父对象的父对象)的类型为 T 的一个组件对象,找到第一个符合条件的组件后立即返回,如果没有符合条件的组件,则返回值为 null
GetComponentsInParent<T>	获取脚本所挂载游戏对象及其所有父对象(包括父对象的父对象)的类型为 T 的所有组件对象,返回值为 T 类型的数组,如果没有符合的组件,则返回值为 null

例 9-4 获取脚本所挂载对象或者该对象的父子对象的组件案例

创建一个新 Unity C#脚本并命名为 Example9_4.cs,打开该脚本并编写如下代码:

```
////////代码开始////////
using System.Collections;
using System.Collections.Generic;
using UnityEngine;

public class Example9_4:MonoBehaviour
{
    void Start()
    {
        //尝试获取当前脚本所挂载对象的 Camera 组件
        Camera cam=GetComponent<Camera> ();
        if(cam!=null){
            //如果获取成功(当前对象有 Camera 组件)
            //在 Console 窗口输出信息
            print(string.Format(
                "获得了{0}对象的 Camera 组件",
                cam.name));
        }

        //尝试从当前脚本所挂载对象及其所有子对象中获取 Light 组件
        Light light=GetComponentInChildren<Light> ();
        if(light!=null){
            //如果获取成功(当前对象及其所有子对象中至少有一个 Light 组件)
            //在 Console 窗口输出信息
            print(string.Format(
```

```
                    "获得了{0}对象本身或者其中一个子对象的Light组件\n这个Light组件属于{1}对象",
                    name,
                    light.name));
            }

            //由于Light类是游戏对象的组件
            //因此它必然和脚本类一样派生自MonoBehaviour类
            //所以也可以调用对象light的GetComponentsInChildren<Light>方法来获取组件
            Light[] cLights=light.GetComponentsInChildren<Light> ();
            if(cLights!=null){
                print(string.Format(
                    "获得了{0}对象本身,以及所有子对象的Light组件,\n一共获得{1}个Light组件",
                    light.name,
                    cLights.Length));
                //获取存储在cLights数组最后一个元素中的Light组件对象
                //调用其GetComponentsInParent<Light>方法来获取组件
                if(cLights.Length>0){
                    Light[] pLights=cLights[cLights.Length-1].GetComponentsInParent <Light>();
                    if(pLights!=null){
                        print(string.Format(
                            "获得了{0}对象本身,以及所有父对象的Light组件,\n一共获得{1}个Light组件",
                            cLights[cLights.Length-1].name,
                            pLights.Length));
                    }
                }
            }
        }

        void Update()
        {

        }
    }
////////代码结束////////
```

在完成代码编写后保存脚本,返回 Unity 界面,在 Hierarchy 窗口中单击 Directional Light 对象使之处于被选中状态,然后按组合键 Ctrl+D,复制出 Directional Light(1)对象。继续按组合键 Ctrl+D,再复制出 5 个 Directional Light 对象,然后拖拽设置父子关系如图 9-12 所示。最后再将 Example 9_4.cs 脚本加载到 Main Camera 对象上,并将场景中其他自创对象全部设为未激活状态。保存场景后运行,可以在 Console 窗口看到 4 条信息如图 9-12 所示。从输出内容可以推断所有组件对象都具有从 MonoBehaviour 类继承的成员,并且 GetComponentInChildren<T>、GetComponentsInChildren<T>、GetComponentInParent<T>和 GetComponentsInParent<T> 这 4 个方法的搜索范围包括脚本所挂载对象本身。

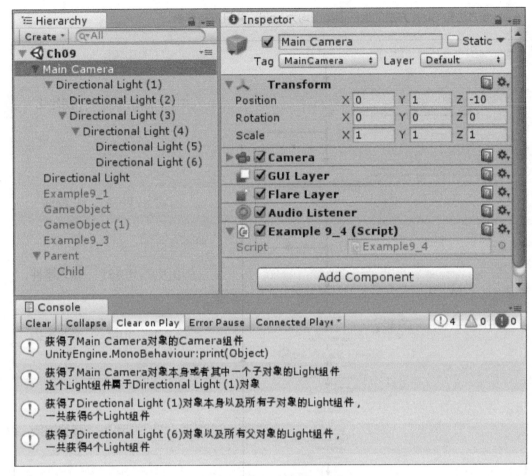

图 9-12 例 9-4 的运行效果

9.1.3 继承自 MonoBehaviour 类的常用事件方法

1. Unity 脚本组件的生命周期流程

Unity 官方提供了脚本组件的生命周期流程，如图 9-13 所示，图中列出了所有事件方法被调用的时机。

2. Awake 方法和 Start 方法

Awake 方法和 Start 方法在脚本组件的整个生命周期中只会被调用一次，并且它们都处在生命周期的初始化阶段，因此这两个方法适合用于初始化工作。其中 Awake 方法早于 Start 方法被调用，并且无论脚本组件是否处于可用状态（在 Inspector 窗口中组件前的复选框是否被勾选），只要脚本组件已经挂载在场景中的某个游戏对象上，脚本组件的 Awake 方法就一定会被调用。因此 Awake 方法适合用于设置脚本组件之间的引用关系（如果需要的话）。而 Start 方法只在脚本组件处于可用状态下时才会被调用，并且场景中任何一个组件 Start 方法的代码一定会在所有组件 Awake 方法的代码全部执行完毕之后才开始执行。

如果在项目设计中，游戏对象 B 的初始化工作要在游戏对象 A 初始化工作完成之后才能正确进行，即 B 的初始化依赖于 A 的初始化完成，则应该将 A 的初始化工作放在 Awake 方法中完成，而将 B 的初始化工作放在 Start 方法中完成。

Awake 方法和 Start 方法的返回值类型均为 void，并且没有形参。

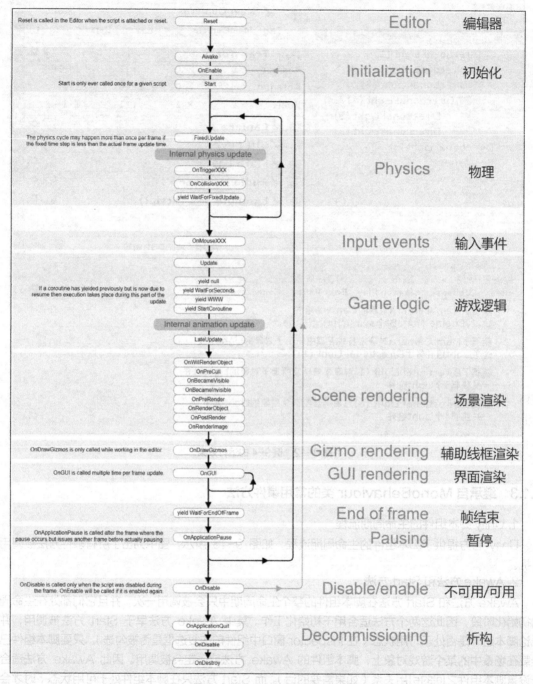

图 9-13　Unity 脚本组件的生命周期流程

3. FixedUpdate 方法和 Update 方法

FixedUpdate 方法和 Update 方法都会在脚本组件的生命周期中多次被调用，但是它们被调用的时机并不相同。

FixedUpdate 方法被调用的时间间隔是固定的，默认的时间间隔是 0.02 秒，这个时间间隔可以在 Unity 的 TimeManager 窗口中更改。在 Unity 的菜单中选择"Edit → Project Settings → Time"选项即可在 Inspector 窗口中显示 TimeManager 窗口，如图 9-14 所示，其中的 Fixed Timestep 属性即为 Unity 项目中 FixedUpdate 方法被调用的时间间隔。凡是涉及 Rigidbody（刚体）组件的操作都应该在 FixedUpdate 方法中进行。

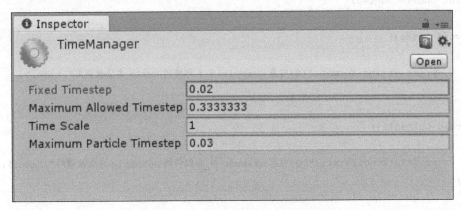

图 9-14　Unity 的 TimeManager 窗口

Update 方法是最常用的处理游戏逻辑的方法，它会在游戏画面的每一帧进行渲染工作之前被调用执行，因此 Update 方法的调用频率取决于游戏画面的刷新频率（即帧率）。在 Update 方法中更新游戏对象的状态，从而可以实现游戏对象在游戏场景中的变化。

FixedUpdate 方法和 Update 方法的返回值类型均为 void，并且没有形参。

4. OnEnable 方法和 OnDisable 方法

如果一个组件在场景开始运行之前就处于可用状态，则它的 OnEnable 方法会在 Awake 方法之后、Start 方法之前被调用，否则组件将会在 Awake 方法的代码执行完毕后处于等待的状态，直到组件变为可用状态的时候 OnEnable 方法才会被执行，随后依次执行 Start 方法和生命周期中的其他方法。但要特别注意的是，由于一个组件可能在其生命周期中多次在可用和不可用状态之间切换，OnEnable 方法在每次组件从不可用状态切换到可用状态时都会被调用，然而每个脚本组件的 Start 方法在整个生命周期中只能被调用一次，因此如果一个组件的 Start 方法已经被调用过，那么在后来可能出现的 OnEnable 方法再次被调用之后，系统流程会跳过 Start 方法直接进入后续环节。

与 OnEnable 方法对应，在场景运行过程中，OnDisable 方法会在组件从可用状态转换为不可用状态时被调用。此外，在析构环节中即应用程序退出时，OnDisable 方法还会被调用一次。

OnEnable 方法和 OnDisable 方法的返回值均为 void，并且没有形参。

例 9-5 用于观察常用事件方法在脚本组件生命周期中调用的先后顺序的案例

创建一个新 Unity C# 脚本并命名为 Example9_5.cs，打开该脚本并编写如下代码：

```
/////////代码开始/////////
using System.Collections;
using System.Collections.Generic;
using UnityEngine;

public class Example9_5:MonoBehaviour
{
    //另外一个游戏对象的Example_9_5组件
```

```csharp
//用于观察 OnEnable 方法和 OnDisable 方法的作用
[SerializeField]Example9_5 other;
//用于在 FixedUpdate 方法中计数的变量
int fixUpdateCount=0;
//用于在 Update 方法中计数的变量
int updateCount=0;

void Awake()
{
    print(string.Format("{0}对象 Example 9_5 组件的 Awake 方法被调用",name));
}

void OnEnable()
{
    print(string.Format("{0}对象 Example 9_5 组件的 OnEnable 方法被调用",name));
}

void Start()
{
    print(string.Format("{0}对象 Example 9_5 组件的 Start 方法被调用",name));
}

void FixedUpdate()
{
    //在 FixedUpdate 方法被调用的头两次在 Console 窗口输出信息
    if(fixUpdateCount<2){
        print(string.Format(
            "{0}对象 Example 9_5 组件的 FixedUpdate 方法第{1}次被调用",
            name,
            fixUpdateCount+1));
        fixUpdateCount+=1;
    }
}

void Update()
{
    //在 Update 方法被调用的头两次在 Console 窗口输出信息
    if(updateCount<2){
        print(string.Format(
            "{0}对象 Example 9_5 组件的 Update 方法第{1}次被调用",
            name,
            updateCount+1));
        updateCount+=1;
        //如果 other 不为空，调整 other 的可用性
        if(other!=null){
```

```
            if(updateCount==1){
                //在Update方法第一次被调用时,将other设为不可用
                other.enabled=false;
            }
            if(updateCount==2){
                //在Update方法第二次被调用时,将other恢复为可用
                other.enabled=true;
            }
        }
    }

    void OnDisable()
    {
        print(string.Format("{0}对象Example 9_5组件的OnDisable方法被调用",name));
    }
}
////////代码结束////////
```

在完成 Example 9_5.cs 脚本的代码编写后，保存脚本并返回 Unity 界面，在 Hierarchy 窗口中新创建一个空对象并命名为 Example 9_5，将脚本 Example 9_5.cs 加载到 Example 9_5 对象上。选中 Example 9_5 对象，按组合键 Ctrl+D 复制出 Example 9_5(1)对象并将其更名为 Other，然后通过拖拽赋值的方式将 Other 对象的 Example 9_5 组件赋给 Example 9_5 对象 Example 9_5 组件的 Other 属性，并将其他挂载了脚本的对象都设置为非激活状态，如图 9-15 所示。

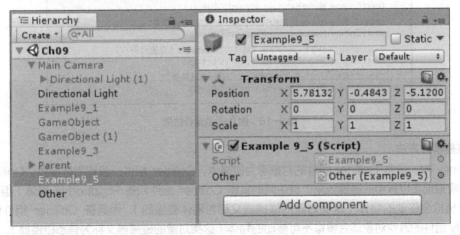

图 9-15　运行例 9-5 代码之前的准备

保存场景并运行，可以在 Console 窗口看到图 9-16 所示的前 16 条信息。然后结束运行，图 9-16 所示的最后两条信息才会在 Console 窗口出现。根据信息出现的先后顺序，可以确定 Awake 方法、OnEnable 方法、Start 方法、FixedUpdate 方法、Update 方法和 OnEnable 方法被调用的顺序与图 9-13 所列信息相符。

图9-16 例9-5的运行结果

5. 碰撞事件方法

在Unity中,具有Collider组件的对象称为碰撞体,Collider组件一般称为碰撞器。Collider组件主要用于模拟现实世界中的碰撞效果,其中同时具备Collider组件和备Rigidbody(刚体)组件的游戏对象适合模拟会移动的物体(这类对象的碰撞器又称为刚体碰撞器),而具备Collider组件但不具备Rigidbody组件的游戏对象适合模拟不可移动的物体(这类对象的碰撞器又称为静态碰撞器)。

在Unity脚本中,可以通过3个事件方法来侦测脚本所挂载对象的碰撞器与其他对象的碰撞器在接触过程中的3种状态,即开始接触状态、持续保持接触状态和脱离接触状态。它们的声明如下:

```
void OnCollisionEnter(Collision other);
void OnCollisionStay(Collision other);
void OnCollisionExit(Collision other);
```

这3个方法的形参是Collision类型的对象,该对象包含碰撞相关的详细信息,Collision类中常用属性的作用如表9-5所示。

表 9-5　Collision 类中常用属性的作用

属性名称	数据类型	访问权限	作用
collider	Collider	只读	参与碰撞的另外一个碰撞体的碰撞器组件
gameObject	GameObject	只读	参与碰撞的另外一个游戏物体
relativeVelocity	Vector3（三维向量类）	只读	当前脚本所挂载对象相对于参与碰撞的另外一个碰撞体的线性速度
rigidbody	Rigidbody	只读	参与碰撞的另外一个碰撞体的刚体组件
transform	Transform	只读	参与碰撞的另外一个碰撞体的 Transform 组件

值得注意的是，上述 3 个方法只有在相互接触的两个碰撞体当中至少有一个是刚体碰撞器并且其 Rigidbody 组件的 Is Kinematic 属性值为 false（即在 Inspector 窗口中 Is Kinematic 属性对应的复选框不勾选）时，才可能被调用。它们的具体作用如表 9-6 所示。

表 9-6　碰撞事件方法的用法

方法名称	使用说明
OnCollisionEnter	当两个碰撞体开始接触的时候被调用，在开始接触到完全分开的整个过程中只会被调用一次
OnCollisionStay	在两个碰撞体持续接触的时间段中，每一帧时间间隔里都会被调用一次
OnCollisionExit	当两个原本持续接触的碰撞体脱离接触的时候被调用，在开始接触到完全分开的整个过程中只会被调用一次

6. 触发事件方法

如果将 Collider 组件的 Is Trigger 属性设置为 true（即在 Inspector 窗口中勾选 Is Trigger 属性对应的复选框），则 Collider 组件将变为触发器。其所在的游戏对象此时可以称为触发体，触发体可以根据是否具有 Rigidbody 组件分为刚体触发体和静态触发体两类。触发体之间没有相互阻挡的作用，其用途主要是侦测游戏对象之间的接触、相交和分离事件，同样有 3 个可用的方法：

```
void OnTriggerEnter(Collider other);
void OnTriggerStay(Collider other);
void OnTriggerExit(Collider other);
```

这 3 个方法的形参是 Collider 类型的对象，即参与接触的另外一个触发体（或者碰撞体）的 Collider 组件。静态触发体彼此之间，以及静态触发体和静态碰撞体之间的接触不会产生触发事件，可以产生碰撞事件的对象之间也不会产生触发事件。除上述情况之外，触发体之间的接触，以及触发体与碰撞体之间的接触都会产生触发事件。这 3 个触发事件方法的具体作用如表 9-7 所示。

表 9-7　触发事件方法的用法

方法名称	使用说明
OnTriggerEnter	当两个触发体（或者一个触发体和一个碰撞体）开始接触的时候被调用，在开始接触到完全分开的整个过程中只会被调用一次
OnTriggerStay	在两个触发体（或者一个触发体和一个碰撞体）持续相交的时间段中，每一帧时间间隔里都会被调用一次
OnTriggerExit	当两个原本持续相交的触发体（或者彼此相交的一个触发体和一个碰撞体）脱离接触的时候被调用，在开始接触到完全分开的整个过程中只会被调用一次

例9-6 用于观察碰撞和触发事件的案例

创建新脚本并命名为Example9_6.cs,打开该脚本并编写如下代码:

```
////////代码开始////////
using System.Collections;
using System.Collections.Generic;
using UnityEngine;

public class Example9_6:MonoBehaviour
{
    void OnCollisionEnter(Collision other)
    {
        print(string.Format(
            "对象{0}与对象{1}发生碰撞",
            name,
            other.gameObject.name));
    }

    void OnCollisionStay(Collision other)
    {
        print(string.Format(
            "对象{0}与对象{1}碰撞后保持接触中",
            name,
            other.gameObject.name));
    }

    void OnCollisionExit(Collision other)
    {
        print(string.Format(
            "对象{0}与对象{1}碰撞脱离",
            name,
            other.gameObject.name));
    }

    void OnTriggerEnter(Collider other)
    {
        print(string.Format(
            "对象{0}与对象{1}发生触发",
            name,
            other.name));
    }

    void OnTriggerStay(Collider other)
    {
        print(string.Format(
            "对象{0}与对象{1}触发后保持相交中",
```

```
                name,
                other.name));
        }

        void OnTriggerExit(Collider other)
        {
            print(string.Format(
                "对象{0}与对象{1}触发脱离",
                name,
                other.name));
        }
    }
/////////代码结束/////////
```

完成代码编写后保存脚本，返回 Unity 界面，创建空对象并更名为 Example9_6，然后在 Hierarchy 窗口空白处单击，在弹出的菜单中选择 "3D Object → Plane" 选项从而创建出平面对象 Plane，再次在 Hierarchy 窗口空白处单击，在弹出的菜单中选择 "3D Object → Sphere" 选项从而创建出球体对象 Sphere。

在 Plane 对象或者 Sphere 对象被选中的情况下，在 Inspector 窗口可以看到 Plane 对象具有一个名为 Mesh Collider 的组件，Sphere 对象则具有一个名为 Sphere Collider 的组件。这两个组件都属于碰撞器组件。事实上，在 Unity 中根据形状的不同，碰撞器有 Box Collider、Sphere Collider、Mesh Collider、Capsule Collider 等多种。它们在 Unity C# 脚本中都有对应的类，而这些类都是 Collider 类的派生类。一般在碰撞事件和触发事件中都会将不同类型的碰撞器组件按照 Collider 类的对象来处理。

现在 Plane 对象和 Sphere 对象都具备 Collider 组件而没有 Rigidbody 组件，因此它们属于静态碰撞体。为了观察不同类型碰撞体、触发体之间接触时的事件方法的调用情况，需要再创建一个刚体碰撞体 Sphere_RC 和一个刚体触发体 Sphere_RT。在 Hierarchy 窗口中单击 Sphere 对象使之处于被选中状态，然后按组合键 Ctrl+D 两次，复制出两个新的球体对象 Sphere(1) 和 Sphere(2)。将 Sphere(1)更名为 Sphere_RC，将 Sphere(2)更名为 Sphere_RT，然后按住 Ctrl 键并在 Hierarchy 窗口依次单击 Sphere_RC 对象和 Sphere_RT 对象使它们同时处于被选中状态。再到 Inspector 窗口单击 "Add Component" 按钮，在弹出的菜单中选择 "Physics → Rigidbody" 选项从而给这两个对象都添加 Rigidbody 组件。现在它们都成了刚体碰撞体。但是 Sphere_RT 应该作为刚体触发体，因此选中 Sphere_RT 对象后到 Inspector 窗口将它的 Sphere Collider 组件的 Is Trigger 属性设置为 true（将复选框勾选）。完成以上工作后，将 Plane 和 Sphere 对象分别更名为 Plane_SC 和 Sphere_SC，以表明它们是静态碰撞体。接下来，将 Plane_SC、Sphere_SC、Sphere_RC 和 Sphere_RT 同时选中，再把 Example9_6.cs 脚本拖拽到 Inspector 窗口从而给这 4 个对象都创建一个 Example 9_6 组件，然后把它们设置为 Example9_6 对象的子对象并利用 Unity 的对象平移工具和对象旋转工具，将 Plane_SC 摆放成一个斜面，让 Sphere_SC 与 Plane_SC 保持接触状态，让 Sphere_RC 和 Sphere_RT 悬在 Plane_SC 上方确保它们在下落时能接触到 Plane_SC。具体如图 9-17 所示。

完成上述准备工作后，保存场景然后运行，可以看到 Plane_SC 和 Sphere_SC 保持静止不动状态，Sphere_RC 和 Sphere_RT 分别自由下落。当遇到静态碰撞体 Plane_SC 时，刚体碰撞体 Sphere_RC 的下落受到阻挡后顺着斜坡滚落，而刚体触发体 Sphere_RT 则直接毫无阻碍地直线下落。在 Console 窗口可以看到各对象 Example 9_6 组件 3 个碰撞事件方法和 3 个触发事件方法被调用的情况。由于 Plane_SC 和 Sphere_SC 都是静态碰撞体，因此虽然它们一直保持接触状态，但它们之间没有任何碰撞事件和触发事件发生；Sphere_RC 在下落过程中被 Plane_SC 阻挡，在接触一段时间后又脱离，所以这两个对象 Example 9_6 组件的 3 个碰撞事件方法依次分别被调用，但触发事件方法不会被调用，如图 9-18 所示。

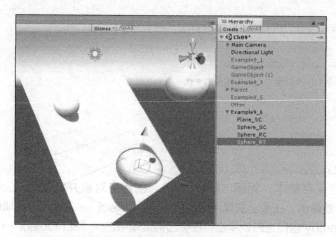

图 9-17　运行例 9-6 代码之前的准备

图 9-18　例 9-6 中刚体碰撞体与静态碰撞体碰撞过程中碰撞事件方法的调用情况

Sphere_RT 在下落过程中穿过了 Plane_SC，所以这两个对象 Example 9_6 组件的触发事件方法会依次分别被调用，但碰撞事件方法不会被调用，如图 9-19 所示。

图 9-19　例 9-6 中刚体触发体与静态碰撞体接触过程中触发事件方法的调用情况

9.2 常用工具类和结构体

除了 MonoBehaviour 类，Unity 还提供了许多有用的类和结构体供开发者用于实现各种交互功能，一些常用的类和结构体将会在本节一一介绍。

9.2.1 GameObject 类及其应用

1. 概述

GameObject 类的对象在脚本中用于表示场景中具体的游戏对象，并且提供了用于在场景中查找游戏对象的方法、用于改变游戏对象状态的方法，以及用于获取游戏对象组件的方法。

2. 用于在场景中查找游戏对象的方法

主要包含以下 3 个方法：

```
public static GameObject Find(string name);
public static GameObject[] FindGameObjectsWithTag(string tag);
public static GameObject FindWithTag(string tag);
```

从方法的声明可以看出它们都是静态方法，因此都需要通过类名来调用（即用"GameObject.方法名(参数列表)"的方式）。具体用途如表 9-8 所示。

表 9-8　GameObject 类提供的用于查找游戏对象的系列方法的使用说明

方法名称	使用说明
Find	➢ 根据游戏对象名称查找游戏对象，参数为游戏对象名称，返回值为游戏对象 ➢ 如果存在同名的对象，则只返回搜索算法所找到的第一个满足条件的对象；如果没有找到满足条件的对象，则返回值为 null ➢ 查找范围仅限于处于激活状态的对象 ➢ 对象名称中可以包含"/"符号，用于表示父子关系，可以使查找结果更加准确，例如"Parent/Child"表示指定从 Parent 对象的子对象中查找 Child 对象 ➢ 出于对效率的考虑，建议只在初始化时使用这个方法
FindGameObjectsWithTag	➢ 根据标签值查找多个游戏对象，参数为标签值，返回值为游戏对象数组 ➢ 返回的数组中包含所有满足条件的对象；如果没有找到满足条件的对象，则返回的数组长度为 0 ➢ 标签值必须是项目中已有的标签值；如果传入的参数值为空字符串、null 或者不是项目中已有的标签值，则会导致出错
FindWithTag	➢ 根据标签值查找游戏对象，参数为标签值，返回值为游戏对象 ➢ 如果存在相同标签值的对象，则只返回搜索算法所找到的第一个满足条件的对象；如果没有找到满足条件的对象，则返回值为 null ➢ 标签值必须是项目中已有的标签值；如果传入的参数值为空字符串、null 或者不是项目中已有的标签值，则会导致出错

3. 用于改变游戏对象状态的方法

这类方法常用的主要是 SetActive，它的声明如下：

```
public void SetActive(bool value);
```

它的作用是改变游戏对象的激活状态，当参数 value 的值为 true 时将游戏对象设置为激活状态，而当参数 value 的值为 false 时将游戏对象设置为非激活状态，就如同在 Inspector 窗口改变游戏对象的激活状态一样。

4. 用于获取游戏对象组件的方法

GameObject 类也有获取游戏对象组件的一系列方法,这些方法的声明和具体功能跟脚本类从 MonoBehaviour 类继承的系列方法完全一致:

```
public T GetComponent<T> ();
public T[] GetComponents<T> ();
public T GetComponentInChildren<T> ();
public T[] GetComponentsInChildren<T> ();
public T GetComponentInParent<T> ();
public T[] GetComponentsInParent<T> ();
```

关于上述方法的具体功能,可以参考表 9-4,但要注意 GameObject 类的这些方法并不是从 MonoBehaviour 类或者其派生类继承而来的。它们跟 MonoBehaviour 类根本没有关系,完全是在 GameObject 类中独立定义的,因此在用法上完全不同。具体差别可从以下代码中体会:

```
Collider collider1;
Collider collider2;
GameObject player=GameObject.FindWithTag("Player");
if(player!=null){
    //获取player对象的Collider组件
    collider1=player.GetComponent<Collider> ();
}
//获取当前脚本所挂载对象的Collider组件
collider2=GetComponent<Collider> ();
```

在上述代码中,collider1 变量所存储的 Collider 组件是通过 GameObject 类对象 player 的 GetComponent<Collider>方法获得的,是 player 对象的 Collider 组件;collider2 变量所存储的 Collider 组件则是通过脚本类从 MonoBehaviour 类继承的 GetComponent<Collider>方法获得的,是脚本所挂载对象的 Collider 组件。

9.2.2 Mathf 结构体及其应用

1. 概述

Mathf 是定义在命名空间 UnityEngine 中的一个结构体,而并非一个类。它提供了一系列 float 型的常量,以及一系列具有 int 型或者 float 型形参的静态方法,用于帮助开发者进行常用的数学运算。结构体的用法与静态类很相似,可以按照调用静态类静态方法的语法形式来使用 Mathf。

2. 数学常量

Mathf 所包含的 float 型常量如表 9-9 所示。

表 9-9 Mathf 所包含的 float 型常量

常量名称	常量含义
Deg2Rad	将角度转换为弧度的转换常数,假设 float 型变量 d 中存储的是角度值,为了获得弧度值并存储到 float 型变量 r 中,可以这样写: r=d*Mathf.Deg2Rad;
Epsilon	float 型值中的最小绝对值,在计算机中所表达的数值精度是有限的,Mathf.Epsilon 即为 float 型值精度的体现,当两个 float 型的值的差小于 Mathf.Epsilon 时即可认为这两个值是相等的
Infinity	正无穷大

续表

常量名称	常量含义
NegativeInfinity	负无穷小
PI	圆周率
Rad2Deg	将弧度转换为角度的转换常数，假设 float 型变量 r 中存储的是弧度值，为了获得角度值并存储到 float 型变量 d 中，可以这样写： d=r*Mathf.Rad2Deg;

3. 数学运算

Mathf 中包含大量用于数学运算的静态方法，在此挑选一些常用的列在表 9-10 中。

表 9-10　Mathf 中常用的数学运算静态方法

类别	方法声明	使用说明
绝对值	public static float Abs(float f);	求绝对值，返回值为参数 f 的绝对值
正负	public static float Sign(float f);	求正负，当 f 大于 0 时，返回值为 1；当 f 等于 0 时，返回值为 0；当 f 小于 0 时，返回值为-1
取整	public static float Ceil(float f);	向上取整，返回值为大于或等于参数 f 的最小整数值
取整	public static float Floor(float f);	向下取整，返回值为小于或等于参数 f 的最大整数值
取整	public static float Round(float f);	就近取整，返回值为最接近参数 f 的整数值，当参数 f 的值的小数部分为 0.5 时，返回最近的偶数值
幂次和方根	public static float Pow(float f,float p);	求幂次，返回值为参数 f 的 p 次方，例如在计算圆的面积时，如果半径存储在 float 型变量 r 中，则圆面积为：Mathf.PI*Mathf.Pow(r,2f);
幂次和方根	public static float Sqrt(float f);	求平方根，返回值为参数 f 的平方根
幂次和方根	public static float Exp(float power);	求自然常数 e 的幂次，以参数 power 为幂次，返回值为 e 的 power 次方
对数	public static float Log10(float f);	求以 10 为底的对数，返回值为参数 f 以 10 为底的对数值
对数	public static float Log(float f);	求自然对数，返回值为参数 f 的自然对数值
对数	public static float Log(float f, float p);	求对数，返回值为参数 f 以参数 p 为底的对数值
三角函数	public static float Sin(float f);	求正弦值 sin，参数 f 的值应视为弧度值，返回值为参数 f 的正弦值
三角函数	public static float Cos(float f);	求余弦值 cos，参数 f 的值应视为弧度值，返回值为参数 f 的余弦值
三角函数	public static float Tan(float f);	求正切值 tan，参数 f 的值应视为弧度值，返回值为参数 f 的正切值
三角函数	public static float Asin(float f);	求反正弦值 asin，返回值为参数 f 的反正弦弧度值
三角函数	public static float ACos(float f);	求反余弦值 acos，返回值为参数 f 的反余弦弧度值
三角函数	public static float ATan(float f);	求反正切值 atan，返回值为参数 f 的反正切弧度值
插值	public static float Lerp(float a, float b,float t);	求线性插值，返回值为"a+(b-a)*t"的结果，要求插值系数 t 的值必须在区间[0,1]之中

续表

类别	方法声明	使用说明
插值	public static float LerpUnclamped(float a,float b,float t);	求线性插值,返回值为"a+(b-a)*t"的结果,对t值的范围没有限制
	public static float InverseLerp(float a,float b, float value);	求线性插值系数,返回值为"(value-a)/(b-a)"的结果,要求value的值在区间[a,b]中
	public static float LerpAngle(float a,float b, float t);	求角度的线性插值,计算方法与Lerp方法一致,但是参数a和b的值会被视为角度值,当它们的绝对值超过360时,会进行取模处理,要求插值系数t的值必须在区间[0,1]之中
最大最小	public static float Max(params float[ ] values);	求最大值,返回值为所有参数中的最大值
	public static float Min(params float[ ] values);	求最小值,返回值为所有参数中的最小值

下面用一个案例讲解 Mathf 的使用。

例 9-7 求直角三角形的斜边长

已知直角三角形两个直角边的长分别为 a 和 b,要求在 Unity 脚本类中设计一个求斜边长的方法 Hypotenuse,并在 Start 方法中调用 Hypotenuse 方法来求 a 为 94.8、b 为 63.1 时的斜边长,并输出到 Console 窗口。

解题思路:可以借助于 Mathf 的求幂次和求开方的静态方法在 Hypotenuse 的方法体中计算结果,并以 float 型返回值的形式返回结果,因此 Hypotenuse 方法应该有两个 float 型的形参 a 和 b,分别代表两条直角边的长。

创建一个新 Unity C#脚本并命名为 Example9_7.cs,打开脚本并编写代码如下:

```
/////////代码开始/////////
using System.Collections;
using System.Collections.Generic;
using UnityEngine;

public class Example9_7:MonoBehaviour
{
    [SerializeField]float a=94.8f;
    [SerializeField]float b=63.1f;

    void Start()
    {
        print(string.Format(
            "直角边长为{0}和{1}的直角三角形斜边长为{2}",
            a,
            b,
            Hypotenuse(a,b)));
    }
```

```
        void Update()
        {

        }
        //用于计算直角三角形斜边长的方法
        float Hypotenuse(float a,float b)
        {
            //声明并初始化用于存放斜边长的变量
            float c=0;
            //根据勾股定理,计算斜边长的值
            //c为a和b的平方和再开方
            c=Mathf.Sqrt(Mathf.Pow(a,2f)+Mathf.Pow(b,2f));
            //返回计算结果
            return c;
        }
    }
////////代码结束////////
```

在完成 Example9_7.cs 脚本的编写后,保存脚本,返回 Unity 界面,在场景中创建一个新的空对象并更名为 Example9_7。将 Example9_7.cs 脚本加载到 Example9_7 对象上创建出组件 Example 9_7,然后保存场景并运行。可以在 Console 窗口看到图 9-20 所示的运行结果。

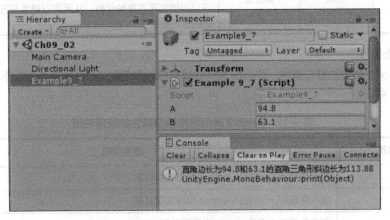

图 9-20 例 9-7 的运行结果

9.2.3 Vector3 结构体及其应用

1. 概述

由于 Unity 是三维引擎,因此在实际项目开发时必然经常涉及三维向量及三维坐标的运算,Vector3 是定义在命名空间 UnityEngine 中的一个结构体,用于表示三维向量或者三维坐标点,以及进行三维向量的运算。

2. 实例构造函数

在 Unity C#脚本中,一个 Vector3 类型的实例可以通过其构造函数来获得。构造函数的声明为:

```
public Vector3(float x,float y,float z);
```

其中 x、y 和 z 这 3 个参数分别表示三维向量的 x、y 和 z 分量，构造一个 Vector3 类型实例对象的示例代码如下：

```
//构造一个三维坐标点，x、y 和 z 的坐标值分别为 5、18.8 和 5.3
Vector3 point=new Vector3(5f,18.8f,5.3f);
```

3. 常用实例数据成员和属性

通过 Vector3 类型实例对象的数据成员和属性，可以获得其某个分量的值，还可以获得向量长度及方向相关的值，现将常用的实例数据成员列于表 9-11 中。

表 9-11　Vector3 的常用实例数据成员和属性

数据成员或者属性名称	数据类型	访问权限	使用说明
x	float	可读可写	向量实例对象 x 分量的值
y	float	可读可写	向量实例对象 y 分量的值
z	float	可读可写	向量实例对象 z 分量的值
magnitude	float	只可读	向量实例对象的模，也就是长度
normalized	Vector3	只可读	向量实例对象的归一化向量，即所指方向与向量实例对象相同但是长度为 1 的向量
sqrMagnitude	float	只可读	向量实例对象的模的平方，也就是长度的平方，在有些情况下（例如比较两个向量的长度大小）并不需要将向量的模求出来，而可以用模的平方来替代模，从而可以避免开方运算，提升程序代码的运行效率

4. 常用静态属性

通过 Vector3 类型的静态属性，可以快速获得具有特殊取值的 Vector3 类型实例，常用的静态属性列于表 9-12 中。

表 9-12　Vector3 类型常用静态属性的使用说明

静态属性名称	使用说明
back	表示向量(0,0,-1)的 Vector3 类型实例对象
down	表示向量(0,-1,0)的 Vector3 类型实例对象
forward	表示向量(0,0,1)的 Vector3 类型实例对象
left	表示向量(-1,0,0)的 Vector3 类型实例对象
right	表示向量(1,0,0)的 Vector3 类型实例对象
up	表示向量(0,1,0)的 Vector3 类型实例对象
zero	表示向量(0,0,0)的 Vector3 类型实例对象
one	表示向量(1,1,1)的 Vector3 类型实例对象

值得注意的是，在 Unity 中规定：一个对象的前方为该对象自身坐标系的 z 轴正向，而上方为自身坐标系的 y 轴正向，右方为自身坐标系的 x 轴正向。基于此规定，表 9-12 中才会有 Vector3.forward 的值为(0,0,1)、Vector3.up 的值为(0,1,0)、Vector3.right 的值为(1,0,0)的取值方式。

5. 常用静态方法

Vector3 中包含大量用于进行三维向量运算的静态方法，在此挑选一些常用的列于表 9-13 中。

表 9-13　Vector3 中的常用静态方法

方法声明	使用说明
public static float Angle(Vector3 from,Vector3 to);	求夹角，返回值为 from 和 to 两个向量之间的夹角角度
public static float Distance(Vector3 a,Vector3 b);	求距离，返回值为 a 和 b 两个向量所表示的点之间的距离
public static Vector3 Cross(Vector3 lhs,Vector3 rhs);	求向量叉乘的结果，返回值为 lhs 和 rhs 两个向量叉乘的结果向量
public static float Dot(Vector3 lhs,Vector3 rhs);	求向量点乘的结果，返回值为 lhs 和 rhs 两个向量点乘的 float 型标量值
public static Vector3 Lerp(Vector3 a,Vector3 b,float t);	求两个向量间线性插值的结果，返回值为向量 a 和向量 b 以 t 为插值比例参数的线性插值结果向量，要求参数 t 的值在区间[0，1]中，常用于求 a、b 两个端点所连线段上插值比例参数为 t 的中间点
public static Vector3 LerpUnclamped(Vector3 a,Vector3 b,float t);	求两个向量的线性插值结果，返回值为向量 a 和 b 以 t 为插值比例参数的线性插值结果向量，对 t 的值没有限制，常用于求 a、b 两个点所连直线上插值比例参数为 t 的点
public static Vector3 Project(Vector3 vector,Vector3 onNormal);	求向量的方向投影，返回值为向量 vector 在 onNormal 向量所指方向上的投影向量
public static Vector3 ProjectOnPlane(Vector3 vector,Vector3 planeNormal);	求向量的平面投影，返回值为向量 vector 在以向量 planeNormal 为法向量的平面上的投影
public static Vector3 Reflect(Vector3 inDirection,Vector3 inNormal);	求向量的镜面反射向量，返回值为向量 inDirection 在以向量 inNormal 为法向量的平面上的镜面反射向量，返回值向量的模与 inDirection 相同
public static Vector3 MoveTowards(Vector3 current,Vector3 target,float maxDistanceDelta);	➢ 求移动后的位置向量，返回值为从当前位置 current 向目标位置 target 移动距离 maxDistanceDelta 后的新位置 ➢ 如果 maxDistanceDelta 为正数，则新位置会靠近 target，并且新位置要超过 target 时返回值为 target ➢ 如果 maxDistanceDelta 为负数，则新位置会远离 target

例 9-8　求两个点所确定的方向与倾斜地面的夹角

已知三维空间中两个点 from 和 to 的坐标值，求从 from 指向 to 的方向与倾斜地面的夹角 angle。要求在 Unity 脚本类中设计一个求 angle 的方法 DirectionAngleWhithPlane，参数包括两个点的坐标值和地面的法向量 planeNormal（法向量可以表述平面的朝向，是倾斜度的一种表达方式）。

解题思路：可绘制图 9-21 来整理思路，图中的点 A 代表点 from，点 B 代表点 to，$\overrightarrow{AB}$ 在倾斜地面上的投影为 $\vec{P}$，$\overrightarrow{AB}$ 和 $\vec{P}$ 之间的夹角即为从 from 指向 to 的方向与倾斜地面之间的夹角。Vector3 提供了根据平面法向量求向量在平面上投影的方法 ProjectOnPlane，也提供了求两个向量夹角的方法 Angle。借助于这两个方法即可解决本题。由于计算结果为夹角值，因此方法 DirectionAngle-WhithPlane 的返回值类型为 float。from 和 to 是三维空间中的两个点，因此它们应该是 Vector3 型的值，地面法向量作为向量也应该是 Vector3 型的值。

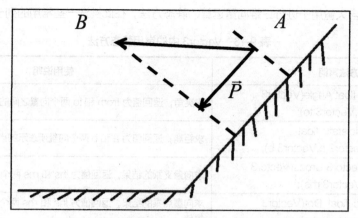

图 9-21 求解两点所确定方向与倾斜地面的夹角思路示意图

创建一个新 Unity C#脚本并命名为 Example9_8.cs，打开脚本并编写代码如下：

```csharp
////////代码开始////////
using System.Collections;
using System.Collections.Generic;
using UnityEngine;

public class Example9_8:MonoBehaviour
{

    void Start()
    {

        //地面与水平面呈45度夹角
        Vector3 normal=new Vector3(-1,1,0);
        //由A指向B的方向与倾斜地面的夹角为45度
        Vector3 a=new Vector3(-2,5,0);
        Vector3 b=new Vector3(-6,5,0);
        //验证A指向B的方向与地面的夹角是否为45度
        print(DirectionAngleWhithPlane(a,b,normal));
    }

    void Update()
    {

    }
    float DirectionAngleWhithPlane(Vector3 from,Vector3 to,Vector3 planeNormal)
    {
        //通过向量减法获取从from点到to点的向量
        Vector3 ab=to-from;
        //计算向量AB在倾斜地面上的投影向量P
```

```
            Vector3 p=Vector3.ProjectOnPlane(ab,planeNormal);
            //计算向量 AB 与向量 P 的夹角并返回
            return Vector3.Angle(ab,p);
        }
    }
//////////代码结束//////////
```

在完成 Example9_8.cs 脚本的编写后保存脚本,返回 Unity 界面,在场景中创建一个新的空对象并更名为 Example9_8。将 Example9_8.cs 脚本加载到 Example9_8 对象上创建出组件 Example9_8,将场景中其他带有自创脚本组件的对象都设置为非激活状态,然后保存场景并运行。可以在 Console 窗口看到图 9-22 所示的运行结果。

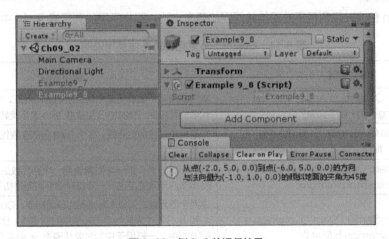

图 9-22 例 9-8 的运行结果

9.2.4 Quaternion 结构体及其应用

1. 概述

在三维引擎中,除了向量的运算,控制对象的旋转也是十分常用的功能。Quaternion 结构体就是 Unity C#脚本中专门用于处理对象旋转问题的工具集合。

在 Unity 引擎中,欧拉角是用来描述游戏对象旋转问题的最直观的方式。它通过指出游戏对象分别围绕世界坐标系 x、y 和 z 轴旋转的角度来表述对象的姿态、朝向变化。在 Inspector 窗口中看到的 Transform 组件的 Rotation 属性就是采用欧拉角的方式来表达的,它的 3 个分量 x、y 和 z 表示的是在以世界坐标系为基准的前提下,游戏对象当前的姿态、朝向是如何围绕世界坐标系的 3 个轴旋转而来的。但是欧拉角存在"万向节死锁"问题。为了避免该问题,在 Unity 脚本中处理旋转问题时以"四元数"为工具,而不以便于理解但存在问题的欧拉角为工具,而 Quaternion 指的就是四元数。

在数学上,四元数由 4 个分量构成。然而在 Unity 脚本中,开发者并不需要关心 Quaternion 类型对象每个分量的值,而应该将其视为一个整体,明白一个 Quaternion 类型对象代表一个旋转过程即可。在 Unity 脚本中,代表游戏对象 Transform 组件 Transform 类(在下一节详细介绍)的 rotation 属性就是一个 Quaternion 类型对象,当我们需要将游戏对象旋转到一个新的状态时,只需要获得旋转所需的四元数 q,然后用 q 与游戏对象 Transform 组件 rotation 属性值相乘的结果替换原 rotation 属性值即可完成旋转控制。而 Quaternion 结构体就提供了一系列静态方法用于帮助开发者快速获得各种旋转操作所需的四元数。

2. 静态属性 identity

identity 是 Quaternion 唯一的静态属性，该属性是只读的，数据类型为 Quaternion，其含义为"不旋转"。即将 Quaternion.identity 赋给一个游戏物体 Transform 组件的 rotation 属性时，如果该游戏物体没有父对象，则该游戏物体的自身坐标系将完美地与世界坐标系对齐，否则该游戏物体的自身坐标系将完美地与父对象的自身坐标系对齐。

3. 实例数据成员 eulerAngles

虽然一般不关心一个四元数 4 个分量的值，但有时候会关心它对应的欧拉角。一个 Quaternion 类型实例对象的欧拉角可以通过其 eulerAngles 属性来获得，eulerAngles 属性是一个只读的 Vector3 类型对象，它的 3 个分量值表示旋转过程中对象应该分别围绕世界坐标系 x、y 和 z 轴旋转的角度。

4. 常用静态方法

Quaternion 包含一系列用于处理旋转问题的静态方法，现将常用的列于表 9-14 中。

表 9-14 Quaternion 常用静态方法使用说明

方法声明	使用说明
public static Quaternion AngleAxis(float angle,Vector3 axis);	求对象绕某个轴旋转某个角度所需的四元数，float 型参数 angle 代表旋转角度，Vector3 型参数 axis 表示旋转轴
public static Quaternion Euler(float x, float y,float z);	求欧拉角对应的四元数，3 个 float 型的参数代表欧拉角的 3 个分量
public static Quaternion Inverse (Quaternion rotation);	求四元数的逆，当一个对象使用一个四元数进行了旋转，那么再使用该四元数的逆进行一次旋转就会回到最初的状态
public static Quaternion Slerp(Quaternion a, Quaternion b,float t);	求两个四元数之间以 t 为比例的球面插值，Quaternion 类型参数 a 和 b 分别代表起始姿态和结束时的姿态，比例系数 t 要求在区间[0,1]中，一般用于控制对象从姿态 a 到姿态 b 的平滑旋转变化，当 t 为 0 时返回值为 a，而当 t 为 1 时返回值为 b
public static Quaternion SlerpUnclamped (Quaternion a,Quaternion b,float t);	求两个四元数之间以 t 为比例的球面插值，Quaternion 类型参数 a 和 b 分别代表起始姿态和结束时的姿态，比例系数 t 的取值没有限制，一般用于控制对象从姿态 a 到姿态 b 的平滑旋转变化。当 t 为 0 时，返回值为 a，而当 t 为 1 时，返回值为 b，当 t 在区间[0,1]之外时，返回值取决于姿态 a 和姿态 b 之间的变化趋势
public static Quaternion FromToRotation(Vector3 fromDirection,Vector3 toDirection);	➤ 求从朝向 fromDirection 旋转到朝向 toDirection 所需要的四元数 ➤ 一般用于将游戏对象自身坐标系的某个轴对准世界坐标系的 toDirection 方向 ➤ 用本方法的返回值直接替换游戏对象 Transform 组件的 rotation 属性值 ➤ 注意 fromDirection 和 toDirection 应该表示的是世界坐标系中的方向
public static Quaternion LookRotation(Vector3 forward,Vector3 upwards=Vector3.up);	➤ 求一个游戏对象面朝 forward 方向（即自身坐标系 z 轴对准 forward 方向）同时头顶朝 upwards 方向（即自身坐标系 y 轴对准 upwards 方向）时的四元数 ➤ 用本方法的返回值直接替换游戏对象 Transform 组件的 rotation 属性值 ➤ forward 和 upwards 应该表示的是世界坐标系中的方向 ➤ forward 的值不能为{0,0,0}

续表

方法声明	使用说明
public static Quaternion RotateTowards(Quaternion from, Quaternion to,float maxDegreesDelta);	➢ 求旋转后的四元数,返回值为从当前姿态 from 向目标姿态 to 旋转角度 maxDegreesDelta 后的新姿态 ➢ 如果 maxDegreesDelta 为正数,则新姿态会更接近 to,并且新姿态要超过 to 时,返回值为 to ➢ 如果 maxDegreesDelta 为负数,则新姿态会比原来更加远离 to,直到它从另外一个方向转回到 to

由于描述一个游戏对象的旋转要依赖于 Transform 组件的 rotation 属性,因此关于 Quaternion 的应用将会在介绍 Transform 类时一并讲解。

9.2.5 Time 类及其应用

1. 概述

在 Unity C#脚本中需要用到与时间相关的信息时,可以通过 Time 类来获得。Time 类提供了一系列与时间相关的静态属性。

2. 常用静态属性

Time 类中常用的静态属性如表 9-15 所示,表中所列属性的访问权限均为只读。

表 9-15 Time 类常用静态属性使用说明

静态属性名	数据类型	使用说明
deltaTime	float	➢ 在 Update 方法中,该属性表示前一帧所持续的时间长度,以秒为单位 ➢ 在 FixedUpdate 方法中,该属性表示 FixedUpdate 方法被调用的时间间隔,以秒为单位 ➢ 当在游戏逻辑中控制游戏对象的某个状态的持续变化时,Time.deltaTime 十分有用。通过将状态变化的速率 a 与 Time.deltaTime 相乘就可以得到状态在一帧时间内的变化量,然后在 Update 方法或者 FixedUpdate 方法中更新状态值即可实现状态的持续变化
time	float	➢ 在 Update 方法中,该属性表示:以游戏开始运行的时刻为起点,当前帧开始的时刻距起点有多少秒 ➢ 在 FixedUpdate 方法中,该属性表示:以游戏开始运行的时刻为起点,最近一次 FixedUpdate 方法被调用的时刻距离起点有多少秒
timeSinceLevelLoad	float	以当前场景加载完毕的时刻为起点,计算当前帧开始的时刻距起点有多少秒
frameCount	int	以游戏开始运行的时刻为起点,计算已经渲染的帧数量

9.2.6 Input 类及其应用

1. 概述

在 Unity 引擎中,开发者可以通过 Input Manager(输入管理器)窗口对项目的用户(或者是玩家)输入的定义进行管理,打开该窗口的方式是在 Unity 菜单中选择"Edit → Project Settings → Input Manager"选项。

在输入管理器中，对项目用户（玩家）输入的一组定义称为 input axis（输入轴）。在一个输入轴中，开发者可以将项目用户（玩家）的输入行为（例如按下键盘或鼠标的某个键，或者游戏手柄的某个按钮）映射为一个在区间[-1,1]中的数值，然后即可在脚本中利用 Input 类获取输入行为对应的数值从而判断项目用户（玩家）的输入意图。在输入管理器中，已有 18 组设置好的输入轴，涵盖绝大多数的输入行为。如果没有特殊需求，那么一般不对这些输入轴进行修改。当然，开发者可以根据项目需求新增自定义的输入轴并进行设置，然后在脚本中使用它们。

本小节将介绍如何在 Unity C#脚本中通过 Input 类获取项目用户（玩家）的输入行为，所获得结果基于 Unity 的输入管理器已有的 18 组默认设置没有任何修改的前提。

2. 获取虚拟按钮的输入状态

虚拟按钮是指在 Unity 输入管理器中设置的输入轴的名称。只要一个输入轴所涉及的键盘或鼠标按键、游戏手柄按钮存在输入操作，Unity 系统就会认为对应的虚拟按钮存在输入操作。在 Unity 中获取虚拟按钮输入操作的渠道是 Input 类的 3 个静态方法，它们的用法如表 9-16 所示。

表 9-16　Input 类 3 个用于获取虚拟按钮输入状态的静态方法的使用说明

静态方法名称	使用说明
public static bool GetButton(string buttonName);	侦测虚拟按钮 buttonName 是否处于被按下的状态
public static bool GetButtonDown(string buttonName);	侦测虚拟按钮 buttonName 是否从未被按下而切换到被按下状态，由于只侦测状态的变化，因此只会在按钮被按下的第一帧返回 true，其他时候（包括按下后到再次按下之前）返回值都为 false
public static bool GetButtonUp(string buttonName);	侦测虚拟按钮 buttonName 是否从被按下而切换到弹起状态，由于只侦测状态的变化，因此只会在按钮弹起的第一帧返回 true，其他时候（包括按下后到再次弹起之前）返回值都为 false

特别需要注意以下两点。

第一点，表 9-16 中所列方法在调用时传入的实参值必须是输入管理器中已经设置过的输入轴的名称，否则会导致出错。

第二点，表 9-16 中所列方法应该仅在脚本的 Update 方法中使用而不应在其他事件方法中使用，否则可能会得到不准确的结果。

在适用性方面，由于上述 3 个静态方法的返回值为 bool 型，所以它们更适用于游戏对象状态非持续性变化的控制，例如对于游戏角色的开火、跳、下蹲等动作的控制就比较适合，而对于持续移动的控制就不太适用。

3. 获取输入轴的数值

输入轴的数值比较适用于控制游戏对象状态持续性变化的情形，例如控制游戏角色的持续移动。在Input 类中，获取输入轴数值最常用的方式是静态方法 GetAxis。它的声明如下：

```
public static float GetAxis(string axisName);
```

在调用该方法时，string 型实参 axisName 的值必须是输入管理器中已经设置过的输入轴的名称，否则会导致出错。返回的具体值取决于输入轴的具体设置。GetAxis 方法最常用的实参值是 Vertical、Horizontal、Mouse X 和 Mouse Y，具体说明如表 9-17 所示。

第 9 章 Unity 中的常用类型

表 9-17 Input 类的静态方法 GetAxis 常用实参值对应的功能

实参值	功能
Vertical	➢ 当没有任何按键被按下时，返回值为 0 ➢ 当键盘 W 键或者方向键↑被按下时，返回值会快速从 0 变为 1（变化过程的具体快慢程度取决于 Vertical 输入轴在输入管理器的具体设置），而这两个按键被放开后，返回值又会快速从 1 变为 0 ➢ 当键盘 S 键或者方向键↓被按下时，返回值会快速从 0 变为-1（变化过程的具体快慢程度取决于 Vertical 输入轴在输入管理器的具体设置），而这两个按键被放开后，返回值又会快速从-1 变为 0
Horizontal	➢ 当没有任何按键被按下时，返回值为 0 ➢ 当键盘 D 键或者方向键→被按下时，返回值会快速从 0 变为 1（变化过程的具体快慢程度取决于 Horizontal 输入轴在输入管理器的具体设置），而这两个按键被放开后，返回值又会快速从 1 变为 0 ➢ 当键盘 A 键或者方向键←被按下时，返回值会快速从 0 变为-1（变化过程的具体快慢程度取决于 Vertical 输入轴在输入管理器的具体设置），而这两个按键被放开后，返回值又会快速从-1 变为 0
Mouse X	➢ 当鼠标指针静止不动时，返回值为 0 ➢ 当鼠标指针向右移动时，返回值大于 0 ➢ 当鼠标指针向左移动时，返回值小于 0 ➢ 鼠标指针移动速度越快，返回值的绝对值越大
Mouse Y	➢ 当鼠标指针静止不动时，返回值为 0 ➢ 当鼠标指针向上移动时，返回值大于 0 ➢ 当鼠标指针向下移动时，返回值小于 0 ➢ 鼠标指针移动速度越快，返回值的绝对值越大

特别需要注意以下两点。

第一点，表 9-17 中所列方法在调用时传入的实参值必须是输入管理器中已经设置过的输入轴的名称，否则会导致出错。

第二点，表 9-17 中所列方法应该仅在脚本的 Update 方法中使用而不应在其他事件方法中使用，否则可能会得到不准确的结果。

在适用性方面，由于 GetAxis 方法的返回值为 float 型的数值，所以它更适用于游戏对象状态持续性变化的控制，例如游戏角色的移动控制。

4. 获取实体按键和鼠标的输入状态

Input 类还可以通过一些静态属性和静态方法，直接获得实体按键和鼠标的输入状态。

（1）与鼠标输入状态相关的两个静态属性。

与鼠标输入状态相关的两个静态属性都是只读的，具体用途如表 9-18 所示，其中 Vector2 是与 Vector3 类型相似的结构体，它只有 x 和 y 两个分量，常用于表示二维坐标。

表 9-18 与鼠标输入状态相关的两个静态属性

属性名	数据类型	使用说明
mousePosition	Vector3	该属性的值为鼠标指针在计算机屏幕像素坐标下的位置，计算机屏幕坐标的原点在屏幕左下角，作为一个 Vector3 型的值，mousePosition 属性的 x 分量表示鼠标指针在屏幕宽度方向上的坐标值，y 分量表示鼠标指针在屏幕高度方向上的坐标值，z 分量为 0

属性名	数据类型	使用说明
mouseScrollDelta	Vector2	➢ 该属性的 x 分量始终为 0 ➢ 当鼠标滚轮静止时,该属性的 y 分量为 0 ➢ 当鼠标滚轮向前滚动时,该属性的 y 分量大于 0 ➢ 当鼠标滚轮向后滚动时,该属性的 y 分量小于 0 ➢ 鼠标滚轮滚动速度越快,该属性的 y 分量绝对值越大

(2)用于获取键盘、鼠标等输入设备的实体按键状态的静态方法。

这类静态方法一共有 6 个,其中 3 个针对键盘(每个有两个重载版本),另外 3 个针对鼠标,返回值均为 bool 值,具体如表 9-19 所示。其中,按键在 Unity 中的命名方式如表 9-20 所示,而枚举类型 KeyCode 的值如表 9-21 所示,更加具体的相关信息请查阅 Unity 官方资料。鼠标 3 个按键的编号情况如下:左键编号为 0,右键编号为 1,中键(滚轮)编号为 2。

表 9-19 用于获取输入设备实体按键状态的静态方法使用说明

方法声明	使用说明
public static bool GetKey(string name);	侦测名为 name 的按键是否处于被按下的状态
public static bool GetKey(KeyCode key);	侦测 KeyCode 值为 key 的按键是否处于被按下的状态
public static bool GetKeyDown(string name);	侦测名为 name 的按键是否从未被按下而切换到被按下状态,由于只侦测状态的变化,因此只会在按键被按下的第一帧返回 true,其他时候(包括按下后到再次按下之前)返回值都为 false
public static bool GetKeyDown(KeyCode key);	侦测 KeyCode 值为 key 的按键是否从未被按下而切换到被按下状态,由于只侦测状态的变化,因此只会在按键被按下的第一帧返回 true,其他时候(包括按下后到再次按下之前)返回值都为 false
public static bool GetKeyUp(string name);	侦测名为 name 的按键是否从被按下而切换到弹起状态,由于只侦测状态的变化,因此只会在按键被放开的第一帧返回 true,其他时候(包括按下后到再次弹起之前)返回值都为 false
public static bool GetKeyUp(KeyCode key);	侦测 KeyCode 值为 key 的按键是否从被按下而切换到弹起状态,由于只侦测状态的变化,因此只会在按键被放开的第一帧返回 true,其他时候(包括按下后到再次弹起之前)返回值都为 false
public static bool GetMouseButton(int button);	侦测编号为 button 的鼠标按键是否处于被按下的状态
public static bool GetMouseButtonDown(int button);	侦测编号为 button 的鼠标按键是否从未被按下而切换到被按下状态,由于只侦测状态的变化,因此只会在按键被按下的第一帧返回 true,其他时候(包括按下后到再次按下之前)返回值都为 false
public static bool GetMouseButtonUp(int button);	侦测编号为 button 的鼠标按键是否从被按下而切换到弹起状态,由于只侦测状态的变化,因此只会在按键被放开的第一帧返回 true,其他时候(包括按下后到再次弹起之前)返回值都为 false

表 9-20　设备实体按键在 Unity 中的命名方式

按键类型	命名方式
字母键	按字母的小写命名：a,b,c 等
数字键	按数字命名：1,2,3 等
方向键	up，down，left，right
小数字键盘	包含中括号内的数字和符号名：[1]，[2]，[3]，[+]，[equals]等
切换键	right shift，left shift，right ctrl，left ctrl，right alt，left alt，right cmd，left cmd
特殊键	backspace，tab，return，escape，space，delete，enter，insert，home，end，page up，page down
功能键	按实际键名命名：f1，f2，f3 等
任意游戏手柄	joystick button 0，joystick button 1，joystick button 2 等
特定游戏手柄的特定按键	joystick 1 button 0，joystick 1 button 1，joystick 2 button 0 等

表 9-21　与实体按键对应的 Unity 枚举类型 KeyCode 各类值的命名方式

按键类型	值的命名方式
字母键	按字母的大写命名：A,B,C 等
数字键	"Alpha+数字"的方式：Alpha0，Alpha1，Alpha2 等
方向键	UpArrow，DownArrow，RightArrow，LeftArrow
小数字键盘	数字为"Keypad+数字"的方式：Keypad0，Keypad1，Keypad2 等 其他符号为"Keypad+ 符号英文名称"的方式：KeypadPeriod，KeypadDivide，KeypadMultiply 等
切换键	RightShift，LeftShift，RightCtrl，LeftCtrl，RightAlt，LeftAlt，RightCommand，LeftCommand
特殊键	Backspace，Tab，Return，Escape，Space，Delete，Enter，Insert，Home，End，PageUp，PageDown
功能键	按实际键名命名：F1,F2,F3 等
任意游戏手柄	JoystickButton0，JoystickButton1，JoystickButton2 等
特定游戏手柄的特定按键	Joystick1Button0，Joystick1Button1，Joystick2Button0 等

尽管开发者有表 9-19 所示的静态方法可用，但 Unity 官方资料仍然建议开发者尽量使用针对虚拟按钮的静态方法，因为那样做可以让项目用户（玩家）有机会自定义输入。

9.3 常用组件类

在 Unity C# 脚本中，代表 Transform 组件的 Transform 类和代表 Rigidbody 组件的 Rigidbody 类在控制游戏对象的运动状态时是必不可少的。它们较为常见，同时也具有代表性。本节将介绍它们的用法。

在开始介绍之前,读者需要明确的是,以 Transform 类和 Rigidbody 类为代表的 Unity 组件类(包括脚本组件类)是无法在代码中通过 new 关键字获取对象实例的。它们的对象实例化过程体现在为游戏对象添加组件的操作,这是因为在 Unity 引擎中各组件必须挂载在某个具体的游戏对象上而不能脱离游戏对象单独存在。

在 Unity 脚本中获取组件对象实例主要有两种方式:第一,通过脚本类的公开组件类字段获得,将脚本加载到游戏对象上之后,用拖拽赋值的方式将具体游戏对象上的组件赋值给脚本组件的对应字段;第二,通过继承自 MonoBehaviour 类的 GetComponent 系列方法来获得脚本所加载游戏对象(或者其父子对象)的组件,以及通过 GameObject 类的 GetComponent 系列方法获得具体游戏对象(或者其父子对象)的组件。

9.3.1 Transform 类及其应用

1. 概述

Transform 类的对象代表某个游戏对象的 Transform 组件。在 Unity C#脚本中,通过 Transform 类对象的属性可以获得或者设置游戏对象的位置、姿态、大小比例和父子关系,通过 Transform 类对象的方法可以控制游戏对象的移动、旋转,以及改变父子关系。

值得注意的是,通过 Transform 组件获取或者修改对象的方位信息的代码,应该放在脚本类的 Update 方法中。

另外,本小节所介绍的内容并没有涵盖 Transform 类的所有方面,想要更加深入了解的读者可自行查阅 Unity 官方资料。

2. 常用实例属性

Transform 类的常用实例属性如表 9-22 所示。由于各属性是实例属性,因此应该以"Transform 类变量名.属性名"的方式访问,各属性所表达的信息应该属于具体的 Transform 对象(也就是具体游戏对象的 Transform 组件)。

表 9-22 Transform 类的常用实例属性的使用说明

功能类别	属性名称	数据类型	读写权限	使用说明
父子关系	childCount	int	只读	组件所在游戏对象的子对象个数,不包含子对象的子对象
	parent	Transform	可读可写	➢ 组件所在游戏对象的父对象的 Transform 组件 ➢ 可以通过给该属性赋值为游戏对象设置父对象
方位	position	Vector3	可读可写	➢ 组件所在游戏对象在世界坐标系中的位置 ➢ 可以通过给该属性赋值更新游戏对象的位置
	rotation	Quaternion	可读可写	➢ 组件所在游戏对象在世界坐标系中的姿态(四元数形式) ➢ 可以通过给该属性赋值更新游戏对象的姿态(四元数形式)
	eulerAngles	Vector3	可读可写	➢ 组件所在游戏对象在世界坐标系中的姿态(欧拉角形式) ➢ 可以通过给该属性赋值更新游戏对象的姿态(欧拉角形式)

续表

功能类别	属性名称	数据类型	读写权限	使用说明
方位	localPosition	Vector3	可读可写	➢ 组件所在游戏对象相对于其父对象的位置 ➢ 如果游戏对象没有父对象，则该属性的值与 position 一致 ➢ 可以通过给该属性赋值更新游戏对象的位置
	localRotation	Quaternion	可读可写	➢ 组件所在游戏对象相对于其父对象的姿态（四元数形式） ➢ 如果游戏对象没有父对象，则该属性的值与 rotation 一致 ➢ 可以通过给该属性赋值更新游戏对象的姿态（四元数形式）
	localEulerAngles	Quaternion	可读可写	➢ 组件所在游戏对象相对于其父对象的姿态（欧拉角形式） ➢ 如果游戏对象没有父对象，则该属性的值与 eulerAngles 一致 ➢ 可以通过给该属性赋值更新游戏对象的姿态（欧拉角形式）
	forward	Vector3	可读可写	➢ 游戏对象的前方即自身坐标系 z 轴正向在世界坐标系中的方向向量 ➢ 给该属性赋值会更改游戏对象的姿态，导致对象的前方对准所赋值的方向
	right	Vector3	可读可写	➢ 游戏对象的右方即自身坐标系 x 轴正向在世界坐标系中的方向向量 ➢ 给该属性赋值会更改游戏对象的朝向，导致对象的右方对准所赋值的方向
	up	Vector3	可读可写	➢ 游戏对象的上方即自身坐标系 y 轴正向在世界坐标系中的方向向量 ➢ 给该属性赋值会更改游戏对象的朝向，导致对象的上方对准所赋值的方向
大小比例	lossyScale	Vector3	只读	游戏对象在世界坐标系下的大小比例
	localScale	Vector3	可读可写	➢ 游戏对象相对于其父对象的大小比例 ➢ 如果没有父对象，则取值与 lossyScale 一致 ➢ 给该属性赋值会更改游戏对象的大小比例

3. 常用实例方法

Transform 类的常用实例方法如表 9-23 所示，按功能划分可分为父子关系、方位变化两种。其中涉及的 Space 类型是定义在 UnityEngine 命名空间下的一个枚举类型。Space 类型具有 Self 和 World 两个值，它们分别代表自身坐标系和世界坐标系。

由于表 9-23 所示方法均为实例方法，因此应该以"Transform 类对象名.方法名(实参列表)"的方式来调用。调用后受到影响的是具体 Transform 类对象（即 Transform 组件）所在游戏对象的父子关系、位置、姿态。

表 9-23 Transform 类的常用实例方法使用说明

功能类别	方法声明	使用说明
父子关系	public Transform Find(string name);	➢ 根据名称查找 Transform 组件所在游戏对象的子对象（包含子对象的子对象）的 Transform 组件 ➢ 如果名称中使用"/"符号，可以指定有具体父子关系的子对象，例如"a/b"表示名为 a 的子对象的子对象 b ➢ 如果没有找到符合条件的 Transform 组件，则返回 null
	public Transform GetChild(int index);	➢ 根据子对象的索引值获取 Transform 所在游戏对象的子对象（不包含子对象的子对象）的 Transform 组件 ➢ 索引值必须小于 childCount 属性的值，因为索引值是从 0 开始的，最后一个子对象的索引值是 childCount−1 ➢ 可用于遍历子对象的 Transform 组件
	public void DetachChildren( );	➢ 使所有子对象与 Transform 组件所在游戏对象脱离父子关系 ➢ 只对直接子对象有影响，而对子对象的子对象没有影响 ➢ 当需要销毁父对象但又希望保留子对象时，可以用本方法在销毁父对象之前让子对象脱离父对象
	public bool IsChildOf(Transform parent);	判断 Transform 组件所在游戏对象是否为 parent 所在游戏对象的子对象
	public void SetParent(Transform parent,bool worldPositionStays=true);	➢ 将 parent 所在游戏对象设置为 Transform 组件所在游戏对象的父对象 ➢ 如果 worldPositionStays 值为 true，则在设置过程中，Transform 组件所在游戏对象在世界坐标系中的位置、姿态和大小比例不会发生变化 ➢ 如果 worldPositionStays 值为 false，则原先世界坐标系下的位置、姿态和大小比例数据会转换为以父对象（即 parent 所在游戏对象）的自身坐标系为基准，从而使上述属性在世界坐标系下的值发生变化
方位变化	public void SetPositionAndRotation(Vector3 position,Quaternion rotation);	➢ 将 Transform 组件所在游戏对象的位置（即 position 属性）设为 position，同时将该对象的姿态（即 rotation 属性）设为 rotation ➢ 该方法的效率比分别直接给 Transform 组件的 position 属性和 rotation 属性赋值要高，在需要同时更新对象的位置和姿态的时候，应该使用该方法
	public void Translate(Vector3 translation,Space relativeTo=Space.Self);	➢ 将 Transform 组件所在游戏对象的位置朝 translation 向量所指方向移动一段距离，距离大小为 translation 向量的模（即长度） ➢ 当 relativeTo 的值为 Space.Self 时，translation 向量的参照系为对象自身坐标系

续表

功能类别	方法声明	使用说明
方位变化		➤ 当relativeTo的值为Space.World时，translation向量的参照系为世界坐标系
	public void Translate(float x,float y,float z,Space relativeTo=Space.Self);	➤ 将Transform组件所在游戏对象的位置在x轴方向上变化x，在y轴方向上变化y，在z轴方向上变化z ➤ 当relativeTo的值为Space.Self时，各轴向为对象自身坐标系中的轴向 ➤ 当relativeTo的值为Space.World时，各轴向为世界坐标系中的轴向
	public void Translate(Vector3 translation,Transform relativeTo);	以relativeTo所在游戏对象的自身坐标系为参照系，将Transform组件所在游戏对象的位置向translation方向移动，移动距离为向量translation的模（即长度）
	public void Rotate(Vector3 eulerAngles,Space relativeTo=Space.Self);	➤ 将Transform所在对象绕z轴旋转eulerAngles.z度，再绕x轴旋转eulerAngles.x度，最后绕y轴旋转eulerAngles.y度 ➤ 当relativeTo的值为Space.Self时，旋转的参照系为对象自身坐标系 ➤ 当relativeTo的值为Space.World时，旋转的参照系为世界坐标系
	public void Rotate(float xAngle,float yAngle,float zAngle,Space relativeTo=Space.Self);	➤ 将Transform所在对象绕z轴旋转zAngles度，再绕x轴旋转xAngle度，最后绕y轴旋转yAngles度 ➤ 当relativeTo的值为Space.Self时，旋转的参照系为对象自身坐标系 ➤ 当relativeTo的值为Space.World时，旋转的参照系为世界坐标系
	public void Rotate(Vector3 axis,float angle,Space relativeTo=Space.Self);	在relativeTo所指定的坐标系下，将Transform组件所在游戏对象以axis向量为轴旋转angle度
	public void RotateAround(Vector3 point,Vector3 axis,float angle);	在世界坐标系下，将Transform组件所在游戏对象绕经过point位置并以axis向量为正向的轴旋转angle度
	public void LookAt(Transform target,Vector3 worldUp=Vector3.up);	在世界坐标系中，在保持Transform组件所在游戏对象的自身坐标系y轴（即正上方）与worldUp方向平行的前提下，使该对象的自身坐标系z轴（即正前方）与该对象所在位置到target.position方向的夹角最小，即在限定该对象正上方方向的前提下使其前方尽量对准位置target.position
	public void LookAt(Vector3 worldPosition,Vector3 worldUp=Vector3.up);	在世界坐标系中，在保持Transform组件所在游戏对象的自身坐标系y轴（即正上方）与worldUp方向平行的前提下，使该对象的自身坐标系z轴（即正前方）与该对象所在位置到worldPosition方向的夹角最小，即在限定该对象正上方方向的前提下使其前方尽量对准位置worldPosition

4. 应用案例

下面用一个案例讲解综合利用 Input 类、Time 类、Quaternion 结构体和游戏对象的 Transform 组件，实现玩家通过键盘输入控制游戏对象移动和旋转的方法。

例 9-9　卡丁车——利用 Input 类、Time 类、Quaternion 结构体、Transform 组件控制游戏对象的移动和旋转

创建一个 Unity C#脚本并命名为 Example9_9.cs，打开脚本并编写如下代码：

```csharp
////////代码开始////////
using System.Collections;
using System.Collections.Generic;
using UnityEngine;

public class Example9_9:MonoBehaviour
{

    //移动速度
    [SerializeField]float velocity=20f;
    //转动角速度
    [SerializeField]float angularVelocity=30f;

    void Start()
    {

    }
    void Update()
    {
        //如果Vertical（纵向）输入轴和Horizontal（横向）输入轴的值都为0
        //说明玩家没有任何输入动作，则可以直接返回，不再执行后续代码
        if(Input.GetAxis("Vertical")==0&&
           Input.GetAxis("Horizontal")==0){
            return;
        }
        //计算游戏对象的新位置
        //在渲染一帧的时间之后
        //位置变化量为：游戏对象的前方（世界坐标系下的向量)乘
        //  移动速度 乘
        //  一帧的时间长度 乘
        //  Vertical（纵向）输入轴的数值
        //新位置为：原位置加上位置变化量
        Vector3 newPosition=transform.position+
                            transform.forward*
                            velocity*
                            Time.deltaTime*
                            Input.GetAxis("Vertical");
        //计算游戏对象的新姿态
```

```
//在渲染一帧的时间之后
//绕自身坐标 y 轴旋转的角度为:
//角速度乘一帧时间长度乘 Horizontal（横向）输入轴的数值
//调用 Quaternion.AngleAxis 方法可以获得旋转动作所对应的四元数
//Quaternion.AngleAxis 方法的第一个参数为旋转角度，第二个参数为旋转轴
//新姿态为: 原姿态乘旋转动作四元数
Quaternion newRotation=transform.rotation*
                    Quaternion.AngleAxis(
                    angularVelocity*
                    Time.deltaTime*
                    Input.GetAxis("Horizontal"),
                    transform.up);

//调用 transform 对象的 SetPositionAndRotation 方法
//更新游戏对象的位置和姿态
transform.SetPositionAndRotation(newPosition,newRotation);
    }
}
////////代码结束////////
```

代码解析：本案例的主要代码放在 Update 方法之内，这是因为游戏对象的移动控制是持续性的，只要玩家输入游戏对象的位置和姿态，就要有相应的变化。因此在游戏画面渲染的每一帧都需要侦测玩家的输入。如果确实有输入，则必须根据输入更新游戏对象的位置和姿态。

为了验证例 9-9 中代码的功能，在脚本编写完毕后，保存脚本返回 Unity 界面，在 Hierarchy 窗口中单击鼠标右键后在弹出的菜单中选择"3D Object → Cube"选项，从而在场景中创建出对象 Cube。将 Cube 对象更名为 Car，再到 Inspector 窗口中将 Car 对象的 Transform 组件 Position 属性设置为{0,0,0}，Rotation 属性设置为{0,0,0}。在确保 Car 对象被选中的状态下，按组合键 Ctrl+D 复制出一个新的对象 Car(1)，在 Hierarchy 窗口将 Car(1)拖拽到 Car 上使之成为 Car 的子对象，然后到 Inspector 窗口将 Car(1)的 Transform 组件的 Position 属性设置为{0,0,0.5}，Scale 属性设置为{0.5,1,1}。完成设置后，到 Scene 窗口可以看到 Car 对象和 Car(1)对象组合而成的形状，如图 9-23 所示，可将组合对象 Car 当作卡丁车。

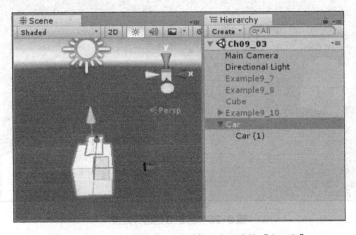

图 9-23　Car 对象和 Car(1)对象组合而成的"卡丁车"

为了让卡丁车动起来的时候能够有参照物，在 Hierarchy 窗口中选中 Car 对象，然后按组合键 Ctrl+D 两次，复制出另外两个卡丁车对象 Car(1)和 Car(2)，将 Car(1)的位置设为{-2,0,8}，将 Car(2) 的位置设为{2,0,2}。然后将脚本 Example9_9.cs 加载到 Car 对象上创建出 Example 9_9 组件，再将 Main Camera（主摄像机）对象设置为 Car 的子对象，并将其位置设置为{0,3,-3}，姿态（Tansform 组件的 Rotation 属性）设置为{25,0,0}，从而使主摄像机对象能够跟随 Car 对象移动，如图 9-24 所示。

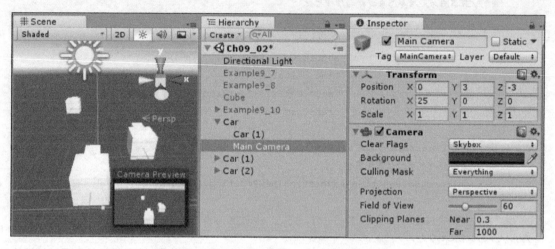

图 9-24　主摄像机对象设置为 Car 的子对象后的效果

完成上述准备工作后，保存场景并运行，即可在 Game 窗口中使用键盘方向键或者 W、A、S、D 这 4 个键控制 Car 对象移动和旋转。其中向上键或者 W 键可以控制 Car 对象前进，向下键或者 S 键可以控制 Car 对象后退，向左键或者 A 键可以控制 Car 对象左转，向右键或者 D 键可以控制 Car 对象右转，并且玩家视角会跟随 Car 对象移动，如图 9-25 所示。

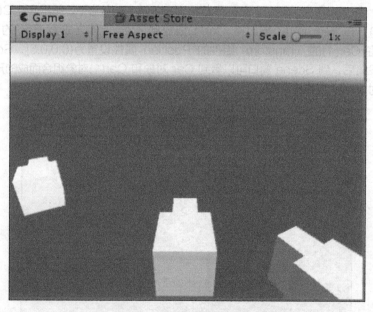

图 9-25　例 9-9 的运行效果

9.3.2 Rigidbody 类及其应用

扫码观看
微课视频

1. 概述

在 Unity 中，Rigidbody 组件是利用力学原理控制游戏对象运动状态的功能组件。当一个游戏对象具有 Rigidbody 组件时，它的运动状态将受 Unity 的物理引擎控制。在 Unity C#脚本中，Rigidbody 类的对象代表具体某个游戏对象的 Rigidbody 组件，通过 Rigidbody 类对象的属性可以获得或者设置游戏对象作为一个刚体的移动速度、转动角速度、质量、运动所受阻力等，通过 Rigidbody 类对象的实例方法可以给游戏对象施加外力从而改变其运动状态。

值得注意的是，通过 Rigidbody 类对象控制游戏对象运动状态的代码，应该放在脚本类的 FixedUpdate 方法中。

另外，本小节所介绍内容并没有涵盖 Rigidbody 类的所有方面，想要更加深入了解的读者可查阅 Unity 官方资料。

2. 常用实例属性

Rigidbody 类的常用实例属性如表 9-24 所示。由于各属性是实例属性，因此应该以"Rigidbody 类变量名.属性名"的方式访问，各属性所表达的信息应该属于具体的 Rigidbody 对象（也就是具体游戏对象的 Rigidbody 组件）。

表 9-24 中涉及的 RigidbodyInterpolation 类型是定义在 UnityEngine 命名空间下的一个枚举类型，具有 None、Interpolate 和 Extrapolate 共 3 个值。该枚举类型用于描述 RigidBody 组件的物理效果插值模式，None 表示不进行插值，Interpolate 表示使用内插法插值，Extrapolate 表示使用外推法插值。

表 9-24 Rigidbody 类的常用实例属性的使用说明

功能类别	属性名称	数据类型	读写权限	使用说明
自身属性	mass	float	可读可写	➢ Rigidbody 组件所在游戏物体以千克为单位的质量 ➢ 在相同的外力影响下，质量越大的刚体，其运动状态就越不容易发生变化
	useGravity	bool	可读可写	➢ Rigidbody 组件所在游戏物体是否受重力影响 ➢ 如果取 true，则游戏物体在世界坐标系 y 轴负方向上受到持续的重力影响 ➢ 如果取 false，则可以模拟物体在太空中的效果
	rotation	Quaternion	可读可写	➢ 通过物理引擎，读取或者设置 Rigidbody 组件所在游戏物体的姿态 ➢ 设置会在一个 FixedUpdate 方法的调用周期内完成（可理解为瞬间改变姿态）
	position	Vector3	可读可写	➢ 通过物理引擎，读取或者设置 Rigidbody 组件所在游戏物体的位置 ➢ 设置会在一个 FixedUpdate 方法的调用周期内完成（可理解为瞬间改变位置）
				➢ 通过物理引擎，读取或者设置Rigidbody组件所在游戏物体的运动速度（以米/秒为单位）

续表

功能类别	属性名称	数据类型	读写权限	使用说明
自身属性	velocity	Vector3	可读可写	➤ 不建议在每一个 FixedUpdate 方法的调用周期内都去设置游戏物体的运动速度，因为会产生不真实的效果 ➤ 合理的使用方式如下：在需要游戏物体速度发生变化的某一瞬间，更新一个合理的速度值，例如需要游戏角色在静止状态下起跳的一瞬间将其速度更新为一个向上的速度
	angularVelocity	Vector3	可读可写	➤ 通过物理引擎，读取或者设置 Rigidbody 组件所在游戏物体的旋转角速度（以弧度/秒为单位） ➤ 不建议在每一个 FixedUpdate 调用周期内都去设置游戏物体的旋转角速度，因为会产生不真实的效果
外力影响	drag	float	可读可写	➤ Rigidbody 组件所在游戏物体在移动方向上受到的阻力 ➤ 阻力越大，游戏对象越容易停止移动
	angularDrag	Float	可读可写	➤ Rigidbody 组件所在游戏物体受到的旋转阻力 ➤ 阻力越大，游戏对象越容易停止转动
游戏对象相关信息	gameObject	GameObject	只读	Rigidbody 组件所在游戏对象
	tag	string	可读可写	➤ Rigidbody 组件所在游戏对象的标签值 ➤ 如果要修改游戏对象的标签值，则所设标签值必须已经存在于 Unity 项目中
	transform	Transform	只读	Rigidbody 组件所在游戏对象的 Transform 组件
	name	string	可读可写	Rigidbody 组件所在游戏对象的名称
功能开关	isKinematic	bool	可读可写	➤ Rigidbody 组件所在游戏对象是否受物理引擎的影响 ➤ 设置为 false 时，游戏物体会受到物理引擎的影响 ➤ 设置为 true 时，游戏物体不再受到物理引擎的影响
	interpolation	RigidbodyInterpolation	可读可写	➤ Rigidbody 组件的插值平滑模式开关 ➤ 可选值包括 RigidbodyInterpolation.None、RigidbodyInterpolation.Interpolate 和 RigidbodyInterpolation.Extrapolate ➤ 默认值为 RigidbodyInterpolation.None ➤ 物理引擎的插值平滑功能一般只在游戏视角跟随游戏主角对象运动的时候在主角对象上使用

3. 常用实例方法

Rigidbody 类的常用实例方法如表 9-25 所示，按功能划分可分为方位变化和外力影响两种。

由于表 9-25 所示方法均为实例方法，因此应该以"Rigidbody 类对象名.方法名(实参列表)"的方式来调用。调用后受到影响的是具体 Rigidbody 类对象（即 Rigidbody 组件）所在游戏对象的运动状态。

表 9-25 中涉及的 ForceMode 类型是定义在 UnityEngine 命名空间下的一个枚举类型，具有 Force、Acceleration、Impulse 和 VelocityChange 共 4 个值。该枚举类型用于描述外力对游戏物体的作用模式。其中，Force 表示持续的力（效果受游戏对象质量的影响），Acceleration 表示持续的加速度（即不考虑游戏对象质量的影响），Impulse 表示瞬时的力（效果受游戏对象质量的影响），VelocityChange 表示瞬时的速度变化（即不考虑游戏对象质量的影响）。

表 9-25 Rigidbody 类的常用实例方法使用说明

功能类别	方法声明	使用说明
方位变化	public void MovePosition(Vector3 position);	➢ 利用 Unity 的物理引擎，更新 Rigidbody 组件所在游戏物体的位置为 position ➢ 在需要持续更新游戏物体位置的场合中，当 Rigidbody 组件的 interpolation 属性取值不为 RigidbodyInterpolation.None 时，使用该方法所获得的移动效果会比通过 Transform 组件的相关方法所获得的更加平滑
	public void MoveRotation(Quaternion rot);	➢ 利用 Unity 的物理引擎，更新 Rigidbody 组件所在游戏物体的姿态为 rot ➢ 在需要持续更新游戏物体姿态的场合中，当 Rigidbody 组件的 interpolation 属性取值不为 RigidbodyInterpolation.None 时，使用该方法所获得的转动效果会比通过 Transform 组件的相关方法所获得的更加平滑
增加外力	public void AddForce(Vector3 force,ForceMode mode=ForceMode.Force);	➢ 在向量 force 所指方向上，对 Rigidbody 组件所在游戏物体的质心施加一个力 ➢ 力的大小为向量 force 的模（即长度） ➢ 力的具体效果取决于 mode
	public void AddForce(float x,float y,float z,ForceMode mode=ForceMode.Force);	➢ 对 Rigidbody 组件所在游戏物体的质心施加一个力 ➢ 这个力在世界坐标系 x 轴正向上的分量为 x，y 轴正向上的分量为 y，z 轴正向上的分量为 z ➢ 力的具体效果取决于 mode
	public void AddForceAtPosition(Vector3 force, Vector3 position,ForceMode mode= ForceMode.Force);	➢ 对 Rigidbody 组件所在游戏物体的 position 位置施加一个力 ➢ position 的参照系为世界坐标系 ➢ 力的方向为 force 所指方向，大小为 force 的模（即长度） ➢ 力的具体效果取决于 mode
	public void AddExplosionForce(float explosionForce,Vector3 explosionPosition,float explosionRadius,float	➢ 用于模拟 Rigidbody 组件所在游戏物体被爆炸影响的效果 ➢ explosionPosition 表示爆炸发生的中心位置 ➢ explosionRadius表示爆炸的作用范围，如果游

功能类别	方法声明	使用说明
增加外力	upwardsModifier=0.0F,ForceMode mode =ForceMode.Force);	戏物体的质心与爆炸中心位置的距离超过了该范围，则爆炸无法对游戏物体的运动状态产生任何影响 ➤ explosionForce表示爆炸产生的力的大小，其影响会随游戏物体质心与爆炸中心距离的增加而减弱 ➤ upwardsModifier的值可以修正炸飞的效果，其值越大，游戏物体越倾向于向上飞 ➤ 力的具体效果取决于mode

4. 应用案例

下面用一个发射炮弹的案例来演示 Rigidbody 类的使用方法。为了使演示过程更加直观生动，在案例中会使用一个 Cube 对象指示发射的方向，并用一个 Sphere 对象充当炮弹的蓝本，而且会在炮弹蓝本对象上添加 Rigidbody 组件。当用户（玩家）的输入操作为开火时（根据虚拟按钮 Fire1 判断），则根据炮弹蓝本复制出一个炮弹对象并将其发射出去。案例中会设计两个脚本，一个脚本加载到 Cube 对象上用于控制发射过程，另一个脚本则加载到炮弹蓝本对象上用于获取射程并输出到 Console 窗口。因此，本案例除了涉及 Rigidbody 类，还会大量涉及 Input 类、Vector3 结构体、Quaternion 结构体、Transform 类和 GameObject 类可见，本案例实际上是一个综合性案例。

例 9-10 加农炮——利用 Rigidbody 类模拟真实力学效果

首先创建用于控制炮弹发射的脚本，创建新 Unity C#脚本并命名为 Example9_10.cs，打开脚本并编写如下代码：

```
/////////代码开始/////////
using System.Collections;
using System.Collections.Generic;
using UnityEngine;

public class Example9_10:MonoBehaviour
{

    //炮弹初始仰角
    [SerializeField]float elevation=45f;
    //炮弹初始速度
    [SerializeField]float initialVelocity=10f;
    //充当炮弹的游戏对象
    [SerializeField]GameObject shell;
    //充当炮口的游戏对象的Transform组件
    //决定炮弹飞行的起始位置和发射方向
    [SerializeField]Transform muzzle;
    //炮弹编号
    int shellNum=1;
    //用于记录上一帧仰角的变量
```

```csharp
        float lastFrameElevation=0;

        void Start()
        {
            //初始化炮口
            SetMuzzleRotation();
            //初始化 lastFrameElevation
            lastFrameElevation=elevation;
        }

        void Update()
        {
            //如果仰角发生改变，则调整炮口朝向
            if(elevation!=lastFrameElevation){
                //调整炮口
                SetMuzzleRotation();
                //更新上一帧仰角值
                lastFrameElevation=elevation;
            }
            //在仰角大于0的前提下
            //如果侦测到虚拟按钮 Fire1 被按下
            //瞬间复制出一个炮弹并将其发射出去
            if(elevation>0&&Input.GetButtonDown("Fire1")){
                //复制出一个炮弹对象，放置在炮口位置
                //该炮弹的姿态与炮口一致
                //即该炮弹自身坐标系 z 轴正向与炮口所指前方一致
                GameObject shellClone=Instantiate(shell,muzzle.position,muzzle.rotation);
                //将复制出的炮弹更名为 "shell+编号"
                shellClone.name= "shell" +shellNum;
                //获取炮弹的 Rigidbody 组件
                Rigidbody rgb=shellClone.GetComponent<Rigidbody> ();
                //炮弹会受到重力的影响
                rgb.useGravity=true;
                //在炮弹自身前方所指方向上，给炮弹一个初速度
                if(rgb!=null){
                    //速度向量为：速度的方向向量乘初速度大小
                    //受力模式为：直接改变速度
                    rgb.AddForce(rgb.transform.forward*initialVelocity,ForceMode.VelocityChange);
                }
                //编号增加1
                shellNum+=1;
            }
        }
```

```
    void SetMuzzleRotation()
    {
        //位置设置在原点,自身坐标系与世界坐标系重合
        muzzle.SetPositionAndRotation(Vector3.zero,Quaternion.identity);
        //根据炮弹初始仰角确定炮口对象的姿态
        muzzle.rotation=Quaternion.AngleAxis(-elevation,Vector3.right);
    }
}
////////代码结束////////
```

然后创建用于计算射程和管理炮弹对象生命周期的脚本,创建新 Unity C#脚本并命名为 Example9_10_2.cs,打开脚本并编写如下代码:

```
////////代码开始////////
using System.Collections;
using System.Collections.Generic;
using UnityEngine;

public class Example9_10_2:MonoBehaviour
{
    //炮口对象的Transform组件
    [SerializeField]Transform muzzle;
    //用于记录上一帧位置的变量
    Vector3 lastFramPosition=Vector3.zero;

    void Start()
    {

    }

    void Update()
    {
        //当前帧位置低于上一帧,说明正在下降
        if(transform.position.y<lastFramPosition.y){
            //上一帧位置比炮口位置高,当前帧位置比炮口位置低
            //说明炮弹在上一帧和当前帧之间的时间内落到了炮口高度
            if(lastFramPosition.y>muzzle.position.y&&
                transform.position.y<=muzzle.position.y){
                //利用Vector3的线性插值方法估算炮弹落到炮口高度时的位置
                Vector3 touchDown=Vector3.Lerp(
                    lastFramPosition,
                    transform.position,
                    -lastFramPosition.y/
                    (transform.position.y-lastFramPosition.y));
                //利用Vector3计算两点距离的方法求射程
                float d=Vector3.Distance(touchDown,muzzle.position);
                //在Console窗口输出射程
```

```
            print(string.Format("炮弹{0}的射程为{1}",name,d));
            //销毁炮弹
            Destroy(gameObject);
        }

        //而如果上一帧位置和这一帧位置都比炮口位置低
        if(lastFramPosition.y<muzzle.position.y&&
            transform.position.y<muzzle.position.y){
            //直接销毁炮弹
            Destroy(gameObject);
        }
    }
    //更新lastFramPosition
    lastFramPosition=transform.position;
    }
}
////////代码结束////////
```

完成两个脚本的编写后，保存脚本然后返回 Unity 界面。首先创建两个必要的对象，在 Hierarchy 窗口单击鼠标右键，并在弹出的菜单中选择"3D Object → Cube"选项，从而创建出炮口指示对象 Cube。然后在没有对象被选中的状态下，再次在 Hierarchy 窗口单击鼠标右键并在弹出的菜单中选择"3D Object → Sphere"选项，从而创建出炮弹蓝本对象 Sphere。

接下来调整主摄像机 Main Camera 对象的方位，以便项目运行时 Game 窗口有一个比较合适的视角来观看运行效果。在 Hierarchy 窗口选中 Main Camera 对象后，到 Inspector 窗口将 Transform 组件的 Position 属性设置为{4,1,-4}，Rotation 属性设置为{0,-20,0}，如图 9-26 所示。

图 9-26 设置主摄像机对象的方位

再到 Inspector 窗口选中炮口指示对象 Cube，到 Inspector 窗口将 Cube 对象 Transform 组件的 Position 属性设置为{0,0,0}，Scale 属性设置为{1,1,3}，从而将其放置在世界坐标系原点并且将形状调整为长条形。将炮弹发射的控制脚本 Example 9_10.cs 加载到 Cube 对象上从而创建出 Example 9_10 组件，利用拖拽赋值的方式将 Sphere 对象赋给 Example 9_10 组件的 Shell 属性，将 Cube 对象本身赋给 Example 9_10 组件的 Muzzle 属性，如图 9-27 所示。

然后到 Hierarchy 窗口选中炮弹蓝本对象 Sphere，到 Inspector 窗口将其 Transform 组件的 Position 属性设置为{3,0,0}，从而使之与 Cube 对象不重合。在此基础上，单击 Inspector 窗口中的

"Add Component"按钮并在下拉菜单中选择"Physics → Rigidbody" 选项从而在 Shpere 对象上增加一个 Rigidbody 组件,并将 Rigidbody 组件的 Use Gravity 属性设置为 false(取消勾选),以防其在运行后掉落。然后将 Example9_10_2.cs 脚本加载到 Sphere 对象上为其添加 Example 9_10_2 组件,并将 Cube 对象从 Hierarchy 窗口拖拽赋给 Sphere 对象 Example 9_10_2 组件的 Muzzle 属性,如图 9-28 所示。

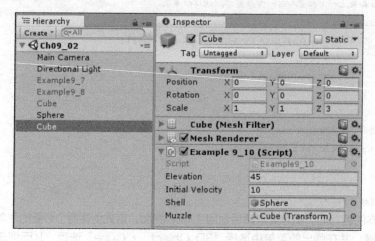

图 9-27 炮口指示对象 Cube 的设置

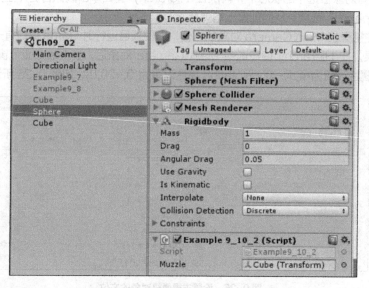

图 9-28 炮弹蓝本对象 Sphere 的设置

完成所有设置工作后,即可保存场景。运行场景后可以在 Game 窗口看到 Cube 对象的仰角会根据 Example 9_10 组件的 Elevation 属性值的变化而变化。在 Game 窗口中单击(或者按 Ctrl 键)时,会有一个炮弹对象被发射出去,炮弹对象的名称为"shell+编号"的形式(其中编号为发射的顺序)。由于在发射之前,炮弹对象 Rigidbody 组件的 Use Gravity 会被设置为 true,在发射瞬间炮弹对象获得一个炮口所指方向的初速度(速度大小取决于 Cube 对象 Example 9_10 组件的 Initial Velocity 属性的值),因此炮弹会以一个抛物线的轨迹飞出。当其高度落到比 Cube 对象低的时候,会在 Console 窗口看到该炮弹对象的射程,如图 9-29 所示。

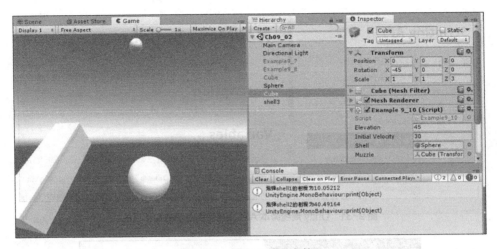

图 9-29 例 9-10 的运行效果

9.4 如何查阅 Unity 官方资料中关于脚本的更多信息

Unity 为开发者提供了详细的脚本 API（Application Programming Interface，应用程序接口）说明文档。凡是在 Unity 脚本中可以用到的类、接口、结构体、枚举类型等都有详细的说明，并且其中大部分都配有使用示例。读者可以通过以下两个渠道查阅这些信息。

9.4.1 查阅随软件安装的 Unity 脚本 API 文档

如果在安装 Unity 引擎时选择了 Documentation 模块，则会发现安装了 Unity 的计算机中有一份离线的 Unity 脚本 API 文档。当需要查阅 Unity 脚本 API 文档时，在 Unity 界面的菜单中选择"Help→Scripting Reference"选项，就会在浏览器中打开它，如图 9-30 所示。

图 9-30 打开 Unity 的离线脚本 API 文档的方法

在文档页面中，读者可以在页面左侧的树状目录浏览内容标题，单击标题即可在页面中间显示该标题对应的详细信息，如图 9-31 所示。

此外，页面右上角有编程语言选择和搜索框。开发者可以根据自己所用的开发语言选择说明文档的语言，还可以在输入框输入类、接口、结构体或者枚举类型的名称，或者属性和方法的名称，然后按 Enter 键搜索相关内容的链接列表，如图 9-32 所示。

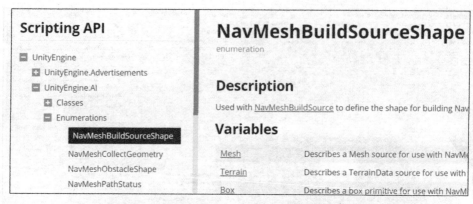

图 9-31　Unity 离线脚本 API 文档页面左侧的树状目录

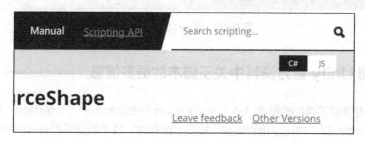

图 9-32　Unity 离线脚本 API 文档页面右上角的语言选择和搜索框

9.4.2　查阅在线的 Unity 脚本 API 文档

离线的 Unity 脚本 API 文档是英文文档。阅读英文有困难的读者可以登录 Unity 的中文官方网站，在网站页面最上方的菜单栏找到中文文档的链接。打开文档链接后，单击页面上方中部的"脚本 API"链接，即可看到 Unity 在线脚本 API 文档中文版页面。如图 9-33 所示，该页面的结构与离线版一致，但内容都是中文的。

图 9-33　Unity 在线脚本 API 文档中文版页面

9.5 本章小结

本章主要介绍了 Unity 脚本 API 中十分常用的类和结构体。其中最为常用的是 MonoBehaviour 类，因为每个脚本类都派生自 MonoBehaviour 类。首先，特别详细地介绍了脚本从 MonoBehaviour 类继承而来的常用属性——包括 gameObject、transform、name、tag 等。其次，介绍了常用工具类和结构体——包括 GameObject、Time 和 Input 这 3 个类，以及 Mathf、Vector3 和 Quaternion 这 3 个结构体。再次，介绍了在脚本中代表游戏对象组件的类，详细讲解了最为常用的 Transform 类和 Rigidbody 类。最后，向读者展示了如何查阅 Unity 官方资料中脚本 API 的信息。

通过本章的学习，读者可以较为深入地了解 Unity 脚本的本质，并且能够掌握通过脚本获得其他组件控制权的方法和利用脚本整合不同类型组件从而实现新功能的方法。

9.6 习题

1. 以下关于脚本类从 MonoBehaviour 类继承的属性和方法，说法错误的是（　　）。
   A. isActiveAndEnabled 属性的值表示脚本组件是否处于激活状态
   B. 脚本的普通方法就是实例方法，事件方法就是静态方法
   C. 用 Instantiate 方法可以实例化游戏对象，用 Destroy 方法则可以销毁场景中的游戏对象
   D. print 方法、Instantiate 方法和 Destroy 方法都是静态方法
2. 关于如何在脚本中获取其他组件对象，以下说法错误的是（　　）。
   A. 如果要获取的组件和脚本在同一个游戏对象（或者其父子对象）上，则可以调用继承自 MonoBehaviour 类的 GetComponent 系列方法来获取
   B. 如果要获取的组件与脚本不在同一个游戏对象上，则需要先获得目标游戏对象的 GameObject 对象，再调用目标游戏对象的 GetComponent 系列方法来获取目标组件对象
   C. GetComponent 系列方法是泛型方法，在使用该系列方法时需要明确目标组件的数据类型
   D. 通过向 GameObject 类型的脚本属性拖拽赋值可以获得游戏对象的控制权，而游戏对象上的组件则只能通过 GetComponent 系列方法来获取
3. 以下关于脚本类事件方法的说法错误的是（　　）。
   A. Start 方法在脚本组件的整个生命周期中只会被调用一次，而 Awake 方法则会在脚本每次从非激活到激活状态变化时被调用一次
   B. FixedUpdate 方法适用于处理与物理系统相关的操作
   C. Update 方法适用于处理游戏逻辑
   D. 当应用程序（游戏）退出时，OnDisable 方法会被调用一次
4. 关于 Unity C#脚本中的常用工具类和结构体，以下说法错误的是（　　）。
   A. 利用 Mathf 结构体可以处理 float 型数值的数学运算
   B. 利用 Vector3 和 Quaternion 两种结构体可以处理三维空间中的运算问题，Vector3 用于处理旋转相关的问题，Quaternion 用于处理位置相关的问题
   C. Time 类提供了很多与时间相关的属性
   D. Input 类结合 Unity 的输入管理器使用，可以在脚本中侦测用户（玩家）的输入操作
5. 以下关于 Transform 类和 Rigidbody 类的说法错误的是（　　）。
   A. Transform 类和 Rigidbody 类都是用于表示组件的类
   B. 可以在脚本中通过 new 关键字实例化 Transform 类和 Rigidbody 类的对象

C. Transform 类的对象即游戏对象的 Transform 组件，用于处理游戏对象位置、姿态、大小比例，以及父子关系等问题

D. Rigidbody 类的对象即游戏对象的 Rigidbody 组件，用于处理游戏对象力学效果相关的问题